面向2030年的移动通信

朱晨鸣 王 强 贝斐峰 李 新 彭雄根 朱 林◎编著

人民邮电出版社

北 京

图书在版编目（CIP）数据

6G : 面向2030年的移动通信 / 朱晨鸣等编著. --
北京 : 人民邮电出版社, 2022.12（2023.4重印）
ISBN 978-7-115-59859-2

Ⅰ. ①6… Ⅱ. ①朱… Ⅲ. ①第六代移动通信系统－
研究 Ⅳ. ①TN929.59

中国版本图书馆CIP数据核字(2022)第148051号

内容提要

本书详细介绍了6G的需求和愿景及6G标准化进展，在此基础上，基于业界现有的研究成果与发展情况，较为全面地阐述了6G的网络架构，并对太赫兹通信、可见光通信、轨道角动量、全双工及空-天-地-海一体化通信等当前业界比较关注的6G潜在关键技术进行了分析探讨；展望了6G网络的应用场景，围绕业界聚焦的重要6G技术，对全书内容进行总结，并对未来应用进行展望。希望本书能为关注6G研究进展的产业链相关各方提供有意义的参考。

本书适合电信运营商、电信设备制造商、电信设备提供商、电信咨询业的从业人员和高校师生阅读，也适合关注6G技术的相关人士阅读。

◆ 编　著　朱晨鸣　王　强　贝斐峰　李　新　彭雄根
　　　　　朱　林
　责任编辑　赵　娟
　责任印制　彭志环

◆ 人民邮电出版社出版发行　　北京市丰台区成寿寺路 11 号
　邮编　100164　　电子邮件　315@ptpress.com.cn
　网址　https://www.ptpress.com.cn
　固安县铭成印刷有限公司印刷

◆ 开本：800×1000　1/16
　印张：14.25　　　　2022 年 12 月第 1 版
　字数：160 千字　　　2023 年 4 月河北第 2 次印刷

定价：99.90 元

读者服务热线：(010)81055493　印装质量热线：(010)81055316
反盗版热线：(010)81055315
广告经营许可证：京东市监广登字 20170147 号

前言
Preface

移动通信领域科技创新的步伐从未停歇，从第一代移动通信技术（First Generation Mobile Communication Technology，1G）到万物互联的第五代移动通信技术（5th Generation Mobile Communication Technology，5G），移动通信不仅深刻改变了人们的生活方式，还成为社会经济数字化和信息化水平加速提升的新引擎，正如我们常说的“4G改变生活，5G改变社会”。5G已经步入商用部署的快车道，正在开启一个万物互联的新时代，5G渗透到工业、交通、农业、金融、电力等行业，成为各行业创新发展的使能者。

按照移动通信产业“使用一代，建设一代，研发一代”的发展节奏，6G研究序幕已经在全球拉开。目前，全球6G相关标准还未制定，仍处于技术研究阶段。2020年2月，在召开的第34次国际电信联盟无线电通信部门5D工作组（ITU-R WP5D）会议上，正式启动了面向2030的6G研究工作。第三代合作伙伴计划（3rd Generation Partnership Project，3GPP）预计于2023年开启6G研究工作，而实质性的6G国际标准化工作预计于2025年启动。2019年11月，我国成立了国家6G技术研发推进工作组和总体专家组，这标志着我国6G研发正式启动。

作为面向2030年及以后的移动通信系统，6G将进一步通过全新架构、全新能力，并结合社会发展的新需求和新应用场景，打造6G全新技术生态，推动社会走向虚拟与现实结合的“数字孪生”世界，实现“6G创新世界”的宏伟目标。

对于6G的组网架构研究，向空-天-地-海多维度扩展已基本达成共识。空-天-地-海一体化网络具有明显的覆盖优势，可以帮助电信运营商提供低成本的普遍服务及扩展现有的通信服务，实现收入增长。但同时也要看到，空-天-地-海一体化通信网络存在有待攻克的关键技术和硬件通信设施部署等问题，这需要集中全球的研究力量去探索和突破。

对于6G的关键技术研究，当前还处于早期探索阶段，关键技术还不是很清晰。对于6G将包含哪些关键技术，不同研究机构给出的观点存在差异，但是随着业界关于 6G 概念讨论的逐渐深入，对 6G 的认识将会逐渐清晰。

本书由中通服咨询设计研究院有限公司从事移动通信网络及电力无线专网研究的专业团队编写，该团队长期跟踪技术研究标准进展，曾出版过咨询设计行业内第一本 5G 专著《5G：2020 后的移动通信》、国之重器出版工程专著《5G 关键技术与工程建设》等。该团队一直关注 5G、B5G、6G 等前沿技术的研究，在本书的编写中融入了长期从事移动通信网络和电力无线专网规划设计后积累的经验，能够使读者更好地理解 6G 的网络技术和无线技术，以及空–天–地–海一体化网络架构。

本书介绍了 6G 技术演进和发展趋势，全面阐述了 6G 的需求和愿景及 6G 标准化进展，详细地分析空–天–地–海一体化网络架构并提出其面临的挑战和发展方向。本书从技术背景、技术特点、应用前景等方面研究分析了部分 6G 关键网络技术和无线技术，希望能够为通信行业和电力行业相关人员了解 6G 发展现状、趋势、需求愿景、网络架构、关键网络技术和无线技术等提供参考。

本书由贝斐峰负责全书架构搭建和内容把控，李新、彭雄根、朱林等人参与了本书内容的编写，同时朱晨鸣、王强在全书的编写过程中提供全程专业指导。

书中如有不当之处，恳请读者批评指正。

作 者

2022 年 7 月

目录
Contents

第 1 章

概述

1.1 移动通信技术发展史

通信是将信息从一个实体或群组传递到另一个实体或群组的行为。人类进行通信的历史很悠久，在远古时代，人们通过辅助的物体或简单的图画来表述和传递信息。另外，手势也是一种重要的信息交流方式。随着生产力的提高，人类文明也在不断进步，同时也推动了信息通信技术的进步。文字的出现是信息技术的一大变革，使人们能够方便地进行信息的表述、传递和存储。在古代社会，“烽火”和“驿站”是两种有代表性的信息传递方式。现代社会在工业革命的驱动下，出现了大量新型的有线通信和无线通信技术，例如电话、电报、无线电通信、广播、雷达、电视、计算机通信、卫星通信、光纤通信、水下通信、海上通信等通信方式。

自 20 世纪 80 年代以来，移动通信系统发生了翻天覆地的变化，大约每 10 年就会产生新一代通信技术。而移动网络主要业务的普及和新频段的成熟应用通常需要经历两代，即一般经过 20 年才能成熟。每一代无线接入网和核心网都采用了新技术、新设计原则和新架构，其能力较前一代有显著提升。

现代移动通信技术的发展经历了五代。

1G 是模拟蜂窝移动通信系统，出现于 20 世纪 70 年代中期至 80 年代中期。其典型代表是美国的高级移动电话系统（Advanced Mobile Phone System，AMPS）和后来的改进型全接入通信系统（Total Access Communication System，TACS），以及北欧移动电话（Nordic Mobile Telephony，NMT）和日本电报电话（Nippon Telegraph and Telephone，NTT）等。

第二代移动通信系统（The 2nd Generation Mobile Communication System，2G）主要有全球移动通信系统（Global System for Mobile communication，GSM）、IS-95 码分多址（Code Division Multiple Access，CDMA）、数字式高级移动电话系统（Digital Advanced Mobile Phone System，D-AMPS）和个人数字蜂窝电话（Personal Digital Cellular，PDC）等。我国运营的第二代移动通信系统主要以 GSM 和 CDMA 为主。第二代移动通信系统在引入数字无线电技术以后，不仅改善了语音通话质量，提高了保密性，防止并机盗打，还能为移动用户提供国际漫游功能。

第三代移动通信系统（The 3rd Generation Mobile Communication System，3G），是一种真正意义上的宽带移动多媒体通信系统，能提供高质量的宽带多媒体综合业务，并实现了全球无缝覆盖、全球漫游。第三代移动通信系统最早由国际电信联盟（International Telecommunication Union，ITU）于 1985 年提出，当时被称为未来公众陆地移动电信系统（Future Public Land Mobile Telecommunication System，FPLMTS），1996 年更名为国际移动电信 2000（International

Mobile Telecommunication-2000，IMT-2000），其容量是第二代移动通信系统的 2 ～ 5 倍。最具代表性的 3G 系统，有美国提出的 CDMA 2000、欧洲提出的宽带码分多址和中国提出的时分同步码分多路访问（Time Division Synchronous Code Division Multiple Access，TD-SCDMA）。

整体来看，2G 和 3G 网络的主要驱动力来自以语音为主的移动用户，随着手机渗透率和语音业务的使用率趋于饱和，这种依赖用户数的商业模式增长乏力。

第四代移动通信系统（The 4th Generation Mobile Communication Technology，4G），包括时分长期演进（Time Division Long Term Evolution，TD-LTE）和频分双工长期演进（Frequency Division Duplexing Long Term Evolution，FDD-LTE）两种制式。严格意义上来讲，LTE 只是 3.9G 技术，虽然被宣传为 4G 标准，但还未达到 4G 标准。只有升级版的 LTE Advanced 才满足 ITU 对 4G 的要求。4G 能够灵活利用频谱，在不同的带宽、不同的频段下工作；支持 3GPP 和非 3GPP 多种无线接入方式，上下行速率和有线网络不相上下，且同时拥有固网所缺乏的移动性优势；支持大带宽、低时延、灵活漫游，下载速率超过 100Mbit/s；可以在任何地方宽带接入互联网，能够提供定位定时、数据采集、远程控制、高清视频等丰富的综合应用，是集成多功能的宽带移动通信系统。

从 3G 到 4G，数据业务迅猛发展，移动宽带成为 4G 的主导业务，过去 10 年，移动通信的重大进步对人们的生活方式产生了深远的影响。此时，4G 网络运营商的收入主要依靠流量而非用户数，人均流量的增长驱动了业务的增长。

得益于 4G 技术能力的进步，面向移动端的应用创新不断涌现，彻底改变了我们的日常生活。在我国，从现金支付到线上支付的转变就是一大力证。如今，在线支付手段早已成为大众喜闻乐见的支付方式。不管是购买日常百货，还是缴纳停车费，人们不需要携带现金就可以轻松完成支付。社交媒体的兴起，使任何人都可以随时通过智能手机向他人分享图片和视频。社交媒体已然成为一个新闻载体，加速了信息的传播。

随着越来越多的高速率、大带宽应用不断涌现，这种创新趋势在 5G 网络中得以延续。

5G 与 2G、3G、4G 不同，并不是一种单一的无线接入技术，而是多种新型无线接入技术和现有 4G 后向演进技术集成后的解决方案的总称。从某种意义上说，5G 是一个真正意义上的融合网络。5G 融合了软件定义网络（Software Defined Network，SDN）、网络功能虚拟化（Network Function Virtualization，NFV）、超密集组网（Ultra-Dense Network，UDN）、自组织网络（Self-Organizing Network，SON）、设备到设备（Device to Device，D2D）、大规模多路输入输出（massive Multiple Input Multiple Output，mMIMO）、毫米波、多连接等技术，实现了峰值速率、用户体验数据速率、频谱效率、移动性管理、连接数密度、网络能效等关键能力的全面提升。5G 将渗透到未来社会的各个领域，以用户为中心构建全方位的信息生态系统。5G 将使信息突破时空限制，提供极佳的交互体验，为用户带来身临其境的信息盛宴。5G 将拉近万物的距离，通过无缝融合的方式，便捷地实现人与万物的智能互联。5G 将为用户提供光纤般的接入速率，“零”时延的使用体验，千亿设备的连接能力，超高流量密度、超高连接数密度和超高移动性等多场景的一致服务，业务及用户感知的智能优化，同时将为网络带来超百倍的能效提升和比特成本降低到百分之一以下，最终实现“信息随心至，万物触手及”的总体愿景。ITU 为 5G 定义了 3 种主要场景：一是增强型移动宽带（enhanced Mobile Broadband，eMBB），大带宽，广覆盖；二是大连接物联网（massive Machine-Type Communication，mMTC），低功耗，大连接；三是超可靠低时延通信（ultra-Reliable and Low-Latency Communication，uRLLC），低时延，高可靠。

1.2　5G 和 B5G 网络演进

3GPP 关于 5G 网络系列的标准研究工作，已经完成 Release-14（R14）、Release-15（R15）、Release-16（R16）、Release-17（R17）标准的制定，目前，关于 Release-18（R18）的潜在目标与立项的讨论已经开始。

R14 主要完成的工作是 5G 系统框架和关键技术的研究，R15 是 5G 标准的第一个基础版本，R16 是 5G 标准的第一个完整版本。R17 相对 R16，在物理层、无线协议和无线体系架构等方面做出了进一步改进。

R15 作为第一阶段的 5G 标准版本，按照时间先后分为 3 个部分，目前，已全部完成并冻结。第 1 阶段（Early drop）：支持 5G 非独立组网（Non Stand Alone，NSA）模式，系统架构采用 Option 3 模式，对应规范及 ASN.1 在 2018 年第一季度冻结。第 2 阶段（Main drop）：支持 5G 独立组网（Stand Alone，SA）模式，系统架构采用 Option 2 模式，对应规范及 ASN.1 分别在 2018 年 6 月和 2018 年 9 月冻结。第 3 阶段（Late drop）：2018 年 3 月，在原有的 R15 NSA 与 SA 的基础上，进一步拆分出第 3 部分，主要包括电信运营商升级 5G 需要的系统架构 Option 4 与 Option 7、5G 新空口（New Radio，NR）双连接（NR-NR DC）等。该阶段标准冻结的时间比原计划延迟了 3 个月。

R16 作为 5G 第 2 阶段的标准版本，在 2020 年 7 月冻结。R16 主要围绕新能力拓展、现有能力挖潜和运维降本增效等方面开展标准化工作，以进一步增强 5G 服务垂直行业应用的能力；

在新能力拓展方面，开展了时间敏感网络（Time Sensitive Network，TSN）、非公共网络（Non-Public Network，NPN）、工作于非授权频谱的5G NR（5G NR in Unlicensed Spectrum，5G NR-U）、5G车用无线通信技术（Vehicle to X，V2X）、NR定位等方面的标准化工作；在现有能力挖潜方面，开展了uRLLC增强、两步随机接入（2-STEP RACH）、5G NR集成接入和回传（Integrated Access and Backhaul，IAB）、移动性增强等方面的标准化工作；在运维降本增效方面，R16一方面针对R15中原有的若干基础功能进行进一步增强，主要体现在显著提升小区边缘频谱效率、切换性能，使终端更节电等方面，另一方面也引入新节能功能，例如，唤醒信号（Wakeup Signal）、增强跨时隙调度、自适应MIMO层数量、用户设备（User Equipment，UE）省电辅助信息等。

R17标准已经冻结。在2019年12月召开的3GPP RAN#86会议上，3GPP进一步明确了5G NR技术演进路线，批准了R17研究内容。研究内容主要涉及RAN1、RAN2和RAN3的相关工作，具体包括物理层、无线协议和无线体系架构增强等方面。R17总体时间计划如图1-1所示。

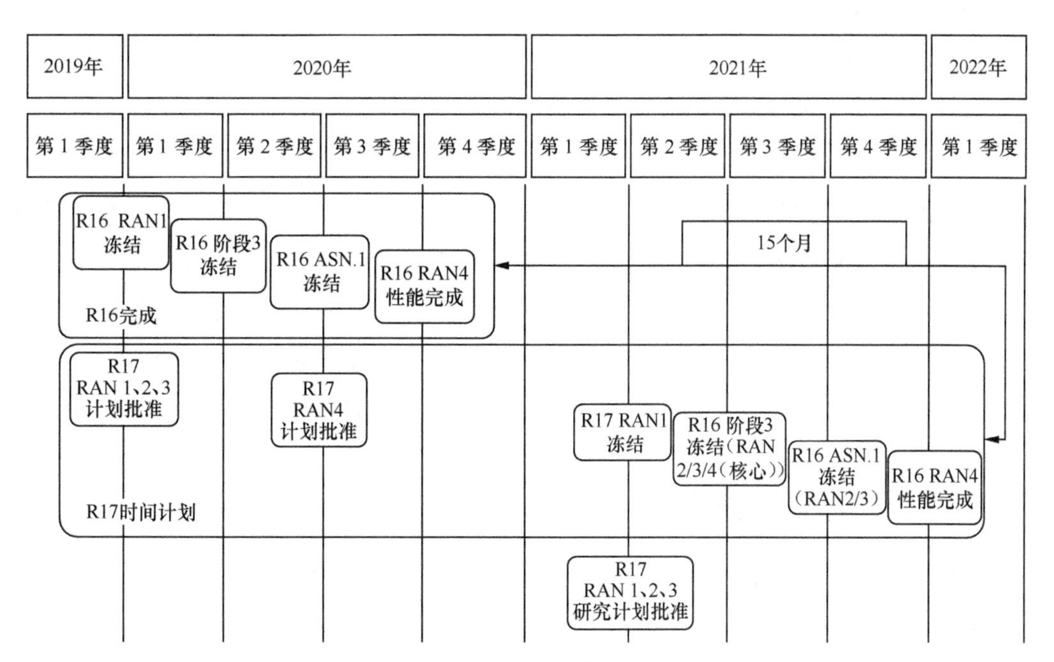

图1-1　R17总体时间计划

R17标准研究工作在物理层增强（RAN1）方面，主要聚焦在MIMO、频谱共享增强、终端节能、覆盖增强、定位增强、5G NR增强等方面开展相关研究工作；在无线协议增强（RAN2）

方面，主要开展了多无线电 DC[1]/CA[2]、IAB 增强、小数据传输增强、终端节能增强、SON/MDT[3] 增强、增加对多播传输的支持、Multi-SIM 增强研究工作；在无线体系架构增强（RAN3）方面，3GPP 通过对基站设备进行拆分 [控制平面（Control Plane，CP）和用户平面（User Plane，UP）分离，集中控制单元和分布控制单元分离]，从而使 5G 无线架构的通用性得以进一步提升，同时 RAN3 还将增加对 LTE CP-UP 分离的支持。

R18 标准于 2021 年启动，预计于 2023 年年底冻结，R17/R18 阶段可称为后 5G，即 B5G 标准。R17/R18 标准的主要功能包括面向未来演进移动宽带、固定无线接入、工业物联网、车联网、扩展现实（Extended Reality，XR）、大规模机器通信、无人机与卫星接入的演进空口与增强功能。

整体来看，3GPP B5G 标准演进是催熟车联网、工业互联网等垂直行业应用的重要网络基础。为了在众多企业和行业中实现不同级别的自动驾驶和工业 4.0，移动通信领域正在与 5G 汽车联盟等垂直行业联盟紧密合作，致力于加速移动技术的应用。据统计，2025 年后将实现四级自动驾驶，车联网的普及也将极大地提升运输效率。优化的商业流程和更高的生产率将成为未来 GDP 增长的关键驱动力。

根据 3GPP 的时间计划，6G 技术研究和标准制定预计在 2024—2025 年，即在 R19 阶段正式启动 6G 标准需求。结构与空口技术的可行性研究工作预计在 2026—2027 年，即在 R20 阶段完成 6G 空口标准技术规范制定工作。

5G 开启了万物互联的大门，6G 有望演变为一个万物智能平台。通过这个平台，移动网络可以连接海量智能设备，实现智能互联。我们有理由相信，下一波数字化浪潮将带来更多创新，全方位满足用户的需求。通过人工智能和机器学习，物理世界和数字世界能够实时连接，人们可以实时捕捉、检索和访问更多信息和知识，步入智能化的全连接世界，同时分布式计算、先进的一体化网络、短距离无线通信等技术也将为未来的智能移动通信网络奠定基础。

1.3 移动通信发展趋势

根据预测，新应用和新业务、普惠智能、社会责任和可持续发展将成为新一代智能互联网技术发展的主要驱动力。

---

1 DC：Dual Connectivity，双连接。

2 CA：Carrier Aggregation，载波聚合。

3 MDT：Minimization of Drive Test，最小化路测。

1.3.1 新应用和新业务

目前，电信运营商的业务收入取决于每个用户流量的增长，根据 ITU-R M.2370 的报告，2020—2030 年，预计全球物联网和非物联网设备每月每个用户流量和用户数会持续增长，另外，全球移动通信系统学会（Global System for Mobile communication Association，GSMA）预测，从 2019 年到 2025 年，个人移动用户的渗透率将只增长 3 个百分点，即从 67% 增长到 70%。尽管如此，预计在 10 年内，每个移动宽带用户的移动数据流量会增长 50 倍，从 2020 年的每月 5.3GB 增长到 2030 年的每月 257GB。

5G 网络已经广泛支持高速率、大带宽应用，拉动了流量消耗，刺激了用户对网络容量的需求。在 6G 时代，更多应用将会涌现，扩展现实云服务、触觉反馈、全息显示有可能成为主流应用，涵盖 360° 的虚拟现实（Virtual Reality，VR）电影、增强现实（Augmented Reality，AR）辅助的远程服务、虚拟 3D 的教育旅行、触觉远程医疗和远程操作等应用场景。华为全球产业愿景报告预测，到 2025 年，头戴式 VR、AR 设备用户数将超过 3.37 亿个，10% 以上的企业将使用 VR、AR 开展业务。而这些业务到 2030 年还会增加。随着云 XR 应用数量和普及度的增加，以及显示尺寸、分辨率和刷新率的提高，5G 的能力演进难以满足速率和时延需求。

每个用户流量需求的指数级增长对时延和可靠性的严格要求，以及此类用户的大幅增长，将成为 6G 网络设计的主要挑战。

在智能家庭、智慧医疗、智能汽车、智慧城市等场景中，宽带传感器将得到大量应用，用于获取人工智能所需的海量数据。大数据是机器学习的基础，也是 6G 网络吞吐率实现数量级提升的重要动力。

网络感知、非地面通信等新能力将成为 6G 移动系统的有机组成部分，利用无线通信信号及海量网络节点和终端设备本身的感知能力，实现对大面积区域的实时环境检测和成像。

高性能工业互联网应用在确定性时延和抖动方面对无线性能也提出了更高的要求，可用性和可靠性必须得到保证。例如，时间敏感的命令和控制、多机器人运动协调与协作都要求高性能。这些应用场景也是 6G 极致、多样化性能的驱动力。

1.3.2 普惠智能

未来几十年，数字经济将继续成为全球经济增长的主要动力，其增速将远高于全球经济增长速度。以 2019 年的统计为例，2019 年全球数字经济的增速是全球经济增速的 3.5 倍，达到 15.6 万亿美元，占全球经济总量的 19.7%。预计到 2025 年这一比例会达到 24.3%。

移动通信是信息和通信技术产业中最具活力的领域之一，对人们的生活产生了深刻影响，缩小了“数字鸿沟”，极大地驱动了社会整体生产力的提升和经济的增长。到 2024 年，移动技术与服务预计贡献全球 GDP 的 4.9%，接近 5 万亿美元。日益普及的移动服务在提升生产力和效率的同时，也会使更多的行业受益。

相信这一发展趋势将持续到 2030 年及更远的未来，随着普惠智能成为未来商业和经济模式的重要基础，原生 AI 支持、原生数据隐私保护、原生可信、多元生态将驱动无线技术和网络架构的范式转变。

1.3.3 社会责任和可持续发展

移动网络有可能彻底改变商业、教育、政府、医疗、农业、制造业和环境，以及我们与他人的互动方式。移动网络在不断促进社会进步，并完全有可能重新定义人类世界。根据 GSMA 报告，联合国早在 2015 年就提出了旨在改变世界的可持续发展目标，而移动通信是实现这一系列目标的核心基石和重要手段。在所有 17 项目标中，移动产业发挥着重要作用，并且这种影响力与日俱增，为数字经济提供了坚实的基础，成为多样化创新业务的催化剂。

截至 2020 年，全球 60% 的人口已经使用移动网络，另外 40% 的人口有望在 5G 和 6G 网络中通过融合卫星等通信技术实现联网。5G 网络已经尝试将非地面接入技术融入 5G 新空口中。星链计划将集结成千上万颗超低轨卫星以加强低空通信，并可能在 6G 时代结出硕果。

移动网络提供的业务应用与内容，有助于提高经济融合度、增强社会凝聚力。物联网、大数据、人工智能、机器学习等技术，越来越多地被集成到网络基础设施中，为社会与环境的深入变革带来巨大潜力。由于信息通信技术（Information and Communication Technology，ICT）与可持续发展目标高度关联，我们必须全面考虑 6G 通信系统和网络的设计如何支撑可持续发展目标的实现。

综上所述，社会经济的不断发展，将推动信息通信技术的快速演进和发展。另外，“集成电路上可以容纳的晶体管数目大约每 18 个月便会增加一倍，处理器的性能每隔两年翻一倍”，摩尔定律支配的“硅基”技术产业的推动，使移动通信系统从 20 世纪 80 年代后期至今，经历了大致每10年更新一代的周期。

按照移动通信产业“使用一代，建设一代，研发一代”的发展节奏，业界预测在2030年左右将实现6G商用，预计2018—2024年开展需求制定、关键技术研究及概念验证，2025—2030年进行标准制定、产业化和初步商用。

近年来，国内外学者对6G在愿景方面展开了研究，从伦理学、智能性、万物互联、多场景智能融合等角度对6G所属的无线智能化社会愿景展开畅想。有学者指出，“6G广泛深入地满足人类物质和精神层面的需求，尤其是人类自身感知世界（生理和心理等）之间的互联”。学者们从频谱、编码、信道、组网等无线通信技术角度，以及空-天-地-海一体化、全息触觉网络等角度探索6G的需求。特别值得关注的是，智能化技术在移动通信领域的主体化逐步成为共识。

作为面向2030年及以后的移动通信系统，6G将进一步通过全新架构、全新能力，并结合社会发展的新需求和新应用场景，打造6G全新技术生态，推动社会走向虚拟与现实结合的“数字孪生”世界，实现“6G创新世界”的宏伟目标。

1.4 小结

为了迎接6G时代的到来，目前，全球6G标准和技术的研究序幕已经拉开，研究重点主要集中在需求愿景、应用场景、网络架构、关键候选技术等方面。

1.4 小结

第 2 章

6G 需求与愿景

2.1 6G 总体愿景

5G 时代，我国 5G 推进组 IMT-2020（5G）很早就提出了 5G 的目标：5G 要实现光纤般的接入速率、零时延的使用体验、千亿设备的连接能力、多场景的一致服务、业务及用户感知的智能优化、超百倍的能效提升和比特成本降低。为了实现上述目标，5G 制定了具体的指标，整体来看，相对于 4G 网络，5G 网络不论是从性能指标还是从效率指标上，都有极大的提升。

6G 愿景是满足 2030 年后的信息社会需求，因此，6G 愿景应该是现有 5G 不能满足而需要进一步提升的需求。目前，国际标准化组织还未公布 6G 愿景，部分研究机构基于自己的研究成果，将 6G 愿景概括为 4 个关键词——“智慧连接”“深度连接”“全息连接”“泛在连接”，而这 4 个关键词共同构成“一念天地，万物随心”的 6G 总体愿景。

概括来说，6G 总体愿景是基于 5G 愿景的进一步扩展。

①“一念天地”中的“一念”强调实时性，是指无处不在的低时延、大带宽的连接。

②“念”还体现了思维与思维通信的“深度连接”。

③“天地”对应空-天-地-海无处不在的“泛在连接”。

④“万物随心”是指万物为智能对象，能够“随心”所想而智能响应，即“智慧连接”；呈现方式也将支持“随心”无处不在的沉浸式全息交互体验，即“全息连接”。

2.1.1 智慧连接

人工智能（Artificial Intelligence，AI）是当前热门的话题之一，各个领域都在探索利用 AI 技术。无线移动通信网络与 AI 结合，让 AI 更好地赋能网络成为必然趋势。

人们已经开始尝试在 5G 系统中使用 AI 技术，但当前 5G 与 AI 的结合只是利用 AI 对传统网络架构进行优化改造，而不是真正以 AI 为基础打造全新的智能通信网络系统。

AI 技术应用于 5G 网络的时间相对较晚，近几年才真正展开研究并尝试把 AI 技术应用于 5G 网络，而 5G 网络架构本身早已定型。尽管 5G 网络架构设计初期考虑了足够的灵活性（即软件可定义），但毕竟没有考虑 AI 技术特点，依然属于传统的网络架构体系。

AI 技术尽管发展很快，也已经在一些领域展现了强大的能力，但在更多领域依然处于探索阶段，AI 与无线通信技术结合的研究刚刚起步，距离真正技术成熟还需要一个长期的研究过程。

不过，AI 的发展趋势让我们看到了未来 10 年其技术成熟的可能性。同时，考虑到未来 6G 网络结构将会越来越庞大，业务类型和应用场景也越来越复杂多变，充分利用 AI 技术来解决这些复杂的需求是必然的选择。

未来，6G 将会突破传统移动通信系统的应用范畴，演变为支撑全社会、全领域 / 行业运行的基础性互联网络。未来网络如果依然以现有统一的通信网络框架来支撑 6G 时代极具差异化的繁杂应用，将会面临前所未有的挑战。

AI 技术的新一轮复兴及迅猛发展，为应对上述挑战并超越传统移动通信设计理念与性能提供了潜在的可能性，并将充分赋能未来 6G 网络。因此，我们认为基于 AI 技术构建 6G 网络将是必然的选择，“智慧”将是 6G 网络的内在特征，即“智慧连接”。

“智慧连接”的特征可以表现为通信系统内在的全智能化，即网元与网络架构的智能化、连接对象的智能化（终端设备智能化）、承载的信息支撑智能化业务。未来，6G 网络将会面临诸多挑战：更复杂、更庞大的网络，更多类型的终端及网络设备，更加复杂多样的业务类型。“智慧连接”将同时满足两个方面的需求：一方面是所有连接在网络的设备智能化，相关业务也已智能化；另一方面是复杂庞大的网络本身也需要智能化的方式管理。“智慧连接”将是支撑 6G 网络其他三大特性“深度连接”“全息连接”和“泛在连接”的基础特性。

2.1.2 深度连接

传统蜂窝网络建设正在向优化室内接入需求的深度覆盖转变，为实现室内深度覆盖，工程中一般采用室外宏基站，或在室内部署无线节点。4G 及以往的蜂窝网络系统是针对以人为中心的通信需求，深度覆盖针对人员活动的典型室内场景进行优化。经过多代无线通信系统的技术演进及工程经验积累，针对人员活动场所的典型室内场景覆盖优化技术已经非常成熟。

5G 应用伊始，通信对象从以人为中心的通信扩展为同时包括物联通信，即万物互联。因此，5G 及未来无线通信网络设计及其部署需要兼顾人和物的深度覆盖需求，尤其是物联场景的深度覆盖。

人类生产和生活空间不断扩大，信息交互需求的类型和场景越来越复杂。以 5G 为开端的万物互联将会促进物联网通信需求快速增加，并很可能在未来几年内爆发。相对于人员的通信需求，物联网信息交互无论是空间范围还是信息交互类型，都将会极大地扩展。可以预期，未来物联需求会从以下 4 个方面快速发展。

① 连接对象活动空间深度扩展。

② 更深入的感知交互。未来的通信设备及其连接对象将大部分智能化，从而需要更深度的

感知、更实时的反馈与响应，如同延伸人的躯干和四肢。

③ 物理网络世界的深度数据挖掘。AI 深度学习会提升未来通信网络的数据深度挖掘与利用效率，同时也将推动大数据通信的发展。

④ 深入神经的交互。脑机接口（Brain Computer Interface，BCI）等技术的成熟，将使思维与思维的直接交互成为可能，一定程度的“心灵感应”将变为现实。

10 年后的 6G 系统，接入需求或从深度覆盖演变为“深度连接（Deep Connectivity）”，其特征可以概括为以下 3 个方面。

① 深度感知（Deep Sensing）：触觉网络。

② 深度学习（Deep Learning）：深度数据挖掘。

③ 深度思维（Deep Mind）：心灵感应、思维与思维的直接交互。

2.1.3 全息连接

AR / VR 被认为是 5G 最重要的需求之一，是对 5G 高吞吐量需求的典型应用之一，5G 能够支持把当前有线或固定无线接入的 AR / VR 变为更广泛场景的无线移动 AR / VR。一旦 AR/VR 可以更简单方便且不受位置限制地被使用，其将会促进 AR / VR 业务快速发展，进而刺激 AR / VR 技术与设备的快速发展与成熟。

10 年后，媒体交互形式将可能从以平面多媒体为主，发展为以高保真 AR / VR 交互为主，甚至是全息信息交互，无线全息通信将成为现实。高保真 AR / VR 将普遍存在，全息通信也可以随时随地进行，人们可以在任何时间和地点享受完全沉浸式的全息交互体验，即实现“全息连接”的通信愿景。当然，如果想基于无线通信网络实现全息通信、高保真 AR / VR，将会面临诸多挑战，许多文献已经在研究采用 AI 技术解决相关问题，解决这些问题的关键是依靠“智慧连接”支持和推进。

“全息连接”的特征主要有全息通信、高保真 AR / VR、随时随地无缝覆盖的 AR / VR。

2.1.4 泛在连接

传统蜂窝网络也有随时随地的无线接入需求。在 5G/6G 系统中，相对于人与人之间的通信需求，物联网信息交互在空间范围、交互类型等方面都会得到极大的提高。

物联设备的活动范围将会极大地扩展通信接入的地理空间，包括无人探测器被布置于深地、深海或深空，有人/无人飞行器进入中、高空，自主机器人、远程遥控的智能机器设备深入恶劣环境等。

随着航空、深海探测等领域的科学技术快速发展，人类在一些极端自然环境下的生存能力提升，自身的活动空间也在快速扩展。例如，2030—2040年，也许会有更多人有机会进入外太空，卫星与地面、卫星之间及卫星与航天器之间的通信需求将会更普遍，而不是现在仅局限于少数专业的科学探索领域的特殊通信需求。人类在地面的活动踪迹也会更多地出现在极地、沙漠等，更多人会进入无人岛屿。上述通信场景构成10年后更为广泛的"随时随地"连接需求，即实现真正的"泛在连接"，广阔的世界也将变得越来越触手可及。

"泛在连接"的特征概括为：全地形、全空间立体覆盖连接，即空-天-地-海随时随地的连接，或空-天-地-海一体化通信。"深度连接"和"泛在连接"二者对比，前者侧重连接对象的深度，后者强调地理区域的广度。

上述未来四大6G愿景总结如下。

"智慧连接"是未来6G网络的大脑和神经，"深度连接""全息连接"和"泛在连接"三者构成6G网络的躯干，这4个愿景共同使6G网络成为完整的、拥有"灵魂"的有机整体。

未来，通信系统将会在现有5G的基础上进一步发展增强，真正实现信息突破时空限制、网络拉近万物距离，实现无缝融合的人与万物智慧互联，并最终达到"一念天地，万物随心"的6G总体愿景。

2.2 6G网络能力指标

移动通信网络的新一代性能指标需求一般以上一代网络为基础，通过重构或优化网络架构、协议方案，取得网络性能指标的不断提升；同时依据潜在的新兴业务发展需求，内生性引入新兴的技术方案，有效增加网络指标体系的衡量维度。

未来，6G时代的通信业务应用（例如全息通信、数字孪生、空天智联网等）对数据速率、时延和连接数等网络关键绩效指标（Key Performance Indicator，KPI）的需求与5G相比可能呈数量级增长。对于5G网络的延续性能力指标，例如，速率、频谱效率、流量密度、连接密度、时延与可靠性、移动性、系统带宽及系统能效等，6G网络需要结合新愿景和新需求，通过采用太赫兹、可见光、超大规模天线、AI等一系列使能技术进行全面增强。6G典型业务、网络能力KPI和使能技术示意如图2-1所示。

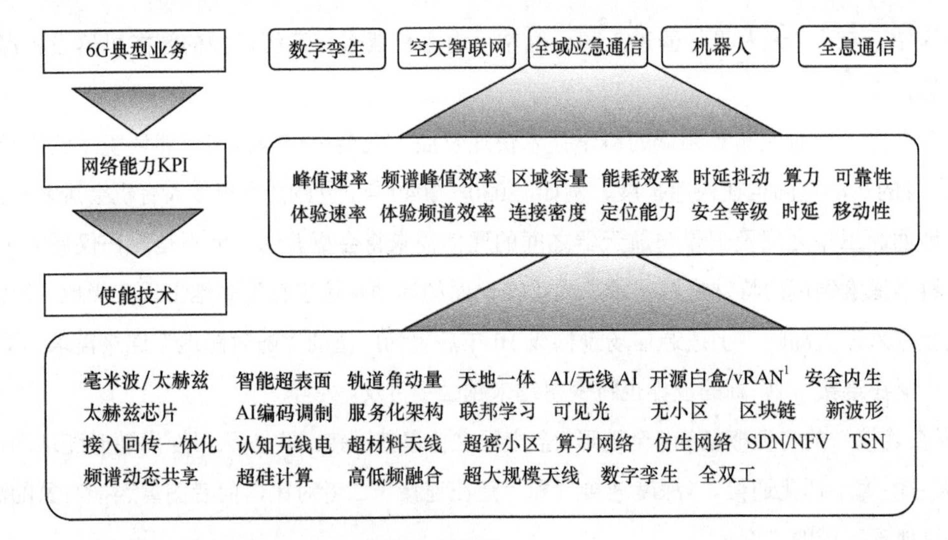

1. vRAN：virtualized Radio Access Network，虚拟接入无线网。

图2-1 6G典型业务、网络能力KPI和使能技术示意

5G 增强类指标在 6G 网络的预期和能力需求的大致提升内容如下。

（1）速率

速率包括小区级上行峰值速率、下行峰值速率及用户级体验速率指标，6G 网络支持毫米波、太赫兹频段通信，速率指标可以提升到 5G 网络的数十倍以上。

（2）连接密度

6G 网络支持空-天-地-海全域连接，从二维空间到三维空间的连接提升及连接终端的增长需要 6G 网络的连接密度进一步提升。

（3）时延与可靠性

6G 网络需要支持更精细粒度的空口调度时间间隔，6G 网络硬件需要进一步提升处理能力，在 5G 网络的基础上，保障相同业务可靠性的前提下，6G 网络的空口时延需要进一步降低，单次业务包传输的空口最低时延需要降低到百微秒级以下。

（4）移动性和定位

6G 网络需要支持高铁、飞机等交通工具运行状态下的用户连接，支持用户移动速度达到 1000km/h 以上。另外，6G 网络机器人、智能工厂等业务对于精准定位的要求也远高于 5G。

（5）流量密度

通过在更高频段支持更大的系统带宽，6G 网络容量将急剧提升，而高频系统的覆盖面积将降低，因此，6G网络支持的流量密度能力需要提升到5G网络的数十倍到数百倍。

（6）频谱效率

频谱效率包括小区级上行峰值频谱效率、下行峰值频谱效率、平均频谱效率及用户级体验频谱效率，单流业务6G网络的频谱效率指标需要进一步提升。

（7）频谱支持

6G网络支持毫米波、太赫兹频段部署，支持单载波或者多载波聚合情况下的系统带宽需要达到1GHz甚至10GHz以上。

（8）系统能效

6G网络能效需要支持有负载场景下的高效的数据传输，支持无负载场景下的低能耗运行。因此，在支持系统休眠的基础上，支持更灵活的休眠态与激活态调整及更低的状态转换时延是衡量6G网络系统能效的重要指标之一。

除了传统通信类指标增强，6G网络还将演进和衍生出更多的衡量维度，既包括比较具体的维度，例如，感知技术融合后衍生的感知灵敏度等指标，也包括抽象能力的指标维度，例如，智能和安全信任能力的衡量、算力评估等。

本节综合业界各方提出的指标体系，给出了6G关键指标要求的参考值，以供参考。6G与5G关键指标能力对比见表2-1。

表2-1　6G与5G关键指标能力对比

指标	5G	6G	提升效果
速率	峰值速率：10Gbit/s ～ 20Gbit/s 用户体验速率：0.1Gbit/s ～ 1Gbit/s	峰值速率：100Gbit/s ～ 1Tbit/s 用户体验速率：20Gbit/s	约10～100倍
连接数密度	每平方千米100万个	每平方千米1000万个～1亿个	10～100倍
时延	1ms	0.1ms，近似实时处理海量数据时延	缩短为1/10
移动性	＞500km/h	＞1000km/h	2倍
定位能力	室外10m，室内1m	室外1m，室内0.1m	10倍
流量密度	10Tbit · s^{-1} · km^{-2}	（100～10000）Tbit · s^{-1} · km^{-2}	10～1000倍
频谱效率	100bit · s^{-1} · Hz^{-1}	（200～300）bit · s^{-1} · Hz^{-1}	2～3倍
频谱支持能力	Sub 6G一般可达100MHz，多载波聚合可能实现200MHz；毫米波频段一般可达400MHz，多载波聚合可能实现800MHz	一般可达20GHz，多载波聚合可能实现100GHz	50～100倍
系统能效	100bit/J	200bit/J	2倍

从安全信任的能力衡量维度来看，6G 网络要包含网络态势感知的多维度性能统计，以及对网络风险进行分析评估的系列指标包，使网络可以量化地感知网络态势和评估网络风险，及时更新安全防护策略。另外，安全信任的使能需要对用户和业务的安全需求进行具体等级划分，映射至具体的量化维度和指标，便于网络根据不同等级实现安全可信服务的按需定制、动态部署、自适应响应，保证安全运维的自动化、可信化、智能化。

从智能原生的能力衡量维度来看，6G 网络将在系统架构设计和协议栈设计阶段开始考虑 AI 相关需求并对其进行标准化和固化，使 6G 网络可以在内部自动完成全局的智能化。对智能内生能力的自适应、自生成、自学习、自恢复、自伸缩等方面进行衡量，不仅要衡量能力的功能特性，还需要对各项能力进行量化对比，否则在进行相关技术标准化和协议设计时，无法定量化地判断某些技术是强智能还是弱智能。

从算力评估的维度来看，部分算力量化体系现阶段还比较粗放，业界提出需要从计算业务类型、服务质量（Quality of Service，QoS）分类、计算并发度要求、通信类型、网络时延和调度效率等维度入手，开展相关的详细评估和深入研究。

上述指标分析是基于业务需求提出的未来 6G 网络能力指标体系的预期和愿景，基于该预期和愿景，业界将讨论和研发使能上述需求的关键技术，最终网络能力指标体系的成型会受限于相关使能技术的突破和发展。6G 网络新演进的最终量化指标可能会反映和融合智能、安全可信和算力等使能特征和衡量维度。另外，6G 丰富的多维度网络指标体系除了被独立提出，在下一代无线网络中还可能以组合 / 指标包的形式存在，可适用于多样化用户和业务应用需求。

2.3 6G 典型应用场景

6G 未来将以 5G 提出的三大应用场景（eMBB、mMTC、uRLLC）为基础，不断通过技术创新来提升性能和优化体验，并且进一步将服务的边界从物理世界拓展至虚拟世界，探索新的应用场景、新的业务形态和新的商业模式。

2.3.1 人体数字孪生

在当前网络条件下，数字技术对人体健康的监测主要应用于宏观身体指标监测和显性疾病预防等方面，实时性和精准性有待进一步提高。

随着 6G 技术的到来，以及生物科学、材料科学、生物电子医学等交叉学科的进一步成熟，未来有望实现完整的“人体数字孪生”，即通过大量智能传感器在人体的广泛应用，对重要器官、神经系统、呼吸系统、泌尿系统、肌肉骨骼、情绪状态等进行精确实时的“镜像映射”，形成一个完整人体的虚拟世界的精确复制品，进而实现人体个性化健康数据的实时监测。另外，结合核磁、计算机体层成像（Computed Tomography，CT）、彩超、血常规等专业的影像和生化检查结果，利用AI技术对个体提供健康状况精准评估和及时干预，从而为专业医疗机构的进一步精准诊断和制定个性化的手术方案提供重要参考。

2.3.2 高空高速上网

在4G/5G时代，为了给乘客提供飞机上的空中上网服务，通信界做过大量的努力，但总体而言，目前，飞机上的空中上网服务仍然有很大的提升空间。当前，空中上网服务主要有两种模式：地面基站模式和卫星模式。如果采用地面基站模式，由于飞机具备移动速度快、跨界幅度大等特点，空中上网服务将面临高机动性、多普勒频移、频繁切换及基站覆盖范围不够广等问题。如果采用卫星通信模式，空中上网服务质量可以相对得到保障，但是成本太高。为了解决这一难题，6G将采用全新的通信技术及超越“蜂窝”的新颖网络架构，在降低网络使用成本的同时保证在飞机上为用户提供高质量的空中高速上网服务。

2.3.3 基于全息通信的XR

虚拟现实与增强现实（AR / VR）被业界认为是5G最重要的需求之一。影响AR / VR技术应用和产业快速发展的一大因素是用户使用的移动性和自由度，即不受所处位置的限制，而5G网络能够提升这一性能。随着技术的快速发展，可以预期10年后，信息交互形式将由AR / VR逐步演进至高保真扩展现实（XR）交互，甚至是基于全息通信的信息交互，最终全面实现无线全息通信。用户可随时随地享受全息通信和全息显示带来的体验升级——视觉、听觉、触觉、嗅觉、味觉乃至情感将通过高保真XR充分被调动，用户将不再受到时间和地点的限制，能以“我”为中心享受虚拟教育、虚拟旅游、虚拟运动、虚拟绘画、虚拟演唱会等完全沉浸式的全息体验。

2.3.4 全域应急通信抢险

6G或将是由地基、海基、空基和天基网络构建而成的空-天-地-海一体化网络。2030年以后，

"泛在连接"将成为 6G 网络的主要特点之一，可完成在沙漠、深海、高山等现有网络盲区的部署，实现全域无缝覆盖。依托覆盖范围广、灵活部署、超低功耗、超高精度和不易受地面灾害影响等特点，6G 通信网络在应急通信抢险、"无人区"实时监测等领域的应用前景广阔。例如，地震等自然灾害造成地面通信网络毁坏时，可以整合天基网络（卫星）和空基网络（无人机）等通信资源，实现广域无缝覆盖、随时接入、资源集成以支撑应急现场远距离保障和扁平化的应急指挥。另外，利用 6G 网络还可以对沙漠、海洋、河流等容易发生自然灾害的区域进行实时动态监控，提供沙尘暴、台风、洪水等预警服务，减少灾害造成的损失。

2.3.5 联网机器人和自治系统

目前，一些汽车技术研究人员正在研究智能网联汽车。6G 有助于网联机器人和自主系统的部署，无人机快递系统就是类似的应用示例。基于 6G 无线通信的自动车辆可以极大地改变日常生活方式。6G 系统将促进自动驾驶汽车的规模部署和应用。自动驾驶汽车可通过各种传感器来感知周围环境，例如，光探测和测距、雷达、GPS、声呐、里程计和惯性测量装置。

6G 系统将支持可靠的车与万物相连（V2X）及车与服务器之间的连接（Vehicle to Server，V2S）。对于无人机，6G 将支持无人机与地面控制器之间的通信。无人机在军事、商业、科学、农业、娱乐、城市治理、物流、监视、航拍、抢险救灾等许多领域都有广阔的应用空间。另外，当蜂窝基站不存在或者不工作时，无人机可以作为高空平台电信系统为该区域的用户提供广播和高速上网服务。

2.3.6 智能工厂 PLUS

利用超大带宽、超低时延和超可靠等特性，6G 网络可以对工厂内的车间、机床、零部件等运行数据进行实时采集，利用边缘计算和 AI 等技术，在终端侧直接进行数据监测，并且能够实时下达执行命令。6G 中引入了区块链技术，智能工厂所有终端之间可以直接进行数据交互，而不需要经过云中心，实现"去中心化"操作，提升生产效率。6G 可保障对整个产品生命周期的全连接。基于先进的 6G 网络，工厂内任何需要联网的智能设备 / 终端均可灵活组网，智能装备的组合同样可根据生产线的需求进行灵活调整和快速部署，从而能够主动适应制造业个人化、定制化 C2B[1] 的大趋势。智能工厂 PLUS 将从需求端的客户个性化需求、行业的市场空间，到工厂交付能力、不同工厂间的协作，再到物流、供应链、产品及服务交付，形成端到端的闭环，而 6G 贯穿于闭环的全过程，扮演着重要角色。

2.4 小结

6G 技术作为面向 2030 年后的技术，在传统速率、频谱效率、流量密度、连接密度、时延与可靠性、移动性、系统带宽及系统能效等指标大幅提高的同时，还需要具备安全信任、自适应业务发展的能力。通过这些技术，6G 将会实现空-天-地-海全域通信，实现“一念天地，万物随心”的 6G 愿景。

1 C2B：Customer to Business，顾客对企业电子商务。

第 3 章

6G 研究及标准化进展

3.1 全球 6G 标准化进展

3.1.1 ITU

1. 成立网络 2030 焦点组

ITU 的电信标准化部门（ITU-Telecommunication Standardization Sector，ITU-T）早在 2015 年 5 月成立 IMT-2020/5G 焦点组，并于 2017 年设立 IMT-2020/5G 工作组，全面启动和推进 5G 网络的标准化研究工作。

2018 年 7 月，ITU-T SG13 在日内瓦举行的全会上，成立了网络 2030 焦点组（Focus Group on Network 2030，FG-NET-2030），旨在探索面向 2030 年及以后的新兴 ICT 部门网络需求及 IMT-2020（5G）系统的预期进展，包括新的媒体数据传输技术、新的网络服务和应用及其使能技术、新的网络架构及其演进。FG-NET-2030 从广泛的角度探索新的通信机制，不受现有的网络范例或任何特定的现有技术的限制，包括完全向后兼容的新理念、新架构、新协议和新的解决方案，以支持现有应用和新应用。

FG-NET-2030 主要有以下 5 个目标。

① 研究、审查、调查现有的技术、平台和标准，以明确其面向“网络 2030”的差距和挑战。

② 制定“网络 2030”的愿景、需求、体系结构、全新用例、评价方法等。

③ 为标准化路线图提供指导方针。

④ 与其他标准制定组织建立联络渠道。

⑤ 专注于固定数据通信网络。

FG-NET-2030 成立了用例和需求组、网络服务和技术组、网络架构和基础设施组 3 个工作组，用于更好地分类和推动相关成果的输出。“网络 2030”的愿景与已部署的基础设施共存，以增量方式在网络中注入新功能。然而，“网络 2030”的重点仍将聚焦在固定通信网络领域，新的空中接口预计在 IMT-2030 中推出。

从成立之初起，FG-NET-2030 先后成功在纽约、中国香港、伦敦、圣彼得堡、日内瓦、里斯本等地召开了 7 次会议，电信运营商、服务提供商、设备商、学术界等多家单位的代表纷纷出席会议，对该焦点组的工作及面向 2030 年的未来网络进行了广泛的探讨。

2019 年 5 月，ITU 开始探讨 IMT-2030 标准。IMT-2030 是在 5G 网络的基础上，由一个多种不同网络构成的混合网络，包括固定、移动蜂窝、高空平台、卫星和其他尚待定义的网络，是 5G 的全面升级。

2020 年 2 月，在瑞士日内瓦召开的第 34 次国际电信联盟无线电通信部门 5D 工作组（ITU-R WP5D）会议上，面向 2030 及 6G 的研究工作正式启动。此次会议明确了 2023 年年底前 ITU-R 6G 早期研究的时间表，包含形成未来技术趋势研究报告、未来技术愿景建议书等重要报告的计划。ITU 关于 6G 的近期研究计划如图 3-1 所示。

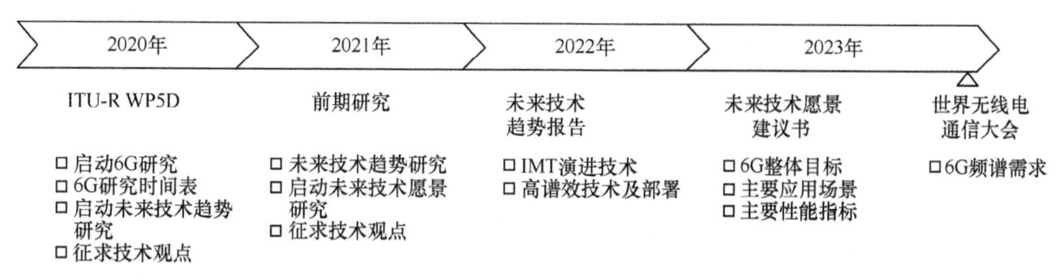

图3-1　ITU关于6G的近期研究计划

2. ITU 关于 6G 频谱的进展

6G 频谱需求预计在 2023 年年底的世界无线电通信大会（World Radio Communication，WRC）上正式讨论，2027 年年底的 WRC 有可能完成 6G 频谱分配。目前，潜在候选频段包括太赫兹频段、毫米波频段及 6GHz 频段。太赫兹通信技术可能是未来 6G 通信技术发展的一个重要方向。

2019 年召开的 WRC-19 正式批准了 275GHz ～ 296GHz、306GHz ～ 313GHz、318GHz ～ 333GHz 和 356GHz ～ 450GHz 共 137GHz 带宽资源，可无限制地用于固定和陆地移动业务应用。这些频段未来可能用于 6G 通信业务。同时，WRC-19 同意将 24.25GHz ～ 27.5GHz、37GHz ～ 43.5GHz、66GHz ～ 71GHz 共 14.75GHz 带宽的频谱标识用于 5G 和未来国际移动通信系统，表明其中部分毫米波频段或可用于 6G。WCR-19 还决定将 6GHz（6425MHz ～ 7125MHz）频段作为新增 IMT（5G 或 6G）频段列入 2023 年世界无线电通信大会（WRC-23）议题，对 6425MHz ～ 7025MHz 成为区域性 IMT 新频段和 7025MHz ～ 7125MHz 成为全球性 IMT 新频段进行立项研究。6GHz 频谱新增 IMT 使用划分的成功立项，意味着 6GHz 频段将成为 IMT（5G 或 6G）全球潜在新增频段，世界各国在建设 5G 系统及未来 6G 系统时将优先考虑该频段。

3. 3GPP

2020 年 7 月，3GPP R16 标准冻结后，原计划 2021 年年底完成冻结的 R17，推迟到 2022

年 6 月才冻结。目前，3GPP 已启动 B5G/IMT-2020 Advanced 标准研究，在 uRLLC、网络智能化等方面取得了一系列标准化进展。R17 提出了 5G 多媒体广播多播业务架构、NPN 增强架构、TSN 增强架构等，为 B5G 核心网的演进奠定了技术基础。3GPP B5G/IMT-2020 Advanced 标准研究计划如图 3-2 所示。

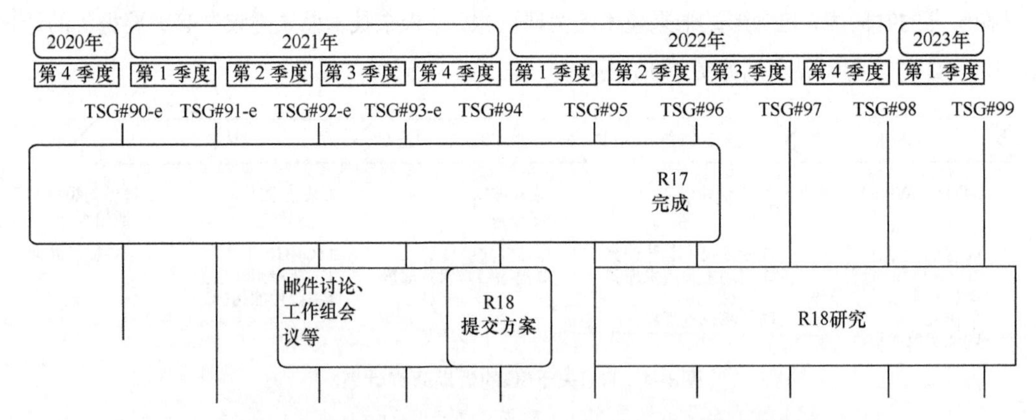

图3-2　3GPP B5G/IMT-2020 Advanced标准研究计划

根据 3GPP 2019 年公布的时间表来看，6G 的研究将于 2023 年开启，并将在 2025 年下半年开始对 6G 技术进行标准化，预计完成 6G 标准的时间点在 2028 年上半年，2028 年下半年将会有 6G 设备产品上市。

3GPP 正在着手制定 5G R17 标准，预计 2026 年启动首个 6G 标准 R21 的制定，到 2030 年将冻结 R23 版本。

3.1.2 IEEE

为更好地研究下一代网络相关技术，电气电子工程师学会（Institute of Electrical and Electronics Engineers，IEEE）于 2016 年 12 月发起了 IEEE 5G 计划，并于 2018 年 8 月更名为 IEEE 未来网络，其目标为使能 5G 及未来网络。当前，IEEE 已经开展了一些面向 6G 的技术研讨，2019 年 3 月 25 日，在 IEEE 的发起下，全球第一届 6G 无线峰会在荷兰召开，邀请了工业界和学术界的专家发表对于 6G 的最新见解，探讨实现 6G 愿景需要应对的理论和实践挑战，并发布了全球首份 6G 白皮书，即《6G 无线智能无处不在的关键驱动与研究挑战》，明确 6G 发展的基本方向。该白皮书的核心观点如下。

① 到 2030 年，随着 6G 技术的到来，许多当前仍是幻想的场景都将成为现实，人类生活将

有巨大变革。

② 与从1G到5G的前几次移动通信技术换代类似，6G的大多数性能指标相比5G将提升10～100倍。

③ 到2030年，数字世界将与物理世界深度融合，人们的生活将愈发依赖可靠的网络运行，这对通信网络的安全问题提出了更高的要求，6G网络应具备缓解和抵御网络攻击并追查攻击源头的能力。

IEEE已针对6G的一个重要场景——“触觉互联网”开展了相关研究和标准化工作。触觉互联网是指能够实时传送、控制、触摸和感应信息的通信网络。IEEE的P1918.1标准工作组将触觉互联网定义为一个网络或一个“网络的网络”（Network of Networks），用于远程访问、感知、操作或控制真实和虚拟对象或过程，相关标准已在制定中。

另外，在太赫兹领域，IEEE自2008年起便开展了相关的标准化工作。现有的IEEE 802.15.3c和IEEE 802.11 ad MAC协议适用于太赫兹无线个域网络，为6G的无线通信侧提供了介质访问控制（Media Access Control，MAC）层的通信参考方式。

3.2 区域及行业6G研究及标准化准备

3.2.1 下一代移动网络联盟

下一代移动网络（Next Generation Mobile Network，NGMN）联盟是由世界领先的移动网络运营商成立的行业组织，并向移动通信业的所有合作伙伴开放。其目标是确保下一代网络基础设施、服务平台和设备能够符合电信运营商的要求，并最终满足消费者的需求和期望。NGMN的愿景是提供有影响力的行业指导，着重于支撑5G的全面落地，绿色网络可持续发展，以及开展6G的相关研究，并最终为消费者提供低价且高质的移动通信服务。

NGMN联盟不是一个标准组织，而是与标准组织进行合作，对标准组织进行支持，从而更好地反映电信运营商的需求，使标准组织的工作方向和需求更明确，使标准制定得更合理。

2021年4月，NGMN联盟发布了第一份6G白皮书，即《6G驱动力与愿景白皮书》。该白皮书论述了6G的关键驱动力，并阐述了对6G及未来网络转型的愿景，即通过新体验和持续增加的市场机遇来实现差异化服务。另外，该白皮书还阐述了在迈向6G的过程中需要面临的关键挑战，并强调了一个健康统一的全球标准和生态系统的重要性。

NGMN 联盟表示，发布此白皮书旨在率先为全球 6G 活动提供有影响力的指导，以响应最终用户、社会、移动通信网络运营商和整个生态系统的需求。

NGMN 联盟委员会强烈建议在全球研究、设计和开发下一代 6G 标准和技术时优先考虑以下三大驱动因素，以确保移动通信行业及其基础技术的持续发展。

① 社会目标。未来的技术应进一步促进包括环境可持续性、高效提供卫生保健、减少贫困和不平等、改善公共安全和隐私保护、人口老龄化支撑、管理不断扩大的城市化进程等众多联合国可持续发展目标的实现。

② 运营需求。迫切需要提高移动通信网络运营商的网络规划、部署、运营、管理的效率。

③ 市场期望。需要以经济有效的方式不断更新技术，以提供新的服务和功能来满足客户的要求。

3.2.2 美国——Next G 联盟

美国电子通信标准化联盟（The Alliance for Telecommunications Industry Solutions，ATIS）是 ICT 产业开发技术、运营标准及解决方案组织，由 150 多个成员组成，其业务涵盖物联网、5G、智慧城市和人工智能等领域。

2020 年 10 月，ATIS 宣布成立下一代互联网（Next G）联盟，Next G 联盟将着重于以下 3 个战略行动。

① 制定 6G 国家路线图，以应对不断变化的竞争格局，并将北美定位为 Next G 技术研发、标准化、制造和采用的全球领导者。

② 使北美技术产业与一系列核心战略保持一致，引导政府对于 6G 的政策和资金支持。

③ 确定 6G 前期步骤和策略，促进 Next G 技术在新市场和商业领域的快速商业化，并在美国和全球范围内促进广泛采用。

3.2.3 欧洲——欧洲地平线（Horizon Europe）

欧盟框架计划（Framework Programme，FP）是为加强欧盟国与国之间的科研合作，由欧盟委员会发起并资助的项目。该计划自 1984 年成立以来持续为欧洲研究和创新政策提供财政支持。其中，第 7 期框架计划中的 METIS[1] 项目及其后续项目，为 5G 技术的成功奠定了基础。第 8 期框架计划是“Horizon 2020”，执行期为 2014 年至 2020 年，重点关注创新科学、产业领导力、社会挑战应对等方面。

欧盟通过大型科研项目加强 6G 创新，为未来 6G 通信技术领先奠定基础。2018 年欧盟委员会正式提交了下一个 7 年（2021 年到 2027 年）的科研资助框架“Horizon Europe”。该框架重点关注三大领域：基础研究、创新和社会重大问题。

2020 年 5 月，欧洲通信网络和服务技术平台 NetWorld2020 发布了关于 2021 年至 2027 年欧盟战略研究与创新议程的白皮书。该白皮书为欧盟战略研究提供了指导，并详细讨论了面向 2030 年通信的各个可能的方向。该白皮书的内容包括全球大趋势、面向 2030 年的政策框架和 KPI、以人为中心和垂直业务的讨论、系统架构、边缘计算、无线技术、光网络、安全、卫星、终端等技术话题，以及最新的趋势。该白皮书已作为“Horizon Europe”计划准备工作的一部分提交给欧盟委员会。

2021 年 3 月，欧盟宣布将为 5G 发展/6G 研发的“智能网络和服务”社交网络服务（Social Network Service，SNS）合作伙伴项目投资，SNS 项目将从“Horizon Europe”计划中获得研发资金以进行 6G 研究。

另外，欧盟还于 2021 年 1 月启动了 6G 旗舰项目 Hexa-X，该项目获得欧盟“Horizon 2020”研究和创新计划的资金支持。该项目由诺基亚与爱立信牵头负责，共有 20 多家企业和科研机构参与。Hexa-X 目标包括研发 6G 智能网络架构、6G 技术、6G 用例等。欧盟还在 5G 公私合作计划（5G Public Private Partnership，5G-PPP）中启动了 REINDEER、RISE-6G 等多个 6G 项目进行可重构智能超表面（Reconfigurable Intelligent Surface，RIS）、智能连接计算平台、新型交互式应用等方面技术的开发。

3.2.4 日本——B5G 推进战略

2020 年 1 月，日本举行了“B5G 推进战略座谈会战略会”，旨在制定全面战略，以应对 5G 下一代技术带来的需求和技术发展。2020 年 4 月，日本总务省宣布了 B5G 战略并向公众征求意见，同年 6 月发布了“B5G 推进战略：6G 线路图”。作为该战略的一环，日本总务省在 2020 年

---

1 METIS：Mobile and wireless communications Enablers for the Twenty-twenty Information Society，2020 年及未来的下一代无线移动通信系统。

11 月底正式挂牌成立“B5G 新经营战略中心”，其目的是集中学术界和产业界的主要力量，战略性地取得“B5G”所需要的知识产权与标准。日本计划在 2025 年世博会期间展示其成果。

B5G 推进战略认为，有必要使用一系列传感器收集最新的数据，以应对包括陆地、海洋、天空和外层空间等在内的任何物理空间中发生的事件，以便转变为数据驱动的社会，这将支撑“Society 5.0”时代的社会，并实现 2030 年的包容、可持续和可靠的社会。6G 网络应该是云原生的，白盒设备的应用将进一步得到扩展，并把 AI 引入网络管理以使能网络自治。6G 需要优先研发的技术包括太赫兹及全光网络、物理世界与网络世界的同步技术、感知技术、低功耗半导体、完全虚拟化、包容接口及高空通信平台、量子加密等。

按照 B5G 推进战略公布的 6G 路线图，日本政府积极开展和协助研发全球市场需要的 6G 通信技术，日本 6G 知识产权和标准化战略的实施将从 2025 年左右开始，把基于日本研发成果和其他优先事项的技术要求纳入 3GPP、ITU 和其他组织的国际标准中，以降低 6G 市场的供应链风险并创造市场进入机会。

3.2.5 韩国——6G 研发战略

韩国是全球第一个实现 5G 商用的国家，也是最早开展 6G 研发的国家之一。2019 年 4 月，韩国通信与信息科学研究院召集政府机构、学术界及移动通信业界顶级专家举行了 6G 论坛，正式宣布韩国开展 6G 研究，并公布了已经组建的第一个 6G 研究小组，其任务是定义 6G 功能、应用及 6G 核心技术开发。2020 年 1 月，韩国宣布将于 2028 年在全球率先商用 6G。2020 年 8 月，韩国科学与信息通信技术部发布《引领 6G 时代的未来移动通信研发战略》，计划 5 年内投资 2000 亿韩元（约合 1.68 亿美元）研发 6G 技术，专注于 6G 国际标准并加强产业生态系统，从而确保韩国继 5G 之后成为全球首个 6G 商用国家。韩国政府将首先在超高性能、超大带宽、超高精度、超空间、超智能和超信任 6 个关键领域推动 10 项战略任务，并为试点项目选择了 5 个主要领域：数字医疗、沉浸式内容、自动驾驶汽车、智慧城市和智慧工厂。

3.2.6 中国——IMT-2030（6G）推进组

IMT-2030（6G）推进组于 2019 年在工业和信息化部的牵头和指导下成立，包括多个工作组，分别负责研究面向 2030 年及以后的 6G 移动通信的需求和愿景、频谱、潜在无线接入技术、网络技术等领域。IMT-2030（6G）推进组汇集了参与 6G 研究的各方成员，包括高校、研究机构、电信运营商、厂商和垂直行业。

2019 年 11 月，由科学技术部牵头，联合国家发展和改革委员会、教育部、工业和信息化部、中国科学院、国家自然科学基金委员会成立了国家 6G 技术研发推进工作组和总体专家组。6G 技术研发推进工作组由相关政府部门组成，其职责是推动 6G 技术研发工作实施；总体专家组由来自高校、科研院所和企业的专家组成，主要负责提出 6G 技术研究布局建议与技术论证，为重大决策提供咨询与建议。中国通信标准化协会无线通信技术工作委员会第六工作组（CCSA[1] TC5 WG6）负责前沿无线技术标准的研究。

目前，IMT-2030（6G）推进组已发布《6G 总体愿景与潜在关键技术白皮书》和《6G 网络架构愿景与关键技术展望白皮书》。

2021 年 6 月，IMT-2030（6G）推进组发布的《6G 总体愿景与潜在关键技术白皮书》指出，6G 将在 5G 基础上从服务于人、人与物，进一步拓展到支撑智能体的高效互联，实现由万物互联到万物智联的跃迁，最终助力人类社会实现“万物智联、数字孪生”的美好愿景。未来，6G 业务将呈现沉浸化、智慧化、全域化等发展趋势，形成沉浸式云 XR、全息通信、感官互联、智慧交互、通信感知、普惠智能、数字孪生、全域覆盖八大潜在应用场景，为我们描绘未来丰富多彩的社会生活场景。通信感知、普惠智能、数字孪生等智慧化业务应用借助感知、智能等全新能力，在进一步提升 6G 通信系统性能的同时，还将助力完成物理世界的数字化，推动人类进入虚拟化的数字孪生世界。该白皮书还提出新物理维度无线传输技术、新型频谱使用技术、通信感知一体化技术等新型无线技术，算力感知网络、星地一体融合组网等 6G 十大潜在关键技术方向。IMT-2030（6G）推进组认为，未来 6G 网络仍将以地面蜂窝网络为基础，卫星、无人机、空中平台等多种非地面通信将在实现空-天-地-海一体化无缝覆盖方面发挥重要作用。但目前 6G 仍处于研究早期阶段，愿景需求尚不明确，关键技术尚未形成业界共识。

2021 年 9 月 16 日，IMT-2030（6G）推进组成功召开了首届 6G 研讨会，聚焦 6G 愿景需求、技术创新，围绕全球 6G 进展和 IMT-2030（6G）推进组成果，分享全球产业界和学术界的最新研究进展。会上发布的《6G 网络架构愿景与关键技术展望白皮书》从场景驱动、DOICT[2] 融合驱动、IP 新技术驱动 3 个方面阐述了 6G 网络架构演进的驱动力，提出了“坚持网络兼容、坚

1 CCSA：China Communications Standards Association，中国通信标准化协会。

2 DOICT：Data Technology、Operational Technology、Information Technology、Communication Technology，数据技术、运营技术、信息技术、通信技术。

持至简设计”和“集中向分布转变、增量向一体转变、外挂向内生转变、地面向泛在转变”的6G 网络架构设计原则，阐述了分布式自治的 6G 网络架构愿景。分布式自治的 6G 网络架构愿景如图 3-3 所示。

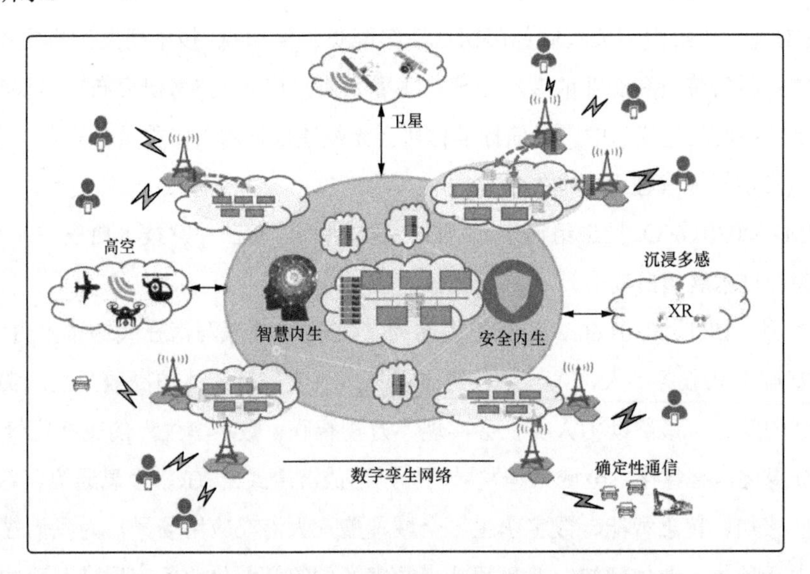

图3-3　分布式自治的6G网络架构愿景

该白皮书还系统介绍了 6G 网络的 12 个潜在关键技术，包括分布式网络、空–天–地–海一体化组网、网络智慧内生、安全内生、数字孪生网络、算力网络等潜在架构类技术；网络可编程、通信和信息感知融合网络、确定性网络、数据服务、沉浸多感网络、语义通信等潜在能力类技术。各项技术融合共同实现 6G 架构演进如图 3-4 所示。

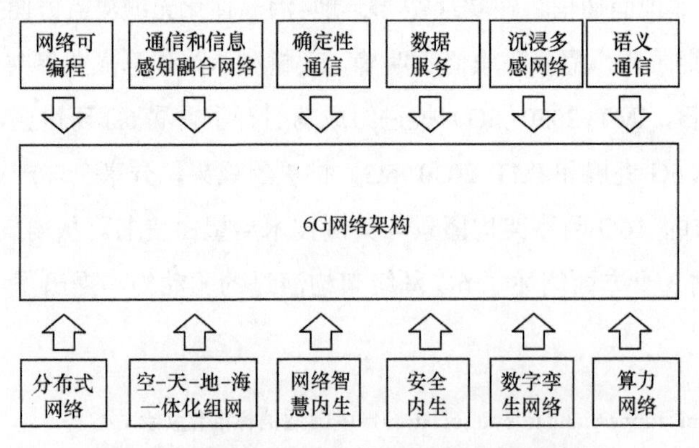

图3-4　各项技术融合共同实现6G架构演进

3.3 6G 研究与标准化路标预测

根据各大标准化组织及我国发布的 6G 研究计划，6G 研究与标准化路标预测如图 3-5 所示。

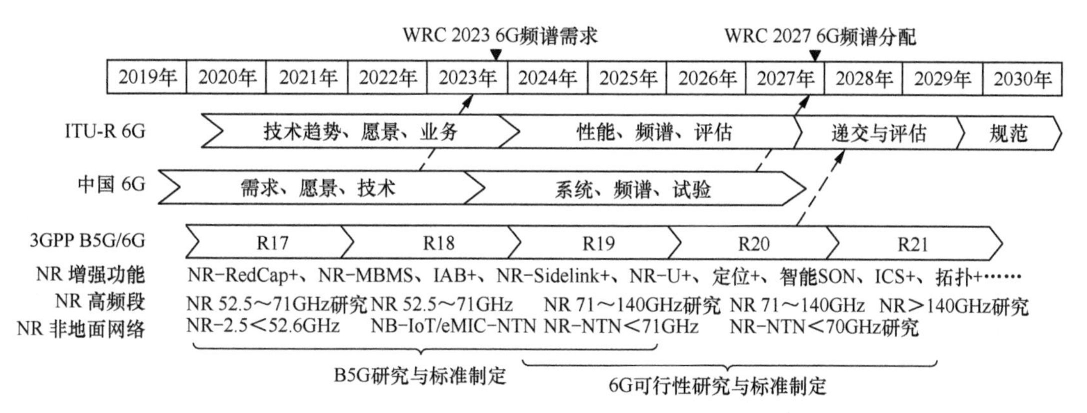

图3-5 6G研究与标准化路标预测

3.4 小结

6G 作为面向未来新需求的新一代通信技术，已经获得了全球的广泛关注。2018 年以来，众多 6G 研究项目纷纷启动，欧洲、中国、日本、韩国、美国等国家和地区的学术界和产业界，都在努力挖掘下一代无线网络的典型应用场景、关键能力和潜在使能技术。随着 ITU、3GPP 等国际组织持续加快面向 2030 的研究和标准化工作，全球多个国家和地区深入推进 6G 研发战略计划，6G 将如业界所愿，在下一个 10 年登上移动通信发展的舞台。

第 4 章

6G 产业发展情况

4.1 全球电信设备制造商 6G 布局

4.1.1 华为

华为在持续推动 5G 商用的同时，从 2017 年就开始设想 6G 的发展。2019 年 3 月，在芬兰奥卢大学主办的全球首个以“为 6G 到来铺平道路”为主旨的峰会上，华为提出了 6G 畅想。华为认为，6G 将超出 5G 时代的物联网，跨越人联、物联，实现万物互联（Internet of Everything，IoE）。在通信维度方面，6G 应该拓展到海陆空。此外，华为还提出了在 6G 时代可通过大脑意念控制联网物品、利用 Wi-Fi / 基站进行无线充电等概念，甚至设想发射 1 万多颗小型低轨卫星，实现全球 6G 通信覆盖。

2019 年 8 月，华为在加拿大成立了 6G 研发实验室，并联合高等院校及科研机构着手开展 6G 技术的预研工作。2021 年 4 月，华为在全球出版《6G 无线通信新征程：跨越人联、物联，迈向万物智联》专著。6G 无线网络以 5G 网络为基石，志在引领一场智能革命。人工智能将推动 6G 的发展，6G 将连接物理世界和数字世界，未来将全面跨越人联、物联的藩篱，阔步迈向万物智联。换言之，6G 无线网络的目标是将智能带给每个人、每个家庭、每个企业，从而实现万物智能。从无线技术的角度来看，我们有机会利用无线电波来感知环境与事物。因此，除了传输比特，6G 无线网络还是一张传感器大网，从物理世界中提取实时知识和大数据，提取的这些信息不仅可以增强数据传输能力，还能促进各类 AI 服务的机器学习。超低轨卫星的发展是另一个值得注意的创新点。这些卫星形成庞大的星座，在超近地轨道围绕地球运行，组成“空中”6G 无线网络。有了这些技术的支持，无线业务与应用覆盖全球、无处不在，并非超乎想象。这一宏伟愿景将对社会和经济发展产生重大影响。

华为预计 6G 在 2030 年左右投入商用。但在迈向 6G 时代的过程中，应用、技术、产业等环节都将遇到前所未有的挑战和考验。

从应用的角度来看，5G 开启了无线通信以前从未有的深度和广度，融入千行百业，随着 5G 商用化的进程，激发出越来越多 5G 不能满足的创新需求，由此催生的 5.5G 将能够持续增强，但又将激发出更多新的、需要 6G 来满足的创新需求。洞见这些创新需求对 6G 是至关重要的，这意味着，要让垂直行业尽快融入 6G 的定义工作中。经过数十年的迭代发展，5G 技术在满足和创造消费者需求方面已经达到相当高的水平，5.5G 将进一步把 5G 核心技术的能力发挥到极致。未来几年，5.5G 的定义与部署及 6G 的研究与定义将同时进行，6G

能否实现超越，考验的将是整个产业界的想象力和创造力。

从技术的角度来看，每一代移动通信技术从来都不是孤立存在的，而是需要借鉴、吸收并与同时代的技术协同发展。走到今天，移动通信无疑是成功的，但我们也不要忘记曾经走过的弯路，3G时代对通信传输技术的选择经历了异步传输模式（Asynchronous Transfer Mode，ATM）向互联网协议（Internet Protocol，IP）的转变，4G时代对于IT和CT的融合给予了很大的期待，同样的期待一直延续到5G时代，但至今尚未达到预期，产业界还在不断探索。6G面临的技术环境更加复杂，对云计算、大数据、人工智能、区块链、边缘计算、异构计算、内生安全等都将产生影响。6G能否做出科学的选择，这需要整个信息通信行业本着科学的精神，持续广泛且深入地探讨，考验的将是整个信息通信行业的预见力和决断力。

从产业的角度来看，6G从研究阶段开始，就不得不面对复杂的宏观环境。经过从1G到5G的发展，信息通信行业相对成熟，深化合作的规模效应比以往任何时候都更加重要。更大的创新是信息通信行业突破发展瓶颈的必由之路，而与此同时，整个社会对技术伦理的关注已上升到前所未有的程度，只有在二者之间取得平衡，移动通信技术才能更好地造福人类社会。移动通信已成为人们日常生活和工作不可或缺的组成部分，信息通信行业今天的选择将影响未来10～20年的发展。应对好这些挑战，让信息通信行业得以持续健康发展，考验的是整个行业界的使命担当和责任感。

2021年10月，华为在“MBBF 2021”发布《走向2030，无线未来十年十大趋势》报告，从连接、感知、提效、计算、安全5个方面全面、深入地描绘了面向未来十年智能化社会/智能世界所亟须的移动网络能力发展演进宏图。

（1）连接

① 人—人连接趋势：万兆之路构筑虚拟与现实的桥梁。

② 万物连接趋势：一张网络融合全场景千亿物联。

③ 连接组网趋势：星地融合拓展全域立体网络。

④ 连接降本趋势：广义多天线降低百倍比特成本。

（2）感知

感知引入趋势：通感一体塑造全真全感互联。

（3）提效

① 谱效提升趋势：Sub-100GHz全频段灵活使用。

② 能效提升趋势：全链路全周期原生绿色网络。

③ 智效提升趋势：把智能带入每个行业、每个连接。

（4）计算

以计算为中心：移动计算网络，“云—管—端”深度协同。

（5）安全

极简安全趋势：安全将成为未来数字化社会的基石。

上述5个方面全方位地为业界指明了未来10年移动通信网络的演进方向。华为正致力于把数字世界带入每个家庭、每个企业，构建万物互联的智能世界。

4.1.2 中兴通讯

近年来，中兴通讯已经开始进行6G原型关键技术等研究。中兴通讯认为6G将整合物理和数字世界，网络性能指标将面临更严格的要求。从需求驱动和技术驱动出发，中兴通讯提出了6G移动通信网络智慧连接、深度连接、全息连接、泛在连接的展望，以及“一念天地，万物随心”的总体愿景。目前，中兴通讯组建了专门的团队来开展6G方面的研究工作，未来将在核心网、无线网、虚拟化等5G技术的基础上，继续在AI等6G新方向上研制标准及相关的布局技术。

2020年3月，在线上举办的全球第二届6G峰会上，中兴通讯就“面向6G的服务内生挑战与创新”阐述了自己的观点。面向2030年的6G网络，智联物理与数字世界将彻底改变世界。感知互联网、人工智能互联网与行业互联网将是6G时代可能诞生的全新服务。6G将整合物理世界和数字世界，6G时代的全新服务将给6G网络提出更严苛的网络性能指标要求，例如，1Tbit/s峰值数据速率、20Gbit/s用户数据速率、100Gbit · s^{-1} · m^{-3} 业务容量等，这既是5G网络无法满足的性能指标要求，也是5G向6G网络长期演进的目标要求。如何设计满足6G性能指标要求的网络结构与使能技术，并通过测试验证其技术可行性，正是中兴通讯6G研究团队的使命与任务。

中兴通讯认为，2020—2023年将是6G网络需求、网络结构与使能技术的研究窗口期。智能无线电、智能覆盖、智能演进将是6G网络结构的基本技术特征，三维连接、智能MIMO、按需拓扑、按需AI与新视野通信将是6G网络的基本使能技术。为此，中兴通讯分享了5个典型创新技术实例及其应用场景，包括增强多用户共享接入、智能反射超表面天线阵、基于服务结构的无线接入网、人工智能低密度奇偶校验码译码器、高频段向太赫兹扩展的信道模型等。

2021 年 6 月，中兴通讯联合多家单位发布了《2030+ 网络内生安全愿景白皮书》。该白皮书指出，6G 时代，空–天–地–海一体化，通信、超算、AI、感知等技术将高度发达，网络对基础信任机制、安全准入、存证与溯源、应急处置等需求将更为强烈。然而，传统 IT 领域的分散式、外挂式、补丁式安全防御模式已无法有效保障 6G 时代的网络安全。网络安全亟须在理念层面进行变革和创新，在设计构建时就要充分考虑。面对新形势、新挑战，源于生物免疫理念的变革性安全理念——“内生安全”应运而生，“内生安全”旨在为网络构建免疫体系。该白皮书提出了统一的网络内生安全定义，畅想了 2030 年及以后的网络架构，基于网络架构描绘了 2030 年及以后“内生安全”愿景，初步提出了网络“内生安全”需求分类，并设想了“内生安全”面向未来的 3 个演进阶段。这是全球首份面向 2030 年及以后未来网络“内生安全”进行思考和探索的愿景白皮书，旨在引领业界共同讨论与思考，推动网络“内生安全”发展的研究。

4.1.3 三星电子

三星电子是韩国最大的电子工业企业，同时也是三星集团旗下最大的子公司。作为全球屏幕面板、手机电子及半导体领域头部企业，三星电子把握 6G 关键窗口期，加快技术研发，抢占竞争制高点。

2019 年 6 月，三星电子调整了内部组织架构，设立了 6G 通信研究中心，主要把比较分散的标准研究组进行组合、合并，升级为与通信相关的研究中心，以加速 6G 解决方案和标准化的发展。同时，三星电子公布 6G 是三星集团未来研究的八大重要领域之一，其他领域包括人工智能、机器智能、安全等。

2020 年 7 月，三星电子发布《下一代超连接体验》白皮书，该白皮书展示了三星电子对 6G 新发展趋势、6G 新业务及应用场景、网络性能要求、潜在候选技术、预期的标准化推进时间等全面构想。

该白皮书指出，三星电子的 6G 时代愿景是将“下一代超连接体验”带入人们生活的每一个角落，同时对符合愿景要求的沉浸式扩展现实、全息影像和数字孪生 3 项 6G 关键服务进行了研究。为了更好地满足沉浸式扩展现实等新应用的大带宽需求，以及更好地支撑工业自动化与远程医疗等应用场景，三星电子构想了多项 6G 技术指标，包括提供 1000Gbit/s 的峰值数据速率和 1Gbit/s 的用户体验数据速率，0.1ms 的空口时延和 10^{-7} 的可靠性要求，每平方千米 1000 万个设备的连接密度。三星电子对 6G 关键性能指标的构想如图 4–1 所示。

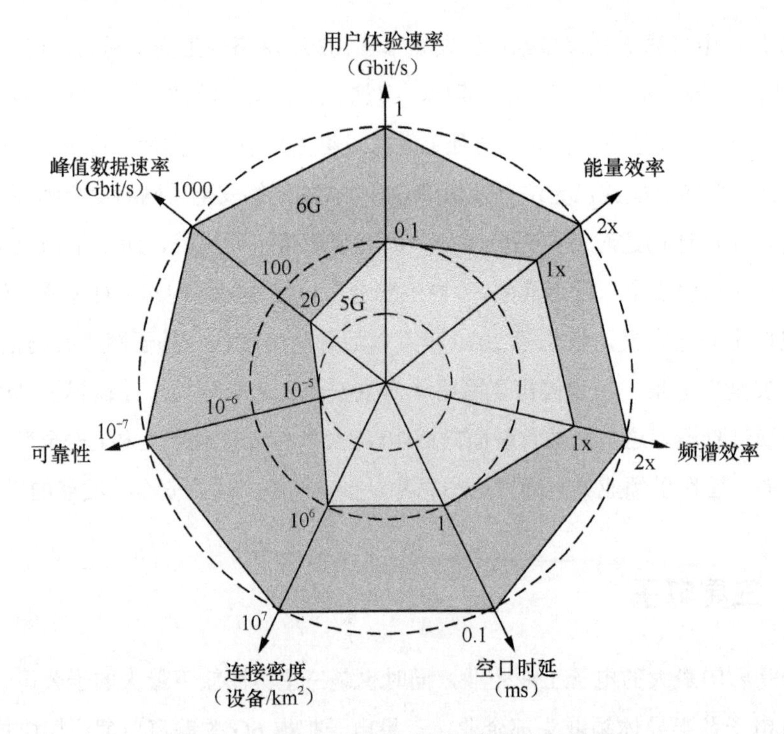

图4–1　三星电子对6G关键性能指标的构想

为了满足 6G 服务和需求对未来无线通信系统发展提出的各种挑战，6G 关键技术的选择和确定是十分重要的。《下一代超连接体验》白皮书指出，三星电子将对太赫兹频谱及通信、新型天线技术、先进的双工技术、新型网络拓扑、动态频谱共享及基于人工智能的无线通信等技术开展研究。

另外，三星电子还梳理了 6G 的标准化推进工作，预计在 2025 年启动 6G 标准化进程，2028 年完成标准的制定和早期的商用，6G 规模化的商用普及还需要推迟到 2030 年左右。

4.1.4 LG

LG 是引领 4G 网络商业化进程的重要成员，是全球重要的无线通信技术提供商之一，但 LG 在 5G 阶段排名靠后。近年来，LG 在 6G 的研发方面投入较大，是开展 6G 布局较早的企业之一。

2019 年 1 月，LG 宣布启动 6G 研发计划，在韩国先进科学技术研究院内启用了 6G 研究中心，合作开展 5G/6G 研发，致力于引领 6G 全球的标准化工作。与此同时，LG 不断强化企业合作创新模式，推进 6G 相关技术的研发。2020 年 8 月，LG 与韩国标准科学研究院、韩国先进科学技术研究院签署协议共同开发 6G 技术，并预计 6G 系统会在 2029 年实现商业化。该技术将基于人工智能技术，实现人、物、空间等要素的无缝连接，全面开启“万物互联网”时代。2021 年 3 月，LG 与美国 Keysight Technologies 公司、韩国先进科学技术研究院签署谅解备忘录，针对 6G 通信关键频谱（太赫兹相关领域）等开展合作研究，LG 与韩国先进科学技术研究院合作开展技术研发，美国 Keysight Technologies 公司提供相关的设计和测试工作，该项目预计于 2024 年完成，并计划在 2029 年实现 6G 商用。目前，LG 已经成功进行太赫兹频段 6G 无线传输实验，通信距离超过 100m，实现了又一次 6G 关键技术的突破。

4.1.5 NTT DoCoMo

作为日本最大的电信服务提供商之一，NTT 早在 2018 年就已经在 150GHz 频段芯片 / 设备开发等领域布局，以芯片为重点提升本国 6G 标准的国际主导权。2019 年 10 月，NTT 成功试生产出通过光运行的芯片，该芯片的能耗只相当于传统芯片的百分之一，同时通过与索尼公司、英特尔公司合作加速芯片量产进程。2019 年 11 月，NTT 宣布与微软等公司合作开发低能耗光学半导体等领域的 6G 潜在技术，同时计划组建创新光学与无线网络联盟，以共同开发光子学、分布式计算等领域的 6G 潜在技术。2020 年 1 月，NTT 研发出采用磷化铟化合物半导体制造的面向 6G 太赫兹无线通信的超高速芯片，并在 300GHz 频段进行了高速无线传输实验，当采用 16QAM 调制时可达到峰值速率 100Gbit/s。考虑到多载波捆绑，以及使用 MIMO 天线技术和轨道角动量（Orbital Angular Momentum，OAM）等空间复用技术，可以预期超高速集成电路将支持超过 400Gbit/s 的大容量无线传输，这将是 5G 技术的 40 倍。2020 年 1 月，NTT 发布《5G 演进及 6G 白皮书》，该白皮书总结了 6G 技术的性能及愿景、商用化进程及重点研究领域。该白皮书指出，预计 2030 年实现 6G 技术商用，6G 网络将采用全新的拓扑技术，与大规模的 MIMO 天线技术、AI 等技术融合，提供高达 100Gbit/s 以上的传输速率，低于 1ms 的时延，连接密度达到每平方千米 1000 万个设备。2020 年 6 月，NTT 与 NEC 开展 5G、6G 等技术研发和资本合作，推动 5G 设备国产化，同时合作研发 6G 超高速无线通信、海底光缆等新技术。

4.1.6 诺基亚

诺基亚于 2018 年就开始布局 6G，依托其先天优势积极开展 6G 领域技术研发并牵头芬兰及欧盟一系列重点支持项目。2018 年，诺基亚与芬兰多个研究所、高校共同合作开展了一项为期 8 年的“6Genesis——支持 6G 的无线智能社会与生态系统”项目，将投入资金超过 2.5 亿欧元。2019 年 6 月，诺基亚与韩国 SK 电信、瑞典爱立信共同签署研发合作谅解备忘录，针对超可靠、低时延无线网络和 MIMO 天线技术、基于人工智能的 5G/6G 网络技术、6G 商业模式等领域开展创新合作。2020 年 7 月，诺基亚与联发科合作开展 5G、LTE-A、IMS 等无线通信技术研发、标准化及测试工作，持续扩展和优化全球合作伙伴生态。2020 年 12 月，诺基亚作为牵头单位开展《欧洲 2020 远景规划》科研项目——Hexa-X，这是欧盟在通信领域首个 6G 指引性项目，涵盖未来 6G 的全球服务、极致体验、安全可信、连接智能、多网聚合、可持续能力 6 个主要方面。2021 年 9 月，诺基亚与中国移动研究院签署谅解备忘录，联合研究 6G 技术。根据这项为期 5 年的协议，诺基亚与中国移动将共同定义 6G 的需求、应用场景、网络架构和关键技术。

除了中国和欧洲，诺基亚还在美国 6G 行业组织——Next G 联盟担任领导职位，携手行业伙伴共同推动全球 6G 研究合作及未来标准的制定。

4.1.7 爱立信

爱立信在 6G 领域积极参与欧洲重点资助项目，聚焦感知互联网、智能机器的联网、数字孪生、基于连接的可持续发展四大类重要需求，突破认知网络以及网络计算等关键使能技术。

2020 年 12 月，爱立信发布《6G 研究展望》白皮书，从 6G 愿景、6G 网络能力、6G 潜在技术等方面进行了阐述。

（1）6G 愿景

该白皮书指出，5G 已经在全球大规模商用，但未来新的通信需求将不断涌现，要求移动通信系统在社会需求的拉动和更先进技术的驱动下不断演进，未来的网络几乎成为生活、社会和垂直行业各个领域的基本组成部分，以满足人类及智能机器的通信需求。这就是 2030 年的 6G 智能通信时代。

（2）6G 网络能力

与现在的网络相比，6G 网络能力需要在各个方面进行增强和扩展，包括数据速率、端到端时延、系统容量等传统网络能力和定位 / 感知、服务可用性、安全等新网络能力。爱立信提出的 6G 网络能力如图 4-2 所示。

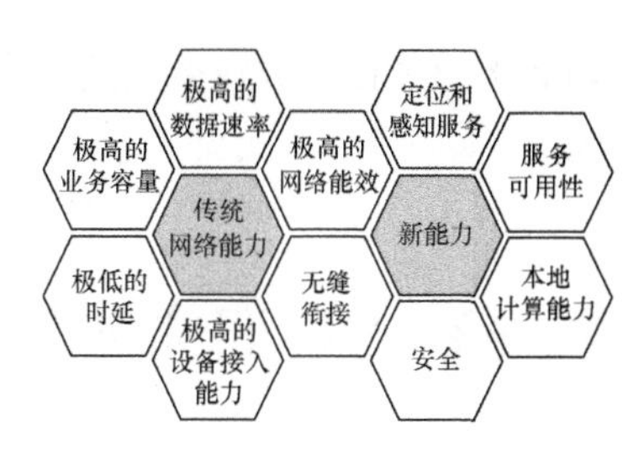

图4-2 爱立信提出的6G网络能力

（3）6G 潜在技术

该白皮书从更广泛的视角考虑了 6G 的各类潜在技术，从网络适应能力、增强端到端连接、覆盖性能、嵌入式设备、认知网络、网络计算架构、可信赖系统等方面进行了全面分析。以各类关键技术为基础，6G 将是一个无缝覆盖的网络，具备所预期的能力。爱立信提出的 6G 潜在技术如图 4-3 所示。

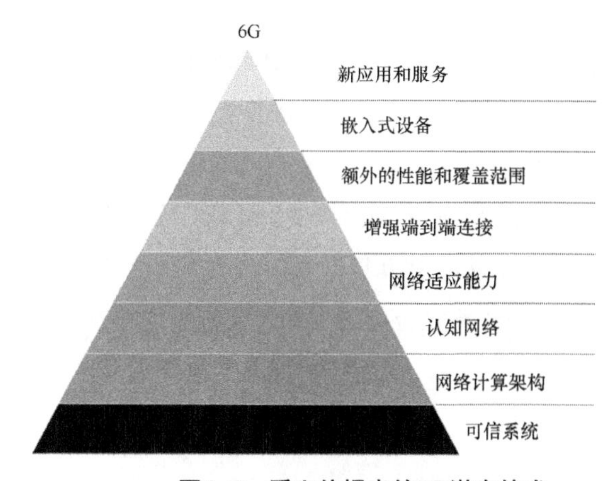

图4-3 爱立信提出的6G潜在技术

2021 年 1 月，爱立信参与欧盟 REINDEER 6G 研发项目，主要研究无蜂窝 MIMO 技术[1]，并为系统开发由“分布式无线电、计算和存储架构”组成的新型无线接入基础设施，铺开规模智能表面和无蜂窝无线接入的理念，为下一代网络提供远超 5G 网络的能力。REINDEER 是《欧洲 2020 远景规划》战略计划的重要组成部分，该项目自 2021 年 1 月 1 日起持续 3 年半的时间，

1 无蜂窝 MIMO 技术：与传统的以基站为中心的集中式大规模 MIMO 技术不同，无蜂窝大规模 MIMO 技术采用了以用户为中心的网络架构，通过部署大量分布式小型基站，并在基站间引入协作来充分消除小区间的干扰，从而获得比集中式大规模 MIMO 更高的网络容量。

参与者包括诺基亚、Telefonica、NXP 半导体在内的众多欧洲企业和科研院校，致力于将欧盟打造为 6G 开发、标准化和最终部署的中心。

4.2 国内“政、产、学、研”6G 研究进展

4.2.1 政府

我国 6G 研发工作的总体部署超前，在《中华人民共和国国民经济和社会发展第十四个五年规划和 2035 年远景目标纲要》中明确提出要加快建设新型基础设施，前瞻布局 6G 网络技术储备。我国现阶段 6G 研发工作稳步推进，已由政府部门牵头成立相关组织，本着总体部署、统筹推进的原则，推进 6G“政、产、学、研”一体化。2019 年，工业和信息化部牵头成立 IMT-2030（6G）推进组，科学技术部牵头成立国家 6G 技术研发推进工作组和总体专家组，协调国内的 6G 研发力量，系统地开展 6G 技术研发方案的制定工作，为 6G 技术预研打下基础。

科学技术部发布的《国家重点研发计划“宽带通信和新型网络”重点专项项目申报指南建议》提出专项总体目标之一是“开展新型网络与高效传输全技术链研发，使我国成为 B5G/6G 无线移动通信技术和标准研发的全球引领者，在未来无线移动通信方面取得一批突破性成果”。其中，2019 年专项中至少有 6 个 6G 研究项目，2020 年专项中至少有 5 个 6G 研究项目。2021 年，科学技术部公布了《6G 通信一感知一计算融合网络架构及关键技术》和《6G 超低时延超高可靠大规模无线传输技术》两个 6G 研究项目。立足国家重大专项指引，多个高等院校及科研院所可以加快进行 6G 关键核心技术的研究。

4.2.2 电信运营商

1. 中国移动

中国移动成立了未来研究院，未来研究院明确定位为基础核心理论与原创技术研究者、关键领域前瞻性研究引领者、未来研究领域重要资源整合者，将打造未来信息通信及相关跨学科融合技术领域的高端技术智库，牵引信息通信技术的发展方向。未来研究院的主攻方向为未来信息通信技术（包括 6G、下一代互联网、光网络、AI、安全、业务等领域）、跨学科融合技术（包括类脑智能、生命科学、量子信息、新材料、新能源与节能等领域）、人文科学（包括技术进步

对社会的影响分析，前瞻技术的法律法规及政策建议）。

中国移动研究院定期召开“畅想未来”6G 系列研讨会，汇聚“产、学、研、用”各方力量，通过广泛交流和深入分享，为业界寻找 6G 的研究方向提供了参考，并在 2019 年 11 月发布了电信运营商首个《2030+ 愿景与需求研究报告》，该报告已更新至第二版。该报告指出，2030 年及以后将走向虚拟与现实相结合的“数字孪生”世界，整个世界将基于物理世界生成一个数字化的孪生虚拟世界，物理世界的人和人、人和物、物和物之间可通过数字化世界来传递信息。孪生虚拟世界则是物理世界的模拟和预测，将精确地反映和预测物理世界的真实状态，帮助人类更进一步地解放自我，提升生活的质量，提升整个社会生产和治理的效率，实现“数创世界新，智通万物灵”的美好愿景。该报告认为，未来移动通信网络将在智享生活、智赋生产、智焕社会 3 个方面催生出孪生体域网、超能交通、智能交互、通感互联网等全新的应用场景。这些场景将在超高峰值速率、超低时延抖动、三维覆盖、超精密定位等性能指标上对未来移动通信网络提出更高的要求。同时，新应用场景也将对网络的服务形式、部署与发展提出更高的要求：一是按需服务的网络，可以使用户按需获得网络服务和极致的网络性能体验；二是支持即插即用的至简网络；三是按需扩展、自治、自演进的柔性网络；四是智慧内生，保障网络的极简、柔性、感知能力；五是安全内生，让网络有更强大的免疫能力。基于这些特征，6G 网络将满足 2030+ 社会发展的全新需求，并实现“6G 创新世界”的宏伟目标。

2020 年 11 月，中国移动陆续发布了《2030+ 网络架构展望白皮书》和《2030+ 技术趋势白皮书》等。《2030+ 网络架构展望白皮书》描绘了中国移动对于 2030 年及以后的网络架构的展望，阐释了“三层四面”的 6G 网络逻辑架构的思想，“三层”分别是分布式资源层、网络功能层及应用与服务层，“四面”分别是数据感知面、智能面、安全面及共享与协作面，并进一步引出面向 2030 年及以后的网络架构的开放性思考话题。《2030+ 技术趋势白皮书》在信息通信技术与大数据、人工智能的深度融合、网络泛在性的进一步扩展、用户体现和个性化服务需求的持续提升的背景下，从满足用户极致体验的角度，预测和探讨了网络的未来技术发展趋势，针对 6G 指标需求，在频谱、谱效提升、网络架构和网络功能四大方面介绍和分析了未来 6G 的潜在使能技术。

2. 中国联通

中国联通也开展了对 B5G 和 6G 通信技术的研究，依托中国联通网络技术研究院实施太赫兹通信推进计划，牵头成立毫米波太赫兹联合创新中心，推动太赫兹通信产业化快速发展。

中国联通与中兴通讯已正式签署6G联合战略合作协议，双方充分发挥各自在6G领域的创新优势，围绕6G技术创新及标准推动合作。中国联通于2021年3月发布了《中国联通6G白皮书》，该白皮书深入分析了6G业务发展趋势及愿景、6G网络指标与候选技术、6G未来研究规划与实施理念。中国联通对于未来6G愿景的初步设想，可以用“智能、融合、绿色、可信”8个字来概括。整体而言，未来6G网络将实现全域融合和极致连接，为用户提供随愿按需定制的弹性开放服务，同时向智能原生、数字孪生、绿色共享、算网一体、安全可信等方向演进。

3. 中国电信

在2019世界5G大会上，中国电信表示已启动6G相关技术研究和布局。目前，中国电信对6G主要关注两个方面：一是5G演进，尤其是云化技术向无线接入网的延伸、支持垂直行业、覆盖和容量扩展等技术方向；二是AI、数字孪生、算力网络和区块链等技术领域。中国电信表示将进一步与高等院校、科研院所等联合开展6G关键技术的研究。

4.2.3 高等院校及科研院所

1. 紫金山实验室

面向“网络2030”发展愿景，网络通信与安全紫金山实验室积极参与未来国家移动通信重大科技专项研究，举办未来网络与6G为主题的国际顶级会议，抢抓发展机遇。紫金山实验室筹备和开展的重点项目包括“B5G/6G移动通信系统与关键技术”“面向服务的未来网络与系统”“网络通信内生安全2.0研究”和“综合试验平台”重大任务，以及“大规模量子密钥无线分发及组网关键技术研究”“单光子极限通信与探测”和“智驱安全网络”等前沿交叉课题。

2020年8月，紫金山实验室联合东南大学和国内外多个高等院校、企业科研机构共同撰写并发布了《全球未来网络发展白皮书（2020版）》《6G研究白皮书——6G无线网络：愿景、使能技术与新应用范式》。

《全球未来网络发展白皮书（2020版）》对未来网络的概念和重要性进行了重新梳理，系统地调研了国内外未来网络的宏观发展状况，对未来网络的发展背景、应用场景、热点技术最新进展、产业发展分析、基础设施发展动态、生态建设情况进行跟踪调研，介绍了国内外未来网络的最新发展态势和成果。该白皮书认为，经过50年的发展，互联网从最初的科研型网络发展成消费型网络，目前正向生产型网络转变。2020 年互联网正式进入“下半场”，未来网络迎来新的发展机遇，主要从网络体系结构、未来网络核心关键技术、未来网络重点应用等方面开展相关工作，进一步形成自主可控的未来网络产业生态链，促进社会发展。

《6G 研究白皮书——6G 无线网络：愿景、使能技术与新应用范式》的主要内容有 6G 无线通信网络的愿景、使能技术、4 个新的范式转变，以及未来研究方向。该白皮书介绍了 6G 网络新的性能指标和应用场景，例如，全球覆盖、增强的频谱 / 能量 / 成本效率、更高的智能水平、安全性和弹性等；首次提出 4 个新的范式转变，可以实现 6G 网络全面融合，即全球覆盖（卫星、无人机、地面、海洋通信）、全频谱（Sub 6G、毫米波、太赫兹、光频段）、全应用（AI 赋能无线通信）、强网络安全。

2. 中国科学院

中国科学院在我国 6G 技术研发推进工作组中，启动了多项 6G 研发项目。其中的商用卫星光电姿态敏感器通过感知太阳矢量的方位，获取航天器相对于太阳的方位信息，是卫星定位必不可少的一环，主要应用于光学仪器设备、商业卫星产品、航天器等领域。6G 新型多址接入技术的研究取得阶段性进展。该研究面向 5G-Advanced 及 6G 后续演进中超大规模机器连接场景的应用需求，聚焦多用户上行非正交多址接入技术，从基础通信理论角度出发，率先推导了上行多用户在多种调制策略下的误码率闭式解；理论推导并分析论证了多用户非对称上行信道“边界效应”的阈值，为优化调制策略的选择提供了指导；基于严格推导证明的误码率闭式解的数学性质，进一步提出了一种非对称自适应调制框架与算法，能够有效减轻“边界效应”对系统性能产生的不稳定性影响，使多用户上行非正交多址接入技术在满足目标误码率的前提下，对比现有对称性自适应调制算法能够有效提高系统吞吐量性能。

3. 之江实验室

为支撑 6G 海量无线设备连接、泛在智能高速无线通信的发展，之江实验室布局了光电太赫兹通信器件与系统项目，致力于突破 Tbit 超高速太赫兹通信技术，研制国际先进的芯片、器件及平台，为实现泛在、宽带、智能的 6G 提供关键核心技术支撑。之江实验室研究团队拟采用光电混合的技术路线，并与 OAM 技术结合，以期实现高达 1Tbit/s 的 6G 通信速率。之江实验室研究团队率先在 300～500GHz 频段实现了一系列超高速太赫兹无线通信，目前已达到 600Gbit/s。

4. 高等院校

东南大学电磁空间科学与技术研究院、毫米波国家重点实验室、移动通信国家重点实验室在 6G 信息超表面材料领域取得新进展，实现了一种可对电磁功能进行编程的光驱动数字编码超表面，能够用可见光强度实时调控微波的反射相位，解决了以往多通道电控超表面需要大量复杂物理导线连接带来的微波信号和直流信号串扰的难题；同时实现了非接触式远程可编程调控，为高度集成化的远程可编程超表面系统的研制奠定了基础。

北京邮电大学网络智能研究中心的“6G 全场景按需服务关键技术”项目力求建立全场景按需服务管控技术体系，实现从概念理论与关键技术的研究到标准体系建设与核心系统研发的原始创新，提出 6G“中国方案”。

电子科技大学等联合研制的电子科技大学号卫星是全球首颗 6G 通信试验卫星，该卫星搭载了太赫兹卫星通信载荷，将在卫星平台上建立收发链路并开展太赫兹载荷试验，这也将成为太赫兹通信在空间应用场景下的全球首次技术验证。

4.3 小结

综上所述，无论是国内还是国际，各主设备厂商和电信运营商对于 6G 都有自己的看法与前景展望。目前，由于还处在 6G 的前期预研阶段，在 6G 的应用场景、关键能力和使能技术等方面尚未达成共识，但有一个共同点就是行业头部企业都在积极聚焦核心业务，全面开展 6G 前瞻性布局。

在国家相关部门的牵头和指导下，我国 6G 研发工作的总体部署超前，正在系统地开展 6G 技术研发方案的制定工作，为 6G 技术预研打下基础。各个研究组织和机构也在有条不紊地展开关键技术研究，并取得了一定进展。在全球范围内的 6G 研究工作中，我国承担着“先行者”的角色，这对增强我国在前沿技术研究领域的全球话语权有着深远的影响。

第5章

6G 网络架构

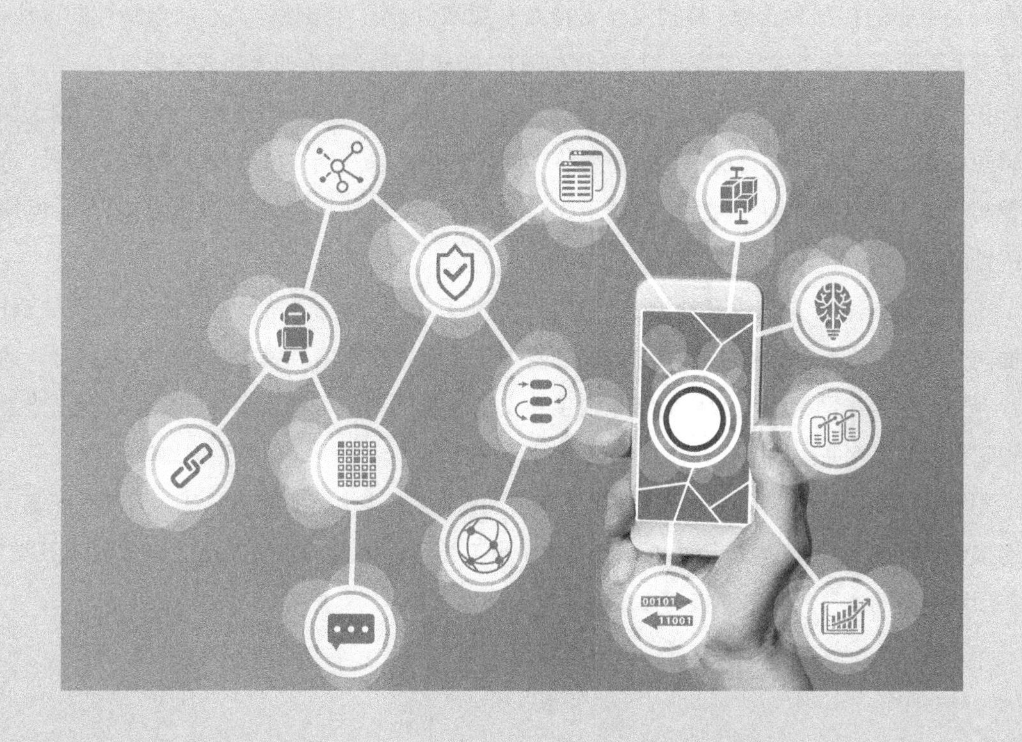

5.1　网络架构需求

一方面，6G 网络架构设计需要坚持网络兼容性原则。6G 网络架构需要具备后向兼容能力，既要支持与 5G 等传统网络的互联互通，实现网络、用户层面的无障碍交互，又要支持 5G 网络平滑发展演进为 6G 网络，实现全类型业务连续性。6G 网络架构需要具备前向兼容能力，具有良好的可扩展性，具有自生长、自演进、自优化能力，可以支持基于最小服务单元进行在线、动态升级。另一方面，6G 网络架构设计需要坚持智简设计原则。面对未来超大规模的网络接入和动态变化的网络需求，6G 网络的复杂度将以指数级增长。在设计 6G 网络架构时，需要尽量降低网络的复杂度，可以考虑通过同态化的设计，端到端采用统一的设计思想，采用统一的接口基础协议，多种接入方式采用统一的接入控制管理技术，基础网络架构以极少类型的网元实现完整的功能等。智简设计使 6G 网络通信所需的协议数量和信令交互大幅减少，从而降低网络的复杂度，同时使 6G 网络具备韧性、安全性和可靠性的特点。

为全面满足新业务、新场景的需求，6G 网络架构应向以下 4 个方面演进和发展。

① 从集中化向分布化转变。通过“去中心化”的信任架构，控制的分布化和层次化，实现以用户为中心的控制和管理；架构设计支持具有隐私保护、可靠性、高吞吐量特性的区块链，从而满足不同用户的个性化需求，以适应数据的分布式特性及算力的分布式部署。

② 从重型增量式设计向智简一体化设计转变。智简的接入网架构设计、智能化的端到端内生感知—计算—控制一体化机制、核心网络功能同态化，以及接口协议的智简统一设计，可实现智简一体化的网络架构、内生智能的至强功能，从而降低网络的复杂度，达到轻量化网络架构的目的。

③ 从外挂式设计向内生设计转变。被动的、补丁式的、增量式的功能增强难以满足 6G 支持面向全社会、全行业、全生态的各种业务需求，反而导致网络规模和功能越来越复杂。通过设计算力、数据与网络深度融合的智慧内生和安全内生机制，可打造多维、立体、全场景、深度智慧接入与多网共生的融合体系，实现 6G 网络内生设计，打造 6G 内生网络。

④ 从地面接入向空–天–地–海泛在接入转变。6G 网络架构需要支持空基、天基、海基、地基等多种接入方式，固定、移动、卫星等多种连接类型，个人、家庭、行业等多种服务类型，并实现网络侧的多接入、多连接、多服务融合。

5.2 空–天–地–海一体化网络

5.2.1 网络需求

早在 20 多年前，人们在讨论 3G 标准时，就认识到要实现在任何时间、任何地点、与任何人通信，仅依靠地面通信系统是行不通的，还需要天地一体化通信系统的支撑，因此，人们试图将卫星通信引入移动通信标准体系。

在讨论 4G 标准时，人们进一步认识到，要在人与人之间实现任何一种媒体的通信，仅靠陆地蜂窝移动通信系统是不行的，还需要将广域的蜂窝移动通信系统与有线域、局域、个域、空–天–地–海域系统融合为一个网络。

随着全球信息化的高速发展，移动通信需求从人与人之间的互联服务，转向物与物的互联服务，而以人与人之间信息交流为核心的现有移动通信体系结构无法满足这一需求。另外，随着集成电路、软件、人工智能、移动互联网、中低轨卫星通信等技术的发展，以及这些新技术与信息通信技术的深度融合，通信开始走向软件化、智能化、互联网化和天地一体化。在 5G 时代，以增强宽带和万物互联应用为驱动，5G 开始将技术焦点从传输转向网络架构。

以增强宽带和万物互联应用为驱动的网络，在即将到来的 6G 时代，必然要从陆地蜂窝移动通信网向全域接入的无线通信网发展，这样的网络应以广域移动通信网为核心，将有线域、局域、个域、空–天–地–海域融为一体，实现频谱、功率、时空资源的全域优化，打造人与物之间信息无缝互联的全域接入互联分层网。新的体系结构应实现多域系统的架构统一，使信息能够快捷互联互通。各域系统必须针对不同的需求，进行技术分层，从而实现功能互补。

在 6G 时代，全域接入架构需要解决如何建立空–天–地–海域系统统一接入架构，天地技术与平台如何实现互相支撑，广域与局域、宽带与窄带、低频与高频如何统一架构，如何简化网络架构，如何构建高安全、高可靠分级分层技术架构与控制体系等一系列问题。

5.2.2 应用场景

随着 5G 商用网络的大规模建设，业界已经将技术研究的重点转向 6G。目前，6G 相关标准还未开始制定，但 6G 全球研究的序幕已经拉开。国际电信联盟在 2020 年 2 月正式启动了面向

2030 及 6G 的研究工作。3GPP 预计于 2023 年开启对 6G 的研究。10 年后商用的 6G 网络，有望向通信的终极目标“五个 W[1]”进一步迈进，实现真正意义上的全球无缝覆盖。

从国内来看，我国移动通信经过多年发展和建设，目前已经到了 5G 时代，根据相关统计，5G 基站数量已经超过 200 万个。但由于网络建设成本和覆盖范围受限，我国还有很多区域没有实现移动通信信号的有效覆盖。另外，即使在移动通信信号已经覆盖的区域，也并不是所有用户都能在任何时间、任何地点享受到高质量的通信网络服务。从全球范围来看，占全球 70% 以上面积的海洋、占全球陆地面积 20% 以上的沙漠等区域，几乎没有移动通信信号覆盖。全球仍有大约 37 亿人的基本上网需求无法得到满足，其中大部分人生活在农村和偏远地区。在 6G 时代，地面和非地面网络的融合可以提升这些地区用户的宽带业务体验。在海上应用方面，宽带卫星、船载站、地面站的融合将提供更大的带宽，实现高速、实时、低成本的通信服务。

因此，网络运营商需要基于陆地蜂窝移动通信网络、融合卫星等多种通信方式，构建跨地域、跨空域、跨海域的空–天–地–海一体化的 6G 网络，以实现真正意义上的全球网络无缝覆盖。

6G 空–天–地–海一体化网络可以实现全球全域立体覆盖和随时随地的超广域宽带接入能力，在广覆盖、公共安全等方面，具有广阔的应用场景。

在大力推进海洋经济发展，加大航运的背景下，卫星通信作为海上重要的通信手段，是潜在的新兴通信市场，例如，低轨卫星方案可提供时延更短、速率更高、性价比更高、全球覆盖的宽带通信网络，有助于船载、机载通信从低速到高速、从国内至全球的发展。

随着电信普遍服务工作的不断深入，针对地面通信最难覆盖的边疆、深山、海岛等区域，低轨卫星将具有一定的部署和维护成本优势，可为地广人稀、海洋地区提供低成本通信服务。

卫星网络作为传输备份链路，可以增强地面网络的稳定性。通过卫星网络承载基站传输备份保障和应急等任务，可以有效提高基站抵御各种自然灾害的能力、增强地面网络的稳定性。未来还可以考虑将无线网、核心网的部分设备部署在卫星上，作为网络容灾备份的节点。

5.2.3 组网架构

1. 总体架构

6G 将实现地面通信网络、不同轨道高度上的卫星及搭载在低空飞行器上的网络设备等有

1 五个 W：任何一方（Whoever）在任何时间（Whenever）于任何地点（Wherever）能够与任何对方（Whomever）进行任何形式（Whatever）的通信。

效融合，从而构成全新的移动信息网络，通过地面通信网络实现城市热点常态化覆盖，利用天基、空基、海基网络实现偏远地区、空中和海上按需覆盖，具有组网灵活、韧性抗毁等优势。空–天–地–海一体化网络将不是卫星、飞行器等与地面通信网络的简单互联，而是空基、天基、海基、地基网络的深度融合，构建包含统一终端、统一接口协议和组网协议的服务化网络架构，在任何地点、任何时间，以任何方式提供信息服务，实现满足天基、空基、海基、地基等各类用户统一终端设备的接入与应用。

① 天基网络：由卫星通信系统构成，其中包括高轨卫星、中轨卫星、低轨卫星等。

② 空基网络：由搭载在各种飞行器（例如，飞艇、热气球等）的通信基站构成。

③ 海基网络：由海上及海下通信设备、海洋岛屿的通信网络设施构成。

④ 地基网络：由陆地蜂窝移动通信网络（例如，4G、5G 网络等）构成，在 6G 时代，地基网络将为大部分普通终端用户提供通信服务。

6G 空–天–地–海一体化网络架构如图 5–1 所示。

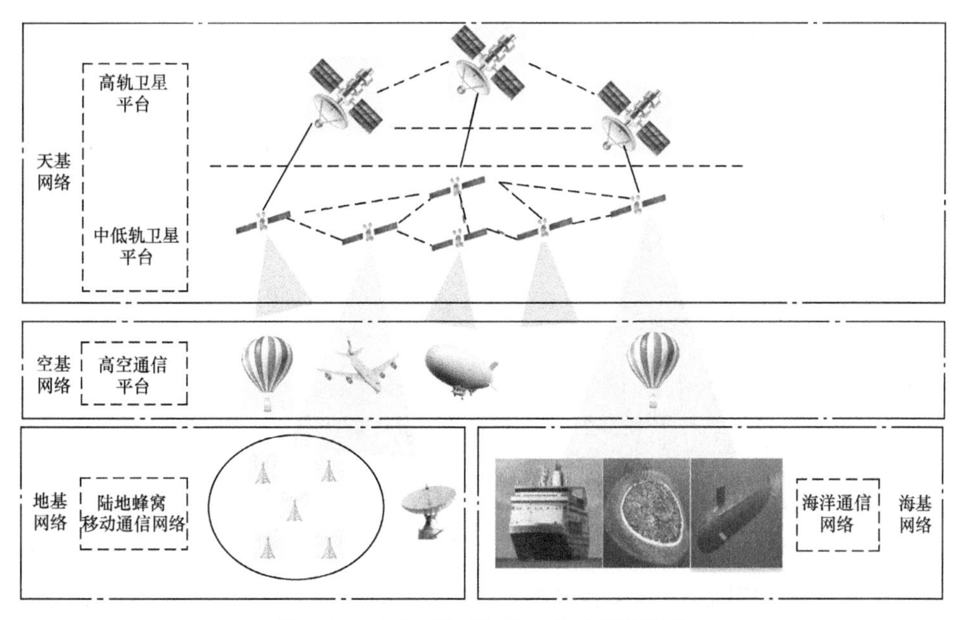

图5–1　6G空–天–地–海一体化网络架构

2. 天基网络

天基网络的基础和核心是卫星通信网络。卫星通信是现代通信的主要方式之一，目前已有

50 多年的历史，主要应用于军事和航天领域，而在民用领域，尤其是在公共通信服务领域的应用较少。典型的天基网络（卫星通信系统）由空间段、地面段和控制段 3 个部分构成。

① 空间段：主要包括一颗或几颗卫星，在空中对信号发挥中继放大和转发作用。

② 地面段：主要由多个业务的地球站组成，将要发射的信号传送给卫星，同时又从卫星接收信号。

③ 控制段：由所有地面控制和管理设施组成，包括用于监测和控制卫星的地球站，以及用于业务与卫星上资源管理的地球站。

卫星通信网络组网架构如图 5-2 所示。

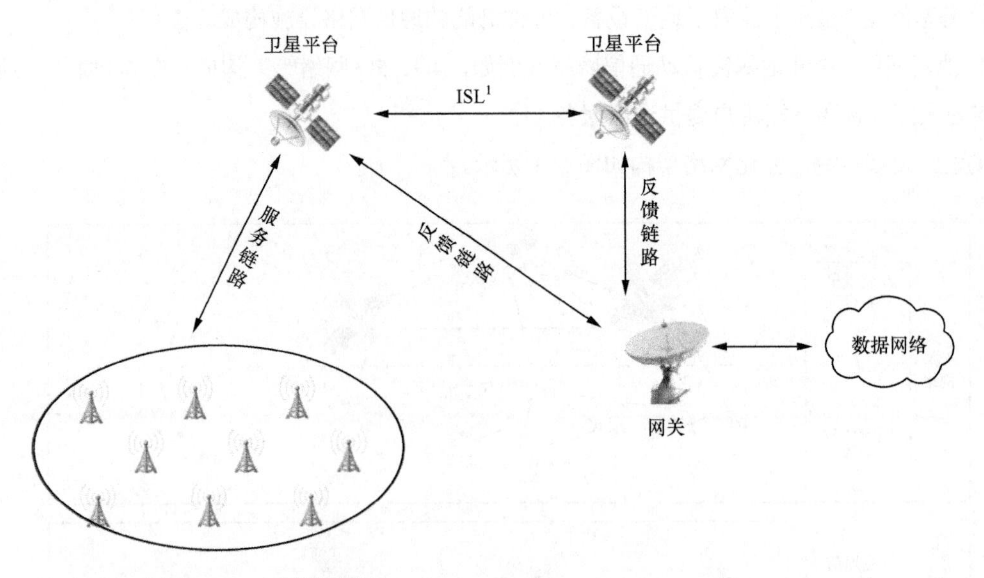

1. ISL（Inter-Satellite Link，卫星间链路）。

图5-2　卫星通信网络组网架构

目前，卫星通信系统中的空间段的卫星主要有高轨卫星、中轨卫星和低轨卫星等多种类型。

① 高轨卫星：轨道高度一般在 3000km 左右，而地球同步卫星的轨道高度在 36000km 左右。地球同步卫星系统覆盖范围广，覆盖范围相对地面固定，一般 3 ～ 4 颗卫星即可完成除极地地区外的全球覆盖。

② 中轨卫星：轨道高度在 2000km 以上，单颗星覆盖面积与高轨卫星相比要小得多，完成全球覆盖一般需要几十颗卫星。

③ 低轨卫星：轨道高度在 1000km 左右，单颗卫星成本低，覆盖范围小，需要多颗卫星组

成大型星座以完成全球覆盖。

依托低轨卫星系统可以构建低轨互联网系统，为用户提供互联网宽带接入服务，这已成为目前卫星通信系统的重要研究方向。在6G时代，网络运营商有望借助低轨互联网技术为全球用户，尤其是处于边远地区的用户提供互联网接入服务。在低轨互联网中，增加卫星数量可以有效解决中高轨卫星系统由于卫星数量少而造成的系统容量低的问题。卫星系统容量的大幅提升，能够有效满足用户宽带互联网接入需求。由于低轨互联网系统具有巨大的应用前景，所以目前国内外已经开始布局低轨卫星通信产业。

（1）国内低轨卫星系统发展现状

国内低轨卫星系统的研究方向主要是软件定义卫星系统，其研究和试验主要是由中科院软件所主导，其启动的软件定义卫星技术的天智工程，后期可以用于低轨互联网建设。

软件定义卫星与传统卫星最大的不同之处在于软件定义卫星采用了开放的系统架构和统一的计算平台，允许第三方为其开发软件、部署软件，因而能够通过软件持续扩充卫星的功能，提升卫星的性能。

目前，全球首颗软件定义卫星“天智一号”已经发射成功，主要用于验证软件定义卫星的技术可行性。目前，从“天智二号”到“天智十号”共17颗卫星已在规划中。

（2）国外低轨卫星系统发展现状

美国商业航天方面的公司，例如，SpaceX、OneWeb、亚马逊等均制订了成千上万颗卫星的发射计划。其中实施进展较快的是SpaceX的星链计划。2020年4月，SpaceX将第7批的60颗卫星送上了太空，目前，星链计划发射的卫星总数已达到422颗，计划达到4.2万颗。星链计划在初期主要为加拿大等北美客户提供服务，于2021年进一步把服务范围扩大至世界其他地区。

3. 空基网络

空基网络主要借助高空通信平台，将基站设备安装在长时间停留在高空的飞行器上（例如，飞艇、热气球、无人机等），并提供通信服务。空基网络使用现有的通信技术，例如，4G、5G等，其技术原理与陆地蜂窝移动通信网类似，二者最大的区别在于将基站设备安装在高空飞行平台而非地面上。一方面，高空通信平台的高度远高于地面基站；另一方面，高空基站的信号辐射不受高大建筑物的遮挡。因此，覆盖范围较陆地蜂窝移动通信网更大。另外，空基网络不需要建设固定的地面基础设施，例如，机房、铁塔等，因此，其具有受地形、地物影响较小，部署机动灵活等特点，可以作为地基网络的延伸和有效补充。但是也要认识到，要想保障空基网络正常工作，需要有效解决高空基站到核心网的回传，以及高空基站设备稳定供电等问题。

空基通信网络组网架构如图 5-3 所示。

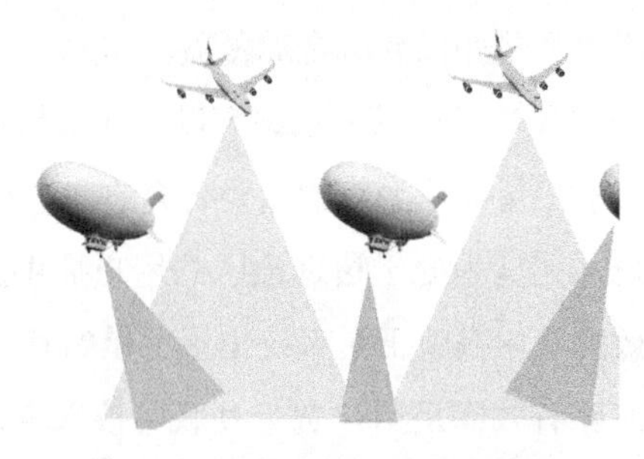

图5-3　空基通信网络组网架构

4. 地基网络

地基网络主要由陆地蜂窝移动通信网络构成，地基网络是覆盖范围最广的陆地公用移动通信系统之一，也是为用户提供移动通信服务的主要网络。

在蜂窝移动通信网络中，覆盖区域一般被划分为类似蜂窝的多个小区，每个小区内设置固定的基站，为用户提供接入和信息转发服务。基站则一般通过有线或无线的方式连接到核心网，核心网主要负责用户的签约管理、互联网接入、移动性管理、会话管理等功能。

在 5G 时代，全球采用了统一的标准，具有超高速率、超大连接、超低时延三大特性，核心网采用了颠覆性的服务化架构。2020 年，随着 5G 的逐步商用，6G 的研究已成为行业热门的关注点。当前，各国已竞相布局，紧锣密鼓地开展相关研究工作。当前业界主流观点认为，在 6G 网络中，地面蜂窝移动通信网络一定会和天基网络、空基网络、海基网络融合，从而实现空–天–地–海一体化的立体网络。

地基通信网络组网架构如图 5-4 所示。

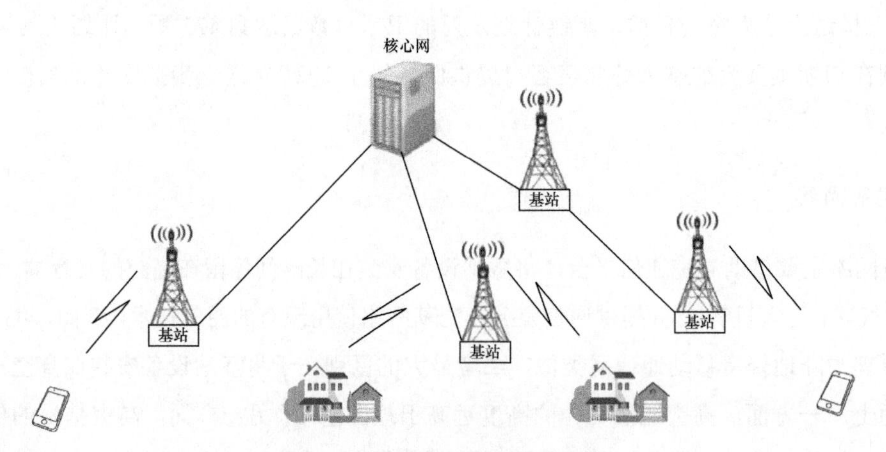

图5-4　地基通信网络组网架构

5. 海基网络

20 世纪以来，从电缆到光缆、从有线到无线、从模拟到数字、从 1G 到 5G，陆地通信经历了日新月异的发展变革，然而，在浩瀚的海洋中，由于海洋环境的复杂多变，海上施工困难，海洋通信的发展明显滞后于陆地通信。近年来，随着国际海事活动日趋频繁和海洋经济的迅猛发展，研发新一代海洋通信技术与系统已成为学术界和工业界备受瞩目的焦点。

常规的海洋通信网络主要包括海上无线通信系统、海洋卫星通信系统和基于陆地蜂窝网络的岸基移动通信系统，由于这些通信系统的通信制式互不兼容、通信带宽大小不一、覆盖范围存在盲区、缺乏高效统一的管理机制，常规的海洋通信越来越难以满足全球日益增长的海洋活动需求，这成为制约海洋开发与探索向纵深发展的重要限制因素。

近年来，在传统海洋通信系统的基础上，一些国家或国际组织提出了许多演进的海上无线通信系统，与此同时，新的卫星通信系统也不断投入运行，各国科研人员还将各种陆地通信的最新技术延伸至海洋环境中。

在 6G 时代，网络运营商将基于各种海洋通信系统的最新研究成果，搭建海基网络，从而使海基与空基、天基、地基网络一起构成覆盖全球的空–天–地–海一体化网络。在海基网络中，靠近海岸的船舶 / 浮标与陆地专用基站或蜂窝基站通过海上无线链路相连；在远离陆地的船舶 / 浮标 / 海岛上设置基站，这些基站通过卫星链路与通信卫星互联，例如，在海岛上建设基站可以实现周边近百千米内的覆盖；在大型远洋轮船上搭建移动通信基础设施，使其可以随着大型远洋轮船的移动逐步实现远洋航线周边的覆盖；卫星和基站通过网络操作控制中心可形成一个有效的海洋通信网络，船舶之间除了利用网络间接通信，在一定的范围内也可以通过无线链路直接通信。

5.2.4 面临的挑战

与传统的陆地蜂窝移动通信网络相比，空–天–地–海一体化网络包含卫星通信、陆地移动通信、海洋通信等多个通信系统，各系统制式和技术特点不同，造成网络架构较单一的陆地移动通信系统变得复杂。另外，一些终端节点，例如，民航飞机由于移动速度快，需要解决多普勒频移问题；水下潜艇由于下潜位置较深，需要解决深海水下通信问题。因此，网络运营商需要研究低时延、高效率的网络结构及特殊的技术方案以应对各种通信设备的接入需求。

1. 通信设施与设备

在空-天-地-海一体化通信系统中，各网络系统工作在不同的环境中，因此，其通信设施、基站设备、通信终端需要适应各种复杂的通信环境，例如，卫星和空基通信平台的空间、载荷、能源供应等受限，需要研发小型化、轻量化、高能效的通信设备。另外，由于存在多种网络系统，终端设备要在不同网络系统间实现漫游和切换，要求基站设备和终端设备支持多频多模，这给通信设备，尤其是终端的制造工艺和制造成本带来了巨大的挑战。

2. 空口与网络管理技术

由于不同通信系统的覆盖范围、网络容量差异较大，例如，虽然天基网络的容量较小，但是覆盖范围较大；虽然地基网络的覆盖范围较小，但是容量较大，所以为了保证用户的体验，需要针对不同的系统研究适宜的用户承载和接入控制技术。

在空-天-地-海一体化通信网络中，由于终端的移动可能会带来终端在多个网络系统间的切换，既包括不同卫星系统间的切换，也包括天基、空基、地基、海基不同通信网络间的切换，这就都需要进一步研究切换方案和切换技术等，同时，这也给后期的网络优化带来了巨大的挑战，例如，问题定位、优化方案制订等。另外，网络运营商还需要研究和解决卫星通信的高时延、设备和终端快速移动带来的多普勒频移等诸多空口技术难题。

3. 6G与卫星融合

对于6G来说，与卫星融合是目前讨论较多的方向，但卫星通信与移动通信相融合的难度较大，障碍较多。从第一代移动通信技术开始，到目前的第五代移动通信技术，卫星通信没有集成到普通用户的手机终端。卫星通信目前主要还是应用于应急通信、海上通信等领域。从目前来看，卫星通信的主要问题是卫星成本高、链路损耗大、系统容量大、终端功耗大等。近年来，这些领域都有一些进展，卫星发射成本越来越低，在空间组成几千甚至上万条星链网络的计划已成为可能。在链路损耗和系统容量方面，目前的低轨卫星由于轨道运行高度低，减少了传输时延和降低了链路衰减，同时由于卫星星座数量的增加，可以极大地提升系统的容量；随着抗干扰技术的发展，终端能以更低的功率发射信号，同时由于电池技术和材料的进步，终端的待机时间更长。这些技术的进步和发展使卫星通信系统有望在6G时代集成到普通用户的手机终端。

4. 建设及运营

（1）建设及维护成本高

天基网络的卫星通信系统要实现全球通信，所需的卫星数量庞大，建设成本已超百亿美元规模。例如，铱星系统共有66颗卫星，耗资约50亿美元；星链计划至少投入约100亿美元；日本LeoSat低轨卫星通信系统共有108颗卫星，耗资约36亿美元。

卫星除了研制成本高，还需要高额的发射成本。正常商业系统卫星的发射成本约1万美元/千克，星链计划通过重复利用发射系统以降低发射成本，目前大约降低到每千克2300美元，虽然发射成本已经显著下降，但此部分成本仍是一笔较大的支出。

（2）运营前景不明朗

在人口密集区域，卫星通信系统相对于传统的地面通信系统来说，还存在很多不足，例如，在传输时延、覆盖能力（特别是室内深度覆盖）、系统总容量等方面，陆地蜂窝移动通信系统都具有明显的优势。特别是在资费方面，地面移动通信系统由于用户众多，资费优势更加明显。虽然卫星通信系统主要应用在应急通信和航天领域，但是应用的业务总量和业务收入短期来看还比较少，与庞大的建设成本、维护成本不成比例。

5.3 内生智能网络

6G网络需要满足未来面向企业端与面向个人用户等智慧内生的基本诉求，与之前的网络架构设计相比还存在以下3个方面的转变。

① 从云化到分布式网络智能的转变。由于网络中数据和算力的分布特性，要求6G构建开放融合的新型网络架构，实现从传统的云AI向网络AI转变。

② 对上行传输性能加强关注的转变。和之前网络以下行传输为核心不同，智能服务将带来基站与用户之间更频繁的数据传输，需要重点关注上行通信的场景需求，从而更有效地支撑分布式机器学习运用。

③ 数据处理从核心到边缘的转变。未来数据本地化的隐私要求、极致时延性能，以及低碳节能等要求，可将计算带入数据，支持数据在哪里，数据处理就在哪里。

为了应对这些转变，新的网络架构及相应的协议亟待提出。人工智能技术将内生于未来移动通信系统，并通过无线架构、无线数据、无线算法和无线应用等呈现出新的智能网络技术体系，AI技术在6G网络中是原生的，从6G网络设计之初就应考虑对AI技术的支持，而不是将

AI 作为优化工具。内生智能的新型网络架构能充分利用网络节点的通信、计算和感知能力，并通过分布式学习、群智式协同及“云、边、端”一体化算法部署，使 6G 网络原生支持各类 AI 应用，从而构建新的生态，实现以用户为中心的业务体验。

6G 网络将通过内生的 AI 功能、协议和信令流程，实现 AI 能力的全面渗透，驱动智慧网络不断升级。6G 网络可应用 AI 技术对无线及有线网络环境、用户业务请求及移动模式等数据的收集和分析实现自我演进，使 6G 网络具有可扩展、自组织和自适应特性，从而提供具有端到端服务质量保障的业务。另外，借助内生智能，6G 网络能够更好地支持无处不在的具有感知、通信和计算能力的基站和终端，实现大规模智能分布式协同服务，同时最大化网络中通信与算力的效用，适配数据的分布性并保护数据的隐私性。

基于上述架构，6G 将成为一个无处不在、分布式、智慧内生的创新网络，不再是一个纯“管道”，这可能是 6G 的真正机遇。要想支持智慧内生的网络，移动通信基础设施就要从单纯的连接服务发展为“连接服务 + 计算服务”的异构资源设施，包括网络、算力、存储等。在这样的基础设施上，构建较为完善的人工智能即服务（AI as a Service，AIaaS）平台来提供训练和推理服务，可形成完整的 Network AI 架构。

Network AI 架构主要包括 3 个基本能力，3 个基本的能力分别为 AI 异构资源编排、AI 工作流编排和 AI 数据服务。AI 异构资源编排为 AI 任务提供基站、终端等工作节点支撑，提供包括计算、传输带宽、存储等各类资源；AI 工作流编排对网络 AI 任务进行控制调度，串联起各个节点完成训练和推理过程；中间的数据流则由 AI 数据服务来管控。网络 AI 架构可以高效地为 AI for Net 和 Net for AI 执行训练和推理任务，例如，智能运维下进行基站和终端异常数据的收集和模型训练评估，实现异常的自动检测推理任务。要实现上述目标，Network AI 应提供以下关键特性。

（1）Network AI 的管理和编排

Network AI 的管理和编排主要涉及平台能力的构建，以及 AI 工作流的运营、管理和实施部署能力。Network AI 的管理和编排需要发展相应的工具，针对跨域、跨设备等情况对 Network AI 工作流进行统一的管理和编排，相关接口也需要被标准化。

Network AI 涉及的资源是分布式、混合多类型的，这和 Cloud AI 的资源分布及类型完全不同，Network AI 需要在网络架构上新增对大规模分布式异构资源进行智能调度的能力。要依据智慧内生网络的特点，设计新的 AI 框架和分布式学习算法，考虑模型的计算依赖和迁移，AI 各层数据传输要适配网络各个节点的传输能力，通过分层分布式的调度，适应复杂环境，满足复合目标和可扩展性，真正体现6G网络的AI原生性。Network AI管理和编排机制在实际应用中可以分为集中式和分布式。其中，分布式可以做“去中心化”的全分布式，也可以进行分层管控。

（2）Network AI网络功能架构

Network AI网络功能架构是分层融合的，包括全局智能层和区域智能层。

① 全局智能层，即内生智能超脑，是集中的智能控制中心，具有智能中枢功能，完成全局统筹的中枢控制与智能调度。全局职能层与灵活快速的智能边缘协同组成分布式、层次化控制体系，智能协同分布式网络功能和泛终端智能功能可以实现端到端的内生智能控制。

② 区域智能层，即部署在各种分布式网络或泛终端智能边缘的智能功能与智能中枢协同构成网络的内生AI体系。区域智能层通过分布式的AI算法，例如，联邦学习算法，与智能中枢共同完成网络的内生智能功能，为海量边缘设备提供快速按需的智能服务。另外，在智能中枢控制的特定场景下，智能边缘之间可交互实现分布式的智能协同。

（3）DOICT融合的基础设施

在6G时代，信息、通信和数据技术将全面深度融合，支持全场景接入，实现海量终端和连接的智能管控，支持根据应用需求和网络状态进行连接的智能调度。同时，6G时代还需要大量的计算资源进行实时训练和高效推理。这将导致移动通信网络在提供与通信相关的控制面和用户面的基础上，还要考虑增加独立计算面的网络架构，并对数据采集和处理提出高性能的要求。

在6G网络中，AI技术提供的是一个低碳节能的开放生态，并将持续推动周边产业的发展，包括芯片制造、人工智能、网络终端设备等，例如，纳米光子芯片等更小且算力更强的芯片；为了满足更快、更准确的智能分析业务需求，需要人工智能产业提供训练模型更加优化的机器学习算法，提供可以广泛应用的多智体学习等分布式学习算法；为了实现“云、边、端”的新型网络智能架构，需要网络和终端设备产业提供新型的网络设备和接口，以满足网络中各层智能的数据生成和交换需求。

网络内生智能的实现需要体积更小、算力更强的芯片，例如，纳米光子芯片等技术的发展；需要更适用于网络协同场景下的联邦学习等算法；需要网络和终端设备提供新的接口实现各层智能的产生和交换。

5.4 内生安全网络

信息通信技术与数据技术、工业操作技术融合、边缘化和设施的虚拟化将导致6G网络安全边界更加模糊，传统的安全信任模型已经不能满足 6G 网络安全的需求，需要支持中心化的与“去中心化”的多种信任模式共存。

未来，6G 网络架构构建方式更趋于分布式，提供的网络服务能力更贴近用户端，这将改变单纯中心式的安全架构；感知通信、全息感知等全新的业务体验，以用户为中心提供独具特色的服务，要求提供多模、跨域的安全可信体系，而传统的“外挂式”“补丁式”网络安全机制对抗未来 6G 网络潜在的供给与安全隐患更具挑战性。人工智能、大数据与 6G 网络的深度融合，也使数据的隐私保护面临前所未有的新挑战。新型传输技术和计算机技术的发展，将牵引通信密码应用技术、智能韧性防御体系，以及安全管理架构向具有自主防御能力的内生安全架构演进。

6G 安全应以内生为特点，即遵循内聚而治、自主为生的思想构建 6G 网络安全体系，在技术融合与业务融合的基础上有机聚合不同的安全协议与安全机制，从而实现网络的安全管理，6G 网络的安全防护应具备自主驱动力、同步性甚至前瞻性地适应网络变化，以及衍生网络内在稳健的防御力。6G 网络内生安全还应实现 AI 技术与未来安全设计的有机结合。6G 网络内生安全通过 AI 技术对海量数据进行分析、监控以显著提升网络安全性，还可通过 AI 技术驱动实现新的智能共识。

随着 6G 网络进一步向资源边缘化和网络分布式演进，计算和智能下沉带来的数据隐私和通信安全成为新的安全问题。区块链特有的哈希链式基本架构及其关键技术为 6G 安全可信管理、构建信任联盟提供了新的技术支撑。区块链与身份认证相结合，可实现身份自主管控、不可篡改、有限匿名等，解决 6G 多方信任管理、跨域信任传递、海量用户管理等难题。隐私计算作为信息安全的核心技术之一，可以为 6G 网络提供一个时间上持续、场景上普适、隐私信息模态上通用的体系化隐私解决方案，实现对隐私信息的全生命周期保护。

针对 6G 网络多域异构互联、空–天–地–海一体化接入、海量设备及用户随遇接入、用户身份多元、跨域交叉认证与可信访问等特点和应用需求，通过轻量级接入认证技术，在保证安全性的基础上，简化认证流程、压缩安全协议，实现跨域的身份可信和统一管理。

随着 6G 网络与行业应用的深度融合，轻量级、高效处理、按需编排等复杂的安全能力将是 6G 网络安全的基本要求，软件定义安全提供的可编程和编排管理能力将为 6G 网络提供弹性的安全防护能力，快速适应和满足 6G 网络的弹性安全需求。

基于上述分析，6G 网络内生安全应具备以下特征：一是主动免疫，基于可信任技术，为网络基础设施、软件等提供主动防御功能；二是弹性自治，根据用户和行业应用的安全需求，实现安全能力的动态编排和弹性部署，提升网络韧性；三是虚拟共生，利用数字孪生技术实现物理网络与虚拟孪生网络安全的统一；四是安全泛在，通过“端、边、网、云”的智能协同，准确感知整个网络的安全态势，敏捷处置安全风险。

① 主动免疫。信任是实现6G网络安全的基础，与传统的信任体系相比，6G网络中的信任机制在多个方面得到了增强。在接入认证方面，除了传统的接入认证机制，6G网络还需要面向空–天–地–海一体化网络的轻量级接入认证技术，实现异构网络可以随时随地无缝接入。在密码学方面，量子密钥、无线物理层密钥等增强性密码技术，为6G网络安全提供了更强大的安全保证。区块链技术具有较强的防篡改能力和恢复能力，能够帮助6G网络构建安全可信的通信环境。另外，通过可信计算技术可以实现网元的可信启动、可信度量和远程可信管理，使网络中的硬件、软件功能运行持续符合预期，为网络基础设施提供主动免疫能力。

② 弹性自治。6G网络将是泛在化和云化的网络，传统的安全边界被完全打破，安全资源和安全环境面临异构化和多样化的挑战，因此，6G安全应具备内生弹性可伸缩框架。基础设施应具备安全服务灵活拆分与组合的能力，通过软件定义安全、虚拟化等技术，构建随需取用、灵活高效的安全能力资源池，可实现安全能力的按需定制、动态部署和弹性伸缩，适应云化网络的安全需求。

③ 虚拟共生。6G网络将打通物理世界和虚拟世界，形成物理网络与虚拟网络相结合的数字孪生网络。数字孪生网络中的物理实体与虚拟孪生体能够通过实时交互映射，实现安全能力的共生和进化，进而实现物理网络与虚拟孪生网络安全的统一，提升数字孪生网络整体的安全水平。另外，数字孪生技术能够帮助物理网络实现低成本试错和智能化决策，可将其应用于安全演练、安全运维等场景，赋能6G网络安全领域，以内生的方式提升6G网络安全。

④ 安全泛在。在智慧内生的6G网络中，机器学习和大数据分析技术在安全方面将得到广泛和深度的应用。在AI技术的赋能下，6G网络能够建立“端、边、网、云”智能主体间的泛在交互和协同机制，准确感知网络安全态势并预测潜在风险，进而通过智能共识决策机制完成自主优化演进，实现主动纵深安全防御和安全风险自动处置。

5.5 分布式自治网络

6G网络是具有巨大规模、提供极致网络体验、支持多样化接入并实现面向全场景的泛在网络。因此，我们需开展包括接入网和核心网在内的6G网络体系架构研究。对于接入网，我们应设计旨在降低处理时延的智简架构和按需能力的柔性架构，研究需求驱动的智能化控制机制及无线资源管理，引入软件化、服务化的设计理念。对于核心网，我们应研究分布式、“去中心化”、自治化的网络机制来实现灵活、普适的组网。

随着分布式边缘计算与智能终端设备大量部署，计算和存储等资源下沉至边缘节点，需要分布式与集中式协作的云边融合网络来支持。因此，未来 6G 网络架构将会是集中控制式移动通信网络与开放式互联网相互融合的、集散共存的新型网络架构。

分布式网络技术在一定程度上突破了中心化的限制，驱使互联网业务的飞速发展，包括在网络成员之间共享、复制和同步数据库的分布式账本技术（Distributed Ledger Technology，DLT），实现分布式数据存储的“去中心化”点对点传输的星际文件系统，实现网络功能的分布式，快速查找及访问等的分布式哈希表（Distributed Hash Table，DHT），以及组合多种分布式技术的区块链等技术。其中，区块链技术凭借其多元融合架构赋予的“去中心化”、去信任化、不可篡改等技术特性，为解决传统中心化服务架构中的信任问题和安全问题提供了一种在不完全可信网络中进行信息与价值传递交换的可信机制。因此，在网间协作、网络安全等方面引入区块链技术思维，可以增强网络的扩展能力、网间的协作能力、保护安全和隐私的能力。另外，区块链技术还能够提供高性能且稳定、可靠的数据存证服务，保证数据的安全可信和透明可追溯。

借鉴这些分布式网络技术的思想，融合应用于未来 6G 网络架构的设计，将能够为构建网络分布式的自治，“去中心化”的信任锚点，实现分布式的认证、鉴权、访问控制，以及为用户签约数据的自主可控，符合数据保护等法规提供技术支撑，降低单点失效和分布式拒绝服务（Distributed Denial of Service，DDoS）攻击的风险。在 6G 分布式网络中，大量多元化的节点（例如，宏基站、小基站、终端等）高度自治，且具有差异化的通信特征、缓存能力、计算能力及负载状况等，从而需要协同各种类型的节点，实现分布式网络资源互补和按需组网。但是由于分布式网络资源可能属于不同的企业、电信运营商、个人或第三方等，需要建立“去中心化”网络安全可信的协作机制，所以基于区块链技术和思想，实现资源安全可信共享、数据安全流通及隐私保护，成为未来 6G 网络提供信任服务的新方向。通过 DHT 结合 DLT 的方式来实现以用户为中心的网络架构，可满足用户定制化的网络功能和细粒度的个性化服务，并提供“去中心化”的信任即服务（Trust as a Service，TaaS）。用户的签约数据等由 DHT 实现链下存储，避免区块链膨胀等问题，并结合需授权的区块链保护用户的隐私，实现区块链与无线通信的深度融合，打破“人—机—物—网”之间的信任壁垒，提升无线网络的工作效率与安全性。因此，未来 6G 网络中需要利用分布式人工智能、区块链、SDN、NFV 等技术建立可按需调整、可弹性伸缩、安全可信，具有自组织、自演进能力的分布式网络，实现多接入网络、海量终端、多样化业务与多模式资源的协同，提升网络的可靠性和安全性等性能，并使6G网络与数字孪生和联邦学习等前沿技术的融合更加稳定可靠，支撑实现6G网络的智慧内生和安全内生。

分布式自治的网络架构涉及多个方面的关键技术，包括"去中心化"和以用户为中心的控制和管理；深度边缘节点及组网技术，需求驱动的轻量化接入网络架构设计、智能化控制机制及无线资源管理；网络运营与业务运营解耦；网络、计算和存储等网络资源的动态共享和部署；支持以任务为中心的智能连接，具备自生长、自演进能力的智能内生架构；支持具有隐私保护、可靠、高吞吐量区块链的架构设计；可信的数据治理等。

网络的自治和自动化能力的提升将有赖于新的技术理念，例如，数字孪生技术在网络中的应用。传统的网络优化和创新往往需要在真实的网络上直接尝试，耗时长、影响大。而基于数字孪生的理念，网络将进一步向更全面的可视、更精细的仿真和预测、更智能的控制发展。数字孪生网络是一个具有物理网络实体及虚拟孪生体，且二者可进行实时交互映射的网络系统，数字孪生网络可通过闭环的仿真和优化来实现对物理网络的映射和管理，其中，网络数据的有效利用、网络的高效建模是亟须解决的问题。

网络架构的变革牵一发而动全身，亟须在考虑新技术元素如何引入的同时，也要考虑新技术与现有网络的共存共生问题。

5.6 小结

全球已经启动对于6G网络架构的研究。根据初步研究成果，未来的6G网络有望支持空-天-地-海一体化架构，以实现真正意义上的全球无缝覆盖。6G网络也将具备内生智能、内生安全和分布式自治组网等特点。智简设计可使6G网络通信所需的协议数量和信令交互大幅减少，从而降低网络的复杂度，同时使其具备韧性、安全性和可靠性。

第6章

6G 候选网络技术

6.1 6G 云网络关键技术

6.1.1 6G+SDN 技术

面向 6G 网络，可编程技术从控制面可编程向用户面可编程演进。服务化控制面的网络功能支持容器化、云原生的方式部署，采用网络控制器，将进行的配置下发到用户面。控制面可编程和用户面各网元的端到端可编程共同构成了面向 6G 的深度可编程网络架构。可编程网络能够以前所未有的敏捷性和灵活性为用户提供创新的通信服务，而且能够支持业务的快速部署。

在未来的 6G 时代，考虑到业务需求动态变化及网络灵活扩展的需求，6G 网络更需要具备统一架构下按需部署网络功能或服务的能力，以及动态编排和按需调度资源的能力。在 6G 网络中引入 SDN 技术，对传统网络架构进行改进。SDN 是由斯坦福大学相关研究人员提出的新的网络架构，其核心思想是软件定义网络，通过将网络设备的控制和数据面分离，控制平面的集中化，为网络带来灵活性，实现对网络资源的弹性调整和自动调度，以支持数字世界的大量连接和流量。

传统网络设备紧耦合的网络架构被拆分为应用、控制、基础设施 3 层分离的架构，控制功能被转移到服务器，上层应用、底层转发设施被抽象成多个逻辑实体。SDN 架构示意如图 6-1 所示。

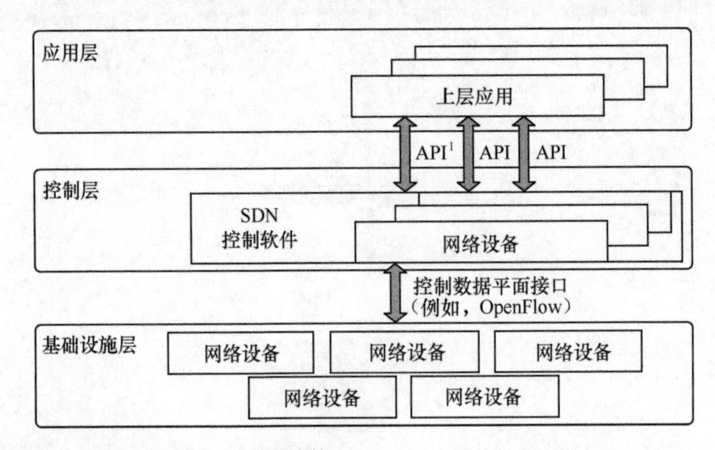

1. API：Application Programming Interface，应用程序接口。

图6-1 SDN架构示意

SDN 架构包括以下 3 层。

① 应用层：不同的应用逻辑通过控制层开放的 API 管理能力控制设备的报文转发功能。

② 控制层：由 SDN 控制软件组成，可用 OpenFlow 等协议与下层通信。

③ 基础设施层：由转发设备组成。

SDN 具有以下特征。

① 控制转发分离：支持第三方控制面设备通过 OpenFlow 等开放式的协议远程控制通用硬件的交换 / 路由功能。

② 控制平面集中化：提高路由器管理的灵活性，加快业务开通速度，简化运维。

③ 转发平面通用化：多种交换、路由功能共享通用硬件设备。

④ 控制器软件可编程：可通过软件编程方式满足客户定制需求。

通过将控制平面和转发平面解耦，基于 SDN 的架构站在应用的角度抽象了应用层使用的下层网络基础设施，让大规模网络具备可编程性和可管理性，使网络越来越像一个计算基础设施。通过控制层的上移，SDN 可实现更加敏捷、更易维护的网络，并且整个网络具备全局视图，可以更加有效地进行全网的资源调度，提高网络资源的使用率。

SDN 技术在移动核心网演进过程中发挥着重要作用。通信网络系统通过 SDN 技术能获得极大的灵活性及可编程性，通过端到端的 SDN 架构实例化，有助于网络切片的部署，同时也实现了核心云、边缘云和连接网络的切片。一方面，通过 SDN 架构实现业务实例化，而网络切片业务可以根据需要和标准来完成定义；另一方面，SDN 架构支持通过客户端协议以地址、域名、流量负载等方式来实现资源隔离。

同时，SDN 技术也将提升核心网业务链部署的灵活性。由于控制和转发分离，SDN 可以通过控制面的数据流经过的路径，进行细粒度的规则匹配，不仅可以适配 L2 ～ L3 层头字段，还可以适配 L4 ～ L7 层字段。基于 SDN 的业务链可以动态构建数据流应经过中间件的顺序，并通过 SDN 交换机智能的路由数据流保证其不会重复经过相同的中间件。

基于 SDN 架构的业务链实现主要包括流分类器、SDN 交换机、SDN 控制器、业务功能（Service Function，SF）及策略控制功能网元。其中，流分类器对数据流进行识别分类，判断经过相同业务链的数据流并为其打上相同的标签。SDN 控制器根据业务特性及策略向流分类器下发流分类规则并设定流标签，规划不同的数据流经过的路径。SDN 交换机根据流分类器添加的流标签将不同的数据流路由到不同的 SF。SDN 控制器是业务链的大脑，向 SDN 交换机下发针对不同标签的路由策略。App 根据策略对不同数据流经过的业务链进行编排。策略控制来源可以来自策略与计费规划功能单元（Policy and Charging Rules Function，PCRF），也可以来自深度报文检测（Deep Packet Inspection，DPI）或者手工配置。

6.1.2 6G+NFV 技术

未来，6G 网络中需要利用 NFV 技术建立可按需调整、可弹性伸缩、安全可信、具有自组织、自演进能力的分布式网络，实现多接入网络、海量终端、多样化业务与多模式资源的协同，提升网络的可靠性和安全性等。6G+NFV 技术可使 6G 网络与数字孪生和联邦学习等前沿技术的融合更加稳定可靠，支撑实现 6G 网络的智慧内生和安全内生。

1. NFV 架构

2012 年，由 AT&T、英国电信、德国电信等 13 家主流运营商牵头，与其他运营商、电信设备商、IT 厂家和技术供应商在欧洲电信标准协会（European Telecommunications Standards Institute，ETSI）共同成立了工作组——NFV 工业规范组（Industry Specification Group，ISG），致力于推动 NFV 架构的发展，并发布了与 NFV 相关的白皮书，提出了 NFV 的目标和行动计划，研究了 NFV 对网络的影响等。

ETSI 定义 NFV 架构如图 6-2 所示。

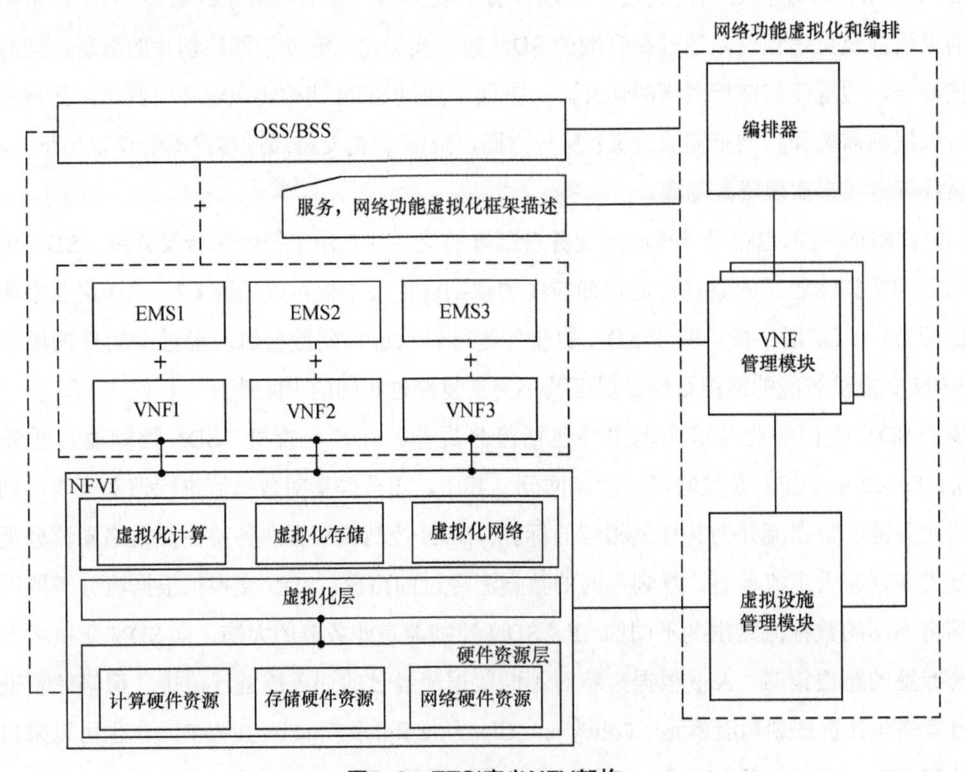

图6-2 ETSI定义NFV架构

（1）NFVI

NFVI 提供 VNF 的运行环境，包括所需的硬件及软件。其中，硬件包括计算、存储、网络资源；软件包括网络控制器、存储管理器等工具。NFVI 将物理资源虚拟化为虚拟资源，供 VNF 使用。

（2）虚拟网络功能

虚拟网络功能（Virtual Network Function，VNF）提供虚拟网络功能。

（3）网元管理系统

网元管理系统（Element Management System，EMS）对 VNF 的功能进行配置和管理。一般情况下，EMS 与 VNF 一一对应。

（4）运行支撑系统 / 业务支撑系统

运行支撑系统（Operation Support System，OSS）/ 业务支撑系统 /（Business Support System，BSS）提供管理功能，NFV 的管理与编排（Management and Orchestration，MANO）需要提供对 OSS/BSS 的接口支持。

（5）MANO

MANO 提供 NFV 的管理与编排功能，包含以下 3 个功能模块。

① 虚拟化基础设施管理（Virtualized Infrastructure Management，VIM）：网络功能虚拟化基础设施（NFV Infrastructure，NFVI）管理模块负责对整个基础设施资源的管理和监控，负责采集硬件资源和虚拟资源的状态信息并上报给虚拟网元功能管理（Virtual Network Function Management，VNFM），实现资源监测、故障监测和上报；接受来自 VNFM 的上层应用请求并进行认证，认证通过后，通过虚拟机管理器（Hypervisor）执行上层应用请求，实现资源的迁移和弹性伸缩。VIM 通常运行于对应的基础设施站点中，进行资源的发现、虚拟资源的管理分配、故障处理等，为 VNF 运行提供资源支持。

② VNFM：负责 VNF 的生命周期管理（实例化、配置、关闭等）及其资源使用情况的监控，具体包括 VNF 的添加、删除、更改、查询、扩容 / 缩容、预留及 VNF 所占用资源的动态监控等。以添加一个 VNF 为例，VNFM 需要计算该 VNF 的计算、存储和网络资源的需求，并根据需求向 VIM 申请创建虚拟机，在创建成功的虚拟机上加载相关 VNF 软件并运行。

③ 网络功能虚拟化编排器（Network Functions Virtualization Orchestrator，NFVO）：网络服务（Network Service，NS）生命周期的管理模块负责协调 NS、组成 NS 的 VNF 及承载各 VNF 的虚拟资源的控制和管理，负责基础设施和 VNF 的管理和编排，从而实现完整的网络服务。在多数据中心和多厂家部署的场景下，NFVO 通过标准接口可提供跨数据中心和跨厂家的协同管理能力。

概括来说，VIM 的功能要求包括虚拟资源管理、虚拟资源信息上报、资源故障上报、计算节点的批量安装部署、虚拟机亲和性与反亲和性策略管理。VNFM 的功能要求包括多个 VNF 实例管理、VNF 实例生命周期管理和 VNF 实例的弹性伸缩策略执行管理。NFVO 的功能要求包括网络服务管理、VNF PACKAGE 管理、虚拟资源管理、策略管理和多个 VNFM 实例的管理。

VIM、VNFM、NFVO 3 个功能模块在逻辑上独立，通过标准接口互通，在实际部署时可根据需要分设或合设。

2. 主流虚拟化技术

虚拟化是将计算机资源形成逻辑视图的过程，上层应用可以访问逻辑视图而不受原始资源的实现方式、实际位置或物理配置的限制。这个逻辑视图就是我们通常所说的虚拟机（Virtual Machine，VM），相当于通过软件模拟的具有相对完整硬件系统功能的、运行在相对隔离环境中的计算机系统。

主流虚拟化技术包括基于内核的虚拟机（Kernel-based Virtual Machine，KVM）、VMware、Xen、Docker。

按实现方式及是否需要修改 Guest OS 内核进行分类，主流虚拟化技术可以分为全虚拟化、半虚拟化、硬件辅助虚拟化。

（1）全虚拟化

全虚拟化是一种不需要客户操作系统或者硬件辅助的虚拟化方式。全虚拟化模型如图 6-3 所示。

（2）半虚拟化

半虚拟化是一种需要客户操作系统协助的虚拟化技术。半虚拟化模型如图 6-4 所示。

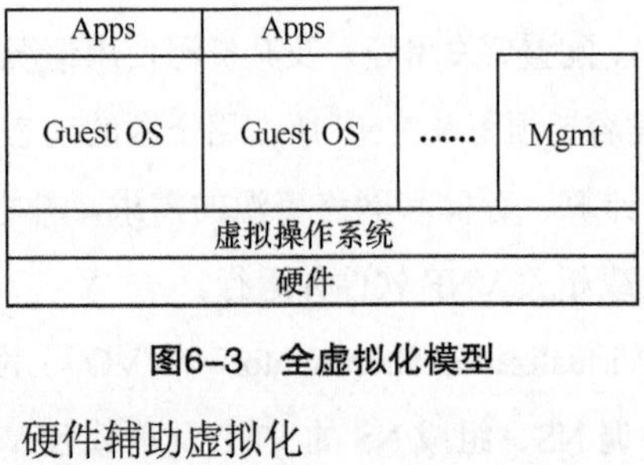

Apps
Apps
Guest OS
Guest OS
......
Mgmt
虚拟操作系统
硬件

图6-3 全虚拟化模型

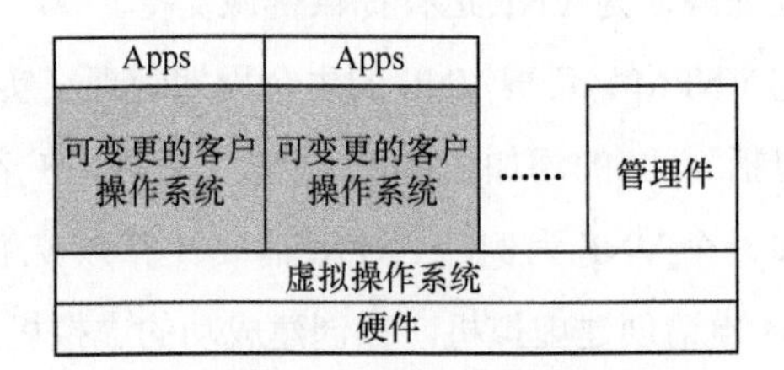

图6-4 半虚拟化模型

（3）硬件辅助虚拟化

硬件辅助虚拟化是通过硬件支持虚拟化的方式，提高虚拟机性能的一种虚拟化技术。全虚拟化和半虚拟化可以通过硬件辅助虚拟化技术，提高虚拟机的性能。

（4）3 种虚拟化方式对比

3 种虚拟化方式对比见表 6-1。

表6-1　3种虚拟化方式对比

对比项	全虚拟化	半虚拟化	硬件辅助虚拟化
Guest OS	不需要改动	需要改动	都支持
性能	一般	较高	高
典型虚拟技术	VMware、KVM	Xen	VMware、Xen、KVM

① KVM。KVM 是一个全虚拟化的开源社区项目，可通过集成到 Linux 内核的 Hypervisor，提供全虚拟化解决方案。

特征：KVM 架构类似 vSphere，但不同的是，KVM 的虚拟层需要 KVM 和 QEMU 进行配合，以提高 KVM 的性能；KVM 是内核的一部分，它的主要工作是进行虚拟机的调度，负责部分低级的硬件仿真和绝大部分的硬件加速处理；QEMU 集中于仿真、模拟硬件，它具有非常好的可移植性，KVM 一般要结合 QEMU 使用。

优点：支持广泛的客户操作系统，性能高于 Xen。

缺点：虚拟存储和虚拟网络能力较弱。

KVM 框架示意如图 6-5 所示。

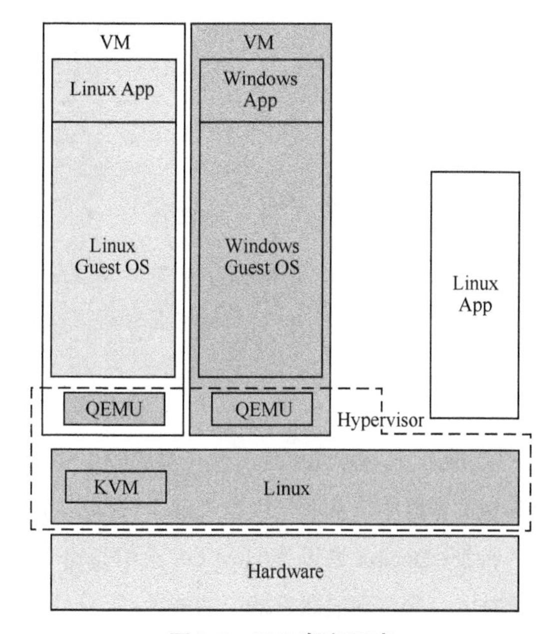

图6-5　KVM框架示意

② VMware。VMware vSphere 是一种全虚拟化技术，是目前市场存量最高的虚拟化平台产品，其在 IT 领域得到广泛应用，在电信运营商中有较高的接受度。

特征：vSphere 架构分为物理资源层、虚拟层、应用层；vSphere 架构的虚拟层将中央处理器（Central Processing Unit，CPU）、内存、存储和网卡等物理资源，虚拟化成多个虚拟机；每个虚拟机都是独立于其他虚拟机运行的，虚拟机之间相互隔离、互不影响，虚拟机上可以根据需求安装操作系统，再运行其他 App。

优点：功能全、易用、稳定。

缺点：非开源，按许可证收费，价格高。

③ Xen。Xen 最初是由剑桥大学计算机实验室的普拉特等人主导开发的一个开源项目，后由 XenSource 公司转为商用，主要目的是在一台物理裸机上支持多个虚拟机器的并发高效率执行，是一种半虚拟化技术。

特征：Xen 架构类似 vSphere 架构，略微不同的是 Xen 将虚拟机称为域，为了辅助 Hypervisor 管理，设定了一个特权域，即域 0，其他域为用户域，即域 U，虚拟机不能直接调用资源，需要通过管理域来实现。

优点：性能高，开源免费。

缺点：需硬件辅助才可以实现全虚拟化，否则 Guest OS 需要改动。

Xen 架构示意如图 6-6 所示。

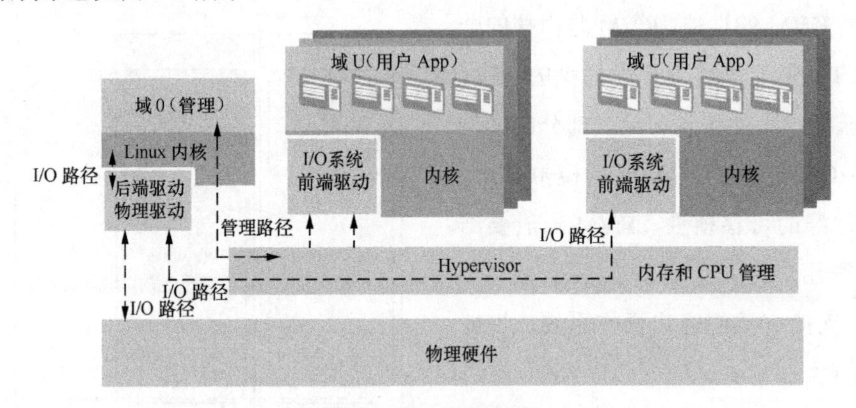

图6-6　Xen架构示意

④ Docker。Docker 是一个开源的应用容器引擎，让开发者可以打包其应用及依赖包到一个可移植的容器中，从而呈现出类似于虚拟机特点的技术方案。

特征：Docker 通过在 Host OS 上给每个 App 分配一个进程（job），并利用 Linux 进程间的隔离技术，来实现隔离容器的功能。

优点：节约虚拟化开销、承载更多的 App 和开源、秒级操作启动。

缺点：App 之间隔离差，不支持虚拟机迁移等操作，在电信领域应用成熟度低。

Docker 架构示意如图 6-7 所示。

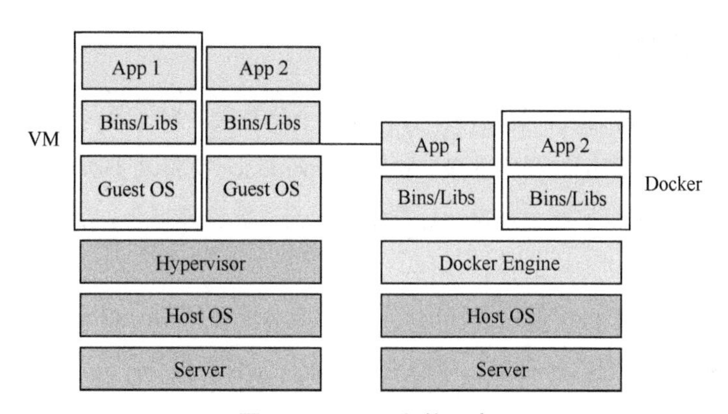

图6-7　Docker架构示意

主流虚拟化技术优劣势比较见表 6-2。

表6-2　主流虚拟化技术优劣势比较

对比项	Hypervisor-based			Container-based
	KVM	VMware	Xen	Docker
虚拟化架构	需要在虚拟机上装 QEMU 提高性能，不需要改动 Guest OS	不需要改动 Guest OS	需硬件支持才可以不改动 Guest OS	无虚拟机和 Guest OS，以提供容器的方式来承载应用
硬件架构	支持 x86、Power、PPC、ARM 等多种 CPU 架构	x86	支持 x86、Power、PPC、ARM 等多种 CPU 架构	支持 x86、Power、PPC、ARM 等多种 CPU 架构
应用隔离度	高	高	高	低
性能	高	较高	较高	很高
成熟度	较成熟	很成熟	较成熟	不成熟
开放性	开源热度高	不开源	开源热度逐渐减弱	开源热度极高
成本	低	高	低	低

在 ICT 行业中，VMware 占据主要份额，其次为 KVM 和 Xen，Docker 应用很少；VMWare 为私有软件，开放度有限，且价格较高；Xen 起步早，市场份额较大；由于 KVM 能与 Linux 内核完美结合，受到 Linux 社区的推崇。当前，NFV 产业界倾向于使用 KVM，可根据电信网元需求进行优化和增强，并有成本优势。

3. OpenStack 技术

OpenStack 是一个开源的云计算管理平台，是一个分布式虚拟资源（计算、网络、存储）的管理平台，包括一系列开源组件和标准接口协议。OpenStack 支持几乎所有类型的云环境，目标是提供实施简单，可大规模扩展、丰富、标准统一的云计算管理平台。OpenStack 目前在全球范围内已经成为私有云管理的主流选择。

将 OpenStack 与计算机操作系统进行类比，可以更容易理解 OpenStack。

① 两者都是围绕计算能力、存储、网络进行管理，但管理组件不同。

② OpenStack 直接管理虚拟机，计算机操作系统管理进程。

③ 管理硬件的规模不同，OpenStack 管理数据中心，计算机操作系统管理一台计算机。

截至 Icehouse 版本，OpenStack 包括以下 10 个核心项目。

① 计算（Compute）：Nova。一套控制器，用于为单个用户或使用群组管理虚拟机实例的整个生命周期，根据用户需求来提供虚拟服务。负责虚拟机创建、开机、关机、挂起、暂停、调整、迁移、重启、销毁等操作，配置 CPU、内存等信息。自 Austin 版本集成到项目中。

② 对象存储（Object Storage）：Swift。一套用于在大规模可扩展系统中通过内置冗余及高容错机制来实现对象存储的系统，允许进行存储或者检索文件。可为 Glance 提供镜像存储，为 Cinder 提供卷备份服务。自 Austin 版本集成到项目中。

③ 镜像服务（Image Service）：Glance。一套虚拟机镜像查找及检索系统，可支持多种虚拟机镜像格式（AKI、AMI、ARI、ISO、QCOW2、Raw、VDI、VHD、VMDK），具备创建上传镜像、删除镜像、编辑镜像基本信息的功能。自 Bexar 版本集成到项目中。

④ 身份服务（Identity Service）：Keystone。可为 OpenStack 其他服务提供身份验证、服务规则和服务令牌的功能，管理 Domains、Projects、Users、Groups、Roles。自 Essex 版本集成到项目中。

⑤ 网络 & 地址管理（Network）：Neutron。提供云计算的网络虚拟化技术，为 OpenStack 其他服务提供网络连接服务。为用户提供接口，可以定义 Network、Subnet、Router，配置 DHCP、域名服务器（Domain name Server，DNS）、负载均衡、L3 服务，网络支持 GRE、VLAN。插件架构支持许多主流的网络厂家和技术，例如开放虚拟交换机（Open vSwitch，OVS）。自 Folsom 版本集成到项目中。

⑥ 块存储（Block Storage）：Cinder。可为运行实例提供稳定的数据块存储服务，它的插件驱动架构有利于块设备的创建和管理，例如创建卷、删除卷，在实例上挂载和卸载卷。自

Folsom 版本集成到项目中。

⑦ UI 界面（Dashboard）：Horizon。OpenStack 中各种服务的 Web 管理门户，可用于简化用户对服务的操作，例如，启动实例、分配 IP 地址、配置访问控制等。自 Essex 版本集成到项目中。

⑧ 测量（Metering）：Ceilometer。像一个漏斗一样，测量能把 OpenStack 内部发生的大多数的事件都收集起来，然后为计费、监控及其他服务提供数据支撑。自 Havana 版本集成到项目中。

⑨ 部署编排（Orchestration）：Heat。提供了一种通过模板定义的协同部署方式，实现云基础设施软件运行环境（计算、存储和网络资源）的自动化部署。自 Havana 版本集成到项目中。

⑩ 数据库服务（Database Service）：Trove。为用户在 OpenStack 的环境提供可扩展和可靠的关系和非关系数据库引擎服务。自 Icehouse 版本集成到项目中。

4. 核心网 NFV 体系架构

基于 NFV 概念的核心网目标网络架构如图 6-8 所示。

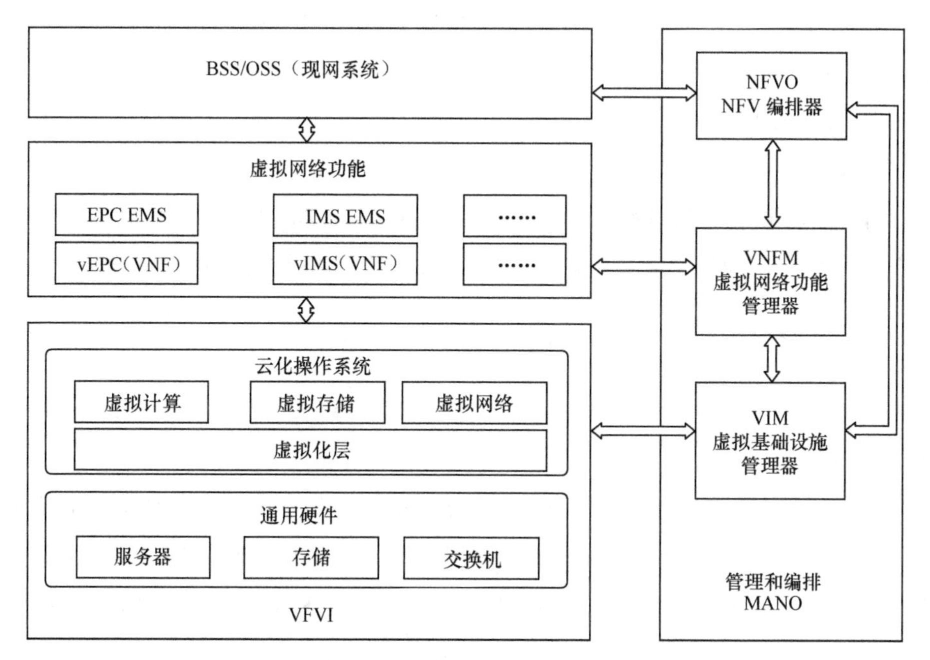

图6-8　基于NFV概念的核心网目标网络架构

NFVI 可提供虚拟网络功能的运行环境，包括所需的硬件及软件。硬件包括计算、存储和网络资源；软件包括 Hypervisor、网络控制器、存储管理器等工具。物理资源被虚拟化为虚拟资源，并进行池化，以资源池形式供上层虚拟网元使用。在资源池化的过程中，使用了云计算相关技术。虚拟化技术实现了软件与硬件解耦，使资源的供给速度大幅提高，网元部署从数天缩短到数分钟，为新业务的快速上线创造了条件；云计算技术对虚拟资源进行管理，实现了网络的弹性伸缩，增加了网络的柔性，使资源和业务负荷相匹配，提高了资源利用效率。

虚拟网络功能包括两个部分：虚拟网络功能和网元管理系统。虚拟网络功能对应的就是目前的电信网元，每个物理网元映射为一个虚拟网元的 VNF（例如，图 6-8 中的 vIMS、vEPC 是 VNF 的实例）。VNF 所需资源需分解为虚拟的计算 / 存储 / 网络资源，由 NFVI 来承载。VNF 之间的接口依然采用传统的信令 / 媒体接口，VNF 的业务网管依然采用 NE–EMS–NMS 体制。

管理和编排由 3 个功能模块构成。VIM 是 NFV 基础设施的管理模块，其计算模块通常运行于对应的基础设施节点，主要功能包括资源的发现、虚拟资源的管理分配、故障处理等，为 VNF 运行提供资源支持。VNFM 主要负责对 VNF 的生命周期（实例化、配置、关闭等）进行控制。NFVO 是对 NS 生命周期的管理模块，同时负责协调 NS、组成 NS 的 VNF，以及承载各 VNF 的虚拟资源的控制和管理。

BSS/OSS 可以沿用现有的运营支撑系统，随着后续网络的发展，必要时可以为虚拟化进行必要的修改和调整。

综上所述，虚拟化的架构对 IMS 网络、EPC 网络等核心网网元功能、接口的技术要求并未改变，但基础设施平台的改变、网元形态的变化必然导致电信核心网各层面发生根本性变革。

5. 以 DC 为核心的 NFV 网络架构

通信网络正在从以交换局为核心向以 DC 为核心逐步演进。以 DC 为核心的 NFV 网络架构示意如图 6-9 所示。

NFV 网络目标部署是一个全虚拟化的 3 层 DC 架构。每个 DC 均采用标准化设计，包括标准化的基础设施、组网和统一的编排管理体系。标准化的基础设施在硬件方面采用通用的 COTS 硬件架构（例如 x86），并辅以增强型的硬件性能要求和电信级的管理要求；在虚拟层方面需要满足标准统一的电信级要求，支持统一的虚拟层指标参数等。标准化组网包括以电信标准为基准的更为严格的网段隔离和网络平面划分，数据中心内部业务、管理、存储平面相互独立。统一的管理编排体系包括以整合的 NFV 编排器和 SDN 编排 / 控制器作为统一管理的编排体系，以电信级增强的 OpenStack/VIM 实现了云资源的管理和分配。

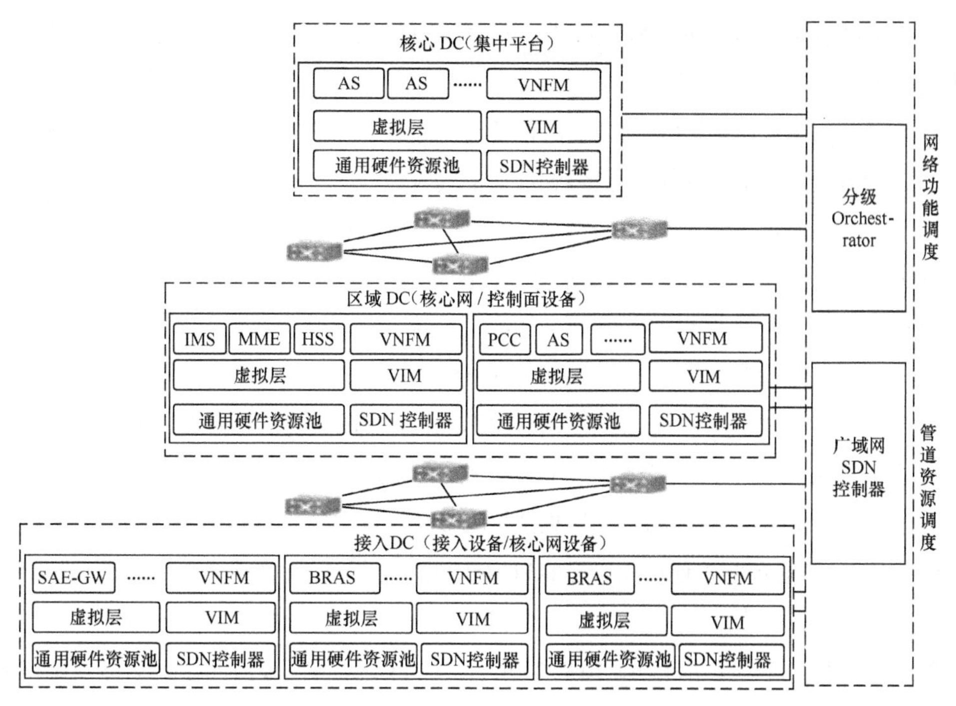

图6-9 以DC为核心的NFV网络架构示意

6. NFV性能提升技术

现网IMS、EPC网络的性能指标可作为vIMS、vEPC网络的指标要求。vIMS与vEPC指标参照见表6-3。

表6-3 vIMS与vEPC指标参照

网络	指标名称	要求
vIMS	VoLTE话音端到端参数	时延小于285ms
		丢包率小于2%
		网络抖动小于30ms
	VoLTE信令端到端时延	小于200ms
vEPC	单台PGW转发容量	大于60Gbit/s
	端到端时延	100ms

x86服务器采用软件转发和交换技术，报文在服务器各层面间传递，会受到多个方面因素的影响，因此单服务器的内部转发性能是NFV系统的主要瓶颈。

单服务器转发性能依赖于自底向上的多个环节，性能瓶颈主要集中在I/O接口的数据转发能力上。报文收发需要依次通过物理网卡、物理主机内核协议栈、虚拟交换机、虚拟机网卡、虚拟机内核协议栈等多个转发通道。

整个过程会产生软 / 硬件中断处理，内存复制，内核上下文切换等系统成本，降低转发性能。另外，CPU 的报文处理能力同样也会影响 NFV 的转发性能。

为满足电信业务低时延、大带宽的要求，基于 NFV 架构的核心网硬件设施需要引入相应的技术进行优化及提升。截至目前，主要有以下几种 NFV 性能优化技术。

（1）PCI 直通

在传统的虚拟化 I/O 通信过程中，Hypervisor 的虚拟化设备层用于对虚拟机提供服务，来自虚拟机的请求需要通过 Hypervisor 进行中转适配。由于该过程是软件层面的操作，多台虚拟机的 I/O 请求在 Hypervisor 汇集，会消耗大量的 CPU 计算资源，从而降低虚拟机的 I/O 处理能力。

PCI 直通技术绕过 Hypervisor，允许虚拟机直接使用宿主机中的物理 PCI 设备。在虚拟机看来，分配给它的虚拟设备物理连接在自己的 PCI/PCIe 总线上，不需要或很少需要 Hypervisor 参与，保证了较高的性能。

PCI 直通技术支持虚拟机迁移，但虚拟机对物理 PCI 设备是独占的，不支持该设备被多个虚拟机共享，存在硬件设备的浪费问题。

（2）SR-IOV

PCI 直通技术的性能非常好，但物理设备只能被一个虚拟机独占。为了实现多个虚拟机共享一个物理设备，PCI-SIG 组织发布了 SR-IOV（Single Root I/O Virtualization and sharing）规范，它定义了一个标准化的多虚拟机共享物理设备机制。

目前，SR-IOV 最广泛的应用还是网卡。支持 SR-IOV 的网卡会在 Hypervisor 注册成为多张虚拟网卡，每张虚拟网卡都有独立的中断、收发队列、QoS 等机制。SR-IOV 技术有以下 3 个关键点。

① 物理功能（Physical Function，PF）：完整的带有 SR-IOV 能力的 PCIe 设备，能像普通物理 PCIe 设备那样被发现、管理和配置。PF 可以扩展出多个 VF。

② 虚拟功能（Virtual Function，VF）：物理网卡虚拟出的独立网卡实例，每一个 VF 有独享的 PCIe 配置区域，并可与其他 VF 共用同一个物理网口。Hypervisor 可将一个或多个 VF 分配给一个虚拟机。

③ vPort：物理网卡启用 SR-IOV 后，会将物理网口抽象成若干个虚拟网口 vPort，vPort 会被映射给 PF 或 VF，作为 I/O 通道使用。

SR-IOV 使虚拟机可以直通式访问物理网卡，并且同一张网卡可被多个虚拟机共享，保证了高 I/O 性能，但 SR-IOV 技术也存在以下 3 个问题。

① SR-IOV 特性需要物理网卡硬件支持，并非所有物理网卡都提供支持。

② VF、vPort 和虚拟机之间存在映射关系，对映射关系的修改存在复杂性，因此很多厂商目前还无法支持 SR-IOV 场景下的虚拟机迁移功能。

③ SR-IOV 技术不支持同一宿主机内部虚拟机的东西向流量交互，需要提供基于网卡或者硬件交换机的 VNF 互联技术。

（3）DPDK

PCI 直通、SR-IOV 方案消除了物理网卡到虚拟网卡的性能瓶颈，但在 NFV 场景下，仍然有其他 I/O 环节需要进行优化，例如网卡硬件中断、内核协议栈等。

开源项目 DPDK 作为一套综合解决方案，对上述问题进行了优化，可应用于虚拟交换机和 VNF，其有以下 4 个关键技术。

① 优化多核 CPU 任务执行。一般来说，服务器上每个 CPU 核会被多个进程 / 线程分时使用，进程 / 线程切换时，会引入系统开销。DPDK 支持 CPU 亲和性技术，将某进程 / 线程绑定到特定的 CPU 核，消除切换带来的额外开销，从而保证处理性能。

② 优化内存访问。DPDK支持巨页内存技术。一般情况下，页表大小为 4KB，巨页技术将页表增大为 2MB 或 1GB，一次性缓存更多内容，有效缩短查表消耗时间。同时，DPDK 提供内存池和无锁环形缓存管理机制，加快了内存访问效率。

③ 优化网卡驱动。在报文通过网卡写入服务器内存的过程中，会产生 CPU 硬件中断，在数据流较大的情况下，硬件中断会占用大量时间。DPDK 采用轮询机制，跳过网卡中断处理过程，释放了 CPU 处理时间。

④ 旁路内核协议栈。当服务器对报文进行收发时，会使用内核网络协议栈，由此产生内核上下文频繁切换和报文复制问题，占用了 CPU 周期，消耗了处理时间。DPDK 采用 UIO[1] 技术，使用户态进程可直接读写网卡缓冲区，采用旁路模式，处理内核协议栈。

DPDK 以用户数据 I/O 通道优化为基础，结合 Intel 虚拟化技术、操作系统、虚拟化层与 OVS 等多种优化方案，形成完善的转发性能加速架构，并开放了用户态 API 供用户应用程序访问。DPDK 已逐渐演变为业界普遍认可的完整 NFV 转发性能优化技术方案。但是，目前 DPDK 还无法达到小包线速转发，仍需要进行性能提升研究和测试验证工作。

1 UIO：Userspace I/O，是运行在用户空间的输入输出技术。

（4）硬件负荷均衡

CPU 具有通用性，需要理解多种指令，具备中断机制协调不同设备的请求，因此 CPU 拥有非常复杂的逻辑控制单元和指令翻译结构，这使 CPU 在获得通用性的同时，损失了计算效率，在高速转发场景下降低了 NFV 转发性能。

业界普遍采用硬件 offload 方法解决此问题，CPU 仅用于对服务器进行控制和管理，其他事务被卸载到硬件进行协同处理，可降低 CPU 消耗，提升转发性能。

① 网卡负荷均衡。网卡 offload 技术是将部分 CPU 事务卸载到硬件网卡进行处理，目前大多数网卡设备已经能够支持 offload 特性。网卡 offload 的主要功能如下。

第一，对数据进行加解密。

第二，对数据包进行分类。

第三，对报文进行校验，根据通信协议 MTU 限制，将数据包进行拆分或整合。

第四，对有状态流量进行分析。

第五，对 Overlay 报文进行封装和解封装。

第六，为流量提供负载均衡。

② CPU + 专用加速芯片的异构计算。异构计算主要是指使用不同类型指令集（x86、ARM、MIPS、Power 等）和体系架构的计算单元（CPU、GPU[1]、NP[2]、ASIC[3]、FPGA[4] 等）组成系统的计算方式。在 NFV 转发性能方面，使用可编程的硬件加速芯片（NP、GPU 和 FPGA）协同 CPU 进行数据处理，可显著提高数据处理速度，从而提升转发性能。

NP 由若干个微码处理器和硬件协处理器组成，是专门为处理数据包而设计的可编程处理器。NP 的体系结构大多使用高速的接口技术和总线规范，具有较强的 I/O 能力，能大幅提升数据包的处理能力。另外，NP 编程模式简单，提供了对新规格、新标准的灵活扩展能力。

GPU 具备强大的可编程流处理器阵容，在单精度浮点运算方面性能优于 CPU，常用于进行图形处理。随着 GPU 的不断演进，其绝对计算能力不断增强，目前 GPU 能够以极佳的性能 - 功耗比完成通用并行计算任务。AMD 已经推出了 CPU+GPU 的融合产品 APU，x86 架构芯片是

1 GPU：Graphics Processing Unit，图形处理单元。

2 NP：Network Processor，网络处理器。

3 ASIC：Application Specific Integrated Circuit，专用集成电路。

4 FPGA：Field Programmable Gate Array，现场可编程门阵列。

否会在此方向跟进还暂无定论。

FPGA是一种半定制化的可编程电路，本质上相当于一块在制造完成后可进行多次重新编程的空白芯片，支持不断的程序调优，具有较高的利用率。FPGA可以将绝大部分资源用于并行计算处理，实际运算能力比CPU高很多。

目前，硬件offload技术仍处于不成熟阶段，需要进一步评估和验证。

（5）其他性能提升技术

① CPU绑定隔离：为了防止虚拟机对物理CPU的无序竞争和抢占，将虚拟机和物理CPU绑定，保证一些关键电信业务不受其他业务的干扰，提高这些电信业务的性能和实时性。

② 半均匀存储访问（Non-Uniform Memory Access，NUMA）：是一种非统一内存访问技术，可将全局内存打碎分给每个CPU独立访问，避免多个CPU访问内存造成性能下降。云平台在对虚拟机进行部署时，应尽量将虚拟CPU与内存部署在一个NUMA节点内，避免虚拟机跨NUMA节点部署，从而充分降低内存访问时延。

③ 巨页内存：虚拟机使用巨页内存，可减少用户程序缺页次数，提高性能。

④ OVS：基于软件实现的开源虚拟交换机，可提供对OpenFlow协议的支持，可与众多开源的虚拟化平台相整合，传递虚拟机之间的流量，以及实现虚拟机和外界网络的通信。

7. NFV可靠性及可用性技术

电信网络及业务要求NFV具备可靠性，ETSI对于NFV基础设施给出了部分故障恢复时间建议值。故障恢复时间建议值见表6-4。

表6-4　故障恢复时间建议值

服务	故障恢复时间/s	备注
实时交互类服务	5～6	—
实时流媒体类服务	10～15	—
文件传输类服务	20～25	—
MPLS快速重路由	＜1	—

NFV分层解耦给端到端系统的可靠性带来新的挑战，包括以下3点。

① NFV硬件资源层、虚拟化层、VNF层及MANO层对电信级可靠性的设计要求各不相同，目前尚未提出针对各层面的可靠性设计方案。

② NFV系统涉及的网元数量众多，故障类型的分类、故障等级的划分、故障定位不清晰。

③ 缺乏完整的跨层故障管理架构，各层的故障管理联动机制不明确。目前，可靠性技术的研究以 ETSI NFV 工业标准组的 REL 工作组为主，该工作组给出了 NFV 可靠性需求、端到端可靠性框架及模型等方案，但缺乏对应的实施方案和具体措施。

目前，提升 NFV 可靠性的关键技术及具体措施如下。

（1）可靠性设计

可靠性设计可确保系统发生故障时业务不受影响，具体设计方案如下。

① 计算资源：采用计算节点备份方案，避免出现单点故障。在计算节点失效时，能进行 VNF 的快速迁移，保证业务不中断。

② 存储资源：采用磁盘阵列技术或者分布式存储技术，支持自动触发切换机制，保证单个磁盘故障不影响数据的正常访问。

③ 网络资源：采用不同业务网络相互隔离的设计方案。同时，为了实现链路间的负载均衡或路径备份，在关键交换节点应使用主备、堆叠技术；在链路层面应使用链路捆绑技术；在路由层面应使用快速重路由技术。

④ 虚拟化层：遵循反亲和性部署，即冗余备份的虚拟机需要部署在不同的服务器上。在虚拟机发生故障时，应支持在本地恢复或迁移后重生。

⑤ VNF 层面：VNF 各组件支持热备冗余及故障组件的快速恢复，而恢复后的 VNF 应支持两种工作模式，继续承载故障前的业务，或者作为备份，保持系统冗余度不变。

⑥ MANO 层面：采用异地容灾式的主备双机部署模式，保证 MANO 的高可靠性，并实现主备双机间状态和数据的同步。当 MANO 组件发生故障时，备用节点应自动接管业务。

（2）地理容灾

地理容灾是保障网络在各种意外状况下快速恢复的机制，需要网络各层协同来实现。

① NFVI：以冗余方式部署，当跨 DC 部署时，DC 之间的二层链路需要满足 IP 承载网链路的要求。

② 虚拟网络功能：继承传统网元的地理容灾方式。

③ MANO：需要新建相应模块，并进行“1+1”主备方式部署。

（3）NFV 故障管理

NFV 故障管理对各层故障检测、故障告警和故障修复进行联动和协同。NFV 各层的故障管理方法包括以下内容。

① NFVI 层需要检测硬件设施的使用情况和运行状态等信息，VIM 负责对硬件资源层和虚拟化层的故障告警与故障源分别建立关联。

② VNFM 采用告警关联技术对 VNF 层的故障告警建立关联。同时，VNFM 可预存由 NFVO 层下发的部分故障处理策略。当 VNF 发生故障时，VNFM 根据策略将 VNF 迁移 / 倒换到备用资源进行快速修复。而对于预存策略以外的故障，需要由 NFVO 统一处理。

③ NFVO 层收集由 VIM 或 VNFM 提供的故障告警及运行状态统计信息，并结合业务层故障恢复需求（业务恢复优先级及故障恢复时间），统一调配 NFVI 层资源，进行故障恢复。

（4）故障自愈

故障自愈是指网络在发生故障时，不需要人为干预，即可在极短的时间内从失效故障中自动恢复，其过程如下。

① 设置物理资源、虚拟机或 VNF 等为监控对象。

② 当 VNFM 或 VIM 模块监测到监控对象发生异常或出现故障时，将故障上报至故障决策点。

③ 故障决策点（架构中为 EMS 或 NFVO）调用故障恢复策略，并下发给故障恢复执行体。

④ 故障恢复执行体执行故障恢复动作，例如，若是硬件资源的故障，VIM 将在另外的节点进行虚拟机重生的动作；若是虚拟机或 VNF 的故障，VIM 将启用备用虚拟机并对虚拟机进行重启动的操作。

8. NFV 的分层解耦

NFV 的目标是替代通信网中私有、专用和封闭的网元，实现统一的硬件平台 + 业务逻辑软件的开放架构，以节省设备投资成本，提升网络服务设计、部署和管理的灵活性和弹性。为实现以上目标，在引入 NFV 的过程中，必须遵循分层解耦、集约管控的原则，打造开放、合作、竞争的生态。

NFV分层解耦与集成工作重点如图6-10所示。

NFV 的分层解耦主要包括以下 3 点。

① VNF 与 NFVI 层解耦：VNF 能够部署于统一管理的虚拟资源之上，并确保功能可用、性能良好、运行情况可监控、故障可定位；不同供应商的 VNF 可灵活配置、可互通、可混用、可集约管理。其中，VNFM 与 VNF 通常为同一厂商，这种情况下 VNF 与 VNFM 之间的接口不需要标准化；特殊场景下采用跨厂商的通用 VNFM。

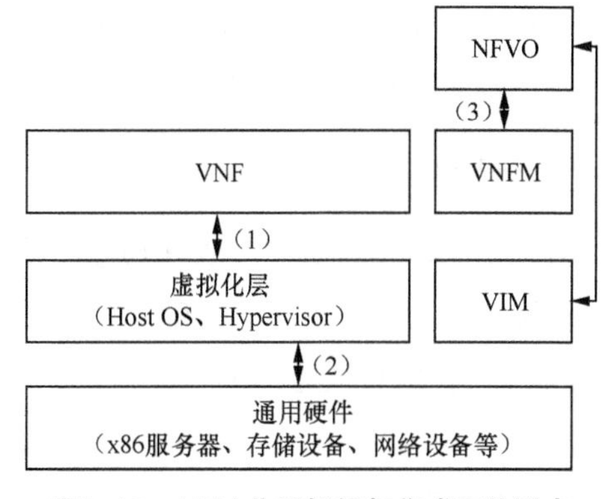

图6-10 NFV 分层解耦与集成工作重点

② 通用硬件与虚拟化层软件解耦：基础设施全部采用通用硬件，实现多供应商设备混用；

虚拟化层采用商用开源软件进行虚拟资源的统一管理。

③ MANO 解耦：涉及电信运营商自主开发或者第三方的 NFVO 与不同厂商的 VNFM、VIM 之间的对接和打通，屏蔽供应商差异，统一实现网络功能的协同、面向业务的编排与虚拟资源的管理。

NFV 分层解耦的方式缺乏集成商的端到端完整验证，电信运营商会面临一定的运维风险和技术挑战。结合目前的研究成果和工作进展，NFV 分层解耦的技术难点与实施建议如下。

① 不同厂商的硬件设备之间存在管理和配置的差异，例如，存储设备管理配置、BMC 接口和 PXE[1] 安装方式的差异，会导致统一资源管理困难、自动化配置失效。另外，各类 VNF 和虚拟化软件在不同的硬件设备上部署，在缺乏预先测试验证的情况下，硬件板卡或外设之间（例如 PCIe 网卡、磁盘阵列卡硬件、BIOS[2] 等）存在兼容性不一致的问题。以上问题需要通过大量的适配、验证和调优来解决。

② 不同基础软件之间存在兼容性问题，例如，OS 与驱动层之间、虚拟交换机与 OS 之间、Hypervisor 与 VNF 之间。不同的模块和不同的版本，以及不同的配置参数、优化方法，会造成性能、稳定性、兼容性的较大差异。

③ 分层之后，从 NFV 各层之间的接口定义与数据类型，到层内功能的实现机制，乃至层间的协同处理均未完善。例如，当 VNF 发生故障时，涉及 VM 迁移与业务倒换机制，NFVI、NFVO 和 VIM 的处理流程，而目前各层的故障恢复机制还不够完善，实际部署中存在业务中断风险；VNF 对配置文件管理和存储设备使用不当，同样会导致 VM 实例化失效。因而在 VNF 集成过程中，集成方或者电信运营商需要对各层的功能进行定义或详细规范。

④ NFV 系统集成涉及多厂商、多软硬组件的高度集成，由于虚拟化环境的存在，在初期的测试验证、中期的系统部署、后期的运维过程中，系统评测与管理部署都较为困难。这就要求电信运营商在提升 DevOps 能力的基础上，依托持续集成、持续部署和运维自动化技术，形成 NFV 系统的持续集成、测试和部署能力。

9. MANO 技术关键点

NFV 要实现硬件资源与软件功能的解耦，需要通过标准的接口、通用的信息模型，以及信息模型与数据模型之间的映射来实现，同时还需要一套新的管理和编排功能系统。NFV 引入 MANO，主要用于提供虚拟化资源、虚拟化网络功能和网络业务的统一管理，包含 NFVO、

1 PXE：Preboot eXecution Environment，预启动执行环境。

2 BIOS：Basic Input/Output System，基本输入输出系统。

VNFM 和 VIM 共 3 类功能模块。

（1）生命周期管理

VNF 生命周期管理是 NFV 架构下实现自动化运维的关键环节，由 MANO 和 EMS 协同完成。VNF 全生命周期的重要阶段包括加载、实例化、业务监控、扩容 / 缩容、治愈能力、更新 / 升级、终止等，实现了自动化资源编排、智能部署编排、弹性扩缩容决策等。在具体部署时，需要根据业务的规格需求和基础设施的硬件属性完成自动化资源编排，根据亲和性 / 反亲和性策略、基础设施资源的负荷 / 可用状况等关键要素完成智能部署编排，基于网元的 CPU 占用率、用户容量门限、带宽使用率等关键要素进行扩缩容决策。生命周期模型如图 6-11 所示。

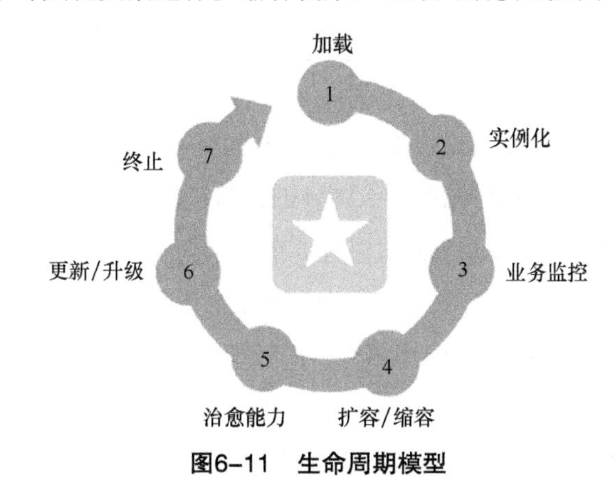

图6-11　生命周期模型

（2）资源管理模式

ETSI NFV 定义了两种资源管理模式。

① 直接模式：VNFM 向 NFVO 提出对 VNF 的生命周期管理操作进行资源授权，NFVO 根据操作请求及整体资源情况返回授权结果；VNFM 根据授权结果直接与 VIM 交互完成资源的调度（分配、修改、释放等）；VNFM 向 NFVO 反馈资源变更情况。

② 间接模式：VNFM 向 NFVO 提出对 VNF 的生命周期管理操作进行资源授权，NFVO 根据操作请求及整体资源情况返回授权结果；VNFM 根据授权结果向 NFVO 提出资源调度（分配、修改、释放等）请求，NFVO 与 VIM 交互完成实际的资源调度工作；NFVO 向 VNFM 反馈资源变更情况。

两种模式的对比分析如下。

① 架构选项中定义了直接模式和间接模式，因存在 NS 和跨 DC 的 VLAN 资源调度问题，架构落地时是直接模式 + 间接模式或间接模式。从架构角度来看，直接模式中 VNF 所需资源由

VNFM 分配，VNF 之间及 VNF 和 PNF 之间互通所需资源由 NFVO 分配，分工不太明确，架构不太清晰；而间接模式中所有资源由 NFVO 负责分配，分工明确，架构清晰。

② 从业务效果角度看，直接模式无法确保按照优先级进行资源调度；无法实现虚拟资源的统一控制；间接模式可以保障资源调度按照优先级控制，实现对虚拟资源的统一管控，因此间接模式更有利于保障电信运营商的利益。

③ 从性能角度看，间接模式中 NFVO 具有资源的全局视图，优化资源分配，但在大规模使用时，NFVO 处理性能要求较高。直接模式中 VNFM 替代 NFVO 直接与 VIM 交互，完成资源的调度、分配、修改、释放等，在大规模使用时，可以避免 NFVO 成为性能瓶颈。影响资源操作调度时长的关键因素在于 VIM 对资源的处理上，例如 VM 的创建等，因此间接模式从整体上对性能带来的损耗差别应该非常小。

④ 从系统集成角度看，间接模式增加了 VNFM 对 NFVO 的资源配置接口，增加了接口复杂度；直接模式中每个 VNFM 都必须建立与 VIM 的接口，接口数量更多，同时还增加了资源授权接口。由此可见，间接模式的接口复杂度较高，而直接模式的接口数量更多。

⑤ 从安全性角度来看，直接模式中相关 VNFM 都需要获取 VIM 的（资源控制级）访问权限，访问权限分散，存在安全隐患。间接模式中的资源调度使用集中控制策略，VNFM 没有访问 VIM 的权限，NFVO 可以对收到的请求与资源授权进行校验确认，从而避免上述安全隐患。

综合以上分析，直接模式和间接模式在系统集成复杂度方面相当，直接模式在性能方面占据优势，而其他方面则是间接模式占据优势。对于电信运营商来说，考虑到网络的未来发展，应支持间接模式，这样有利于推进分层解耦，实现对虚拟资源的统一管控。

（3）NFVO 的分层架构

按照 ETSI 的 MANO 规范，NFVO 具有两个部分的功能：资源编排（Resource Orchestrator，RO）功能是指跨 VIM 的 NFVI 资源编排功能；网络服务编排（Network Service Orchestrator，NSO）功能是指 NS 生命周期的管理功能。

NFVO 作为 MANO 的一个功能实体，在部署时，有两种部署形态。

一是 NFVO 不分层架构。NFVO 作为一个独立的实体部署，在多 DC 场景下，可采用级联的方式来部署。在每个管理域可以被当作一个或多个数据中心，在该管理域中部署一套独立的 NFVO，以及 VNFM、VIM，用来管理该域中的网络服务。另外，在顶层再部署一套 NFVO，用来管理域中的网络服务，它并不管理下层管理域中的网络服务，不过它可以接受下层管理域中网络服务实例化、弹性伸缩，以及终止操作的请求，并将此请求直接传递给下层管理域中的

NFVO，并由下层管理域中的NFVO完成实际操作。

二是NSO与RO分层架构。在实际部署NFVO时，NFVO可以分为两个独立的实体来部署。其中，NSO主要完成NS的生命周期管理，包括NS模板和VNF包的管理。NSO不再关注资源状态和资源所在的管理域，仅关注资源的额度。RO主要完成管理域内资源的管理和编排，例如资源的预留、分配、删除等操作，以及支持资源的使用率和状态的监控。

从功能、性能、可靠性、安全性、系统集成等方面，两种架构的对比分析如下。

① 从功能角度分析，两种架构相当。

② 从性能角度分析，分层后，VNFM访问或申请资源的效率会降低。

③ 从可靠性角度分析，分层后，如果RO出现故障，只会影响该RO管理的资源，即影响其中一部分，而如果NSO出现故障，则会影响整个NFV的业务功能。对于不分层架构，NFVO出现故障时，只会影响该NFVO管理的业务和资源。

④ 从系统集成角度分析，分层后，需要增加NSO与RO之间的接口，增加了系统集成难度。

综合对比分析，NFVO分层架构难以带来明显的优势或收益，反而会导致性能降低、集成复杂。考虑到后续的演进和发展，在系统架构上可将NSO和RO进行内部功能解耦，以增强未来NFVO部署的灵活性。

（4）专用VNFM和通用VNFM

ETSI定义了两种VNFM模式。

① 专用VNFM：专用VNFM与它所管理的VNF之间具有依赖性，一般管理由其同一厂商提供VNF。在VNF生命周期管理过程复杂且一些管理特性与VNF紧耦合的场景下，就需要使用专用VNFM。

② 通用VNFM：通用VNFM可以实现对跨厂商VNF的管理，它与其所管理的VNF之间没有依赖性。为了实现通用VNFM和VNF之间的独立性，通用VNFM应能支持所管理VNF的不同脚本语言。

两种VNFM模式具有相同的VNFM功能要求，例如，VNF生命周期管理、VNFD解析、VNF实例化后根据模板要求配置VNF、NFVI告警与VNF告警关联、VNF弹性策略执行等，但两种架构在技术复杂度、运维复杂度等方面存在差异。

从运维角度分析，通用模式下单个VNFM同时管理多个异厂商VNF，极大地减少了VNFM数量，网络运维复杂度较低，而专用模式下不同厂商VNF需要部署不同的VNFM，VNFM数量较多，网络运维复杂度较高。

从技术实现角度分析，通用模式下需要对更多的接口（Vn-Vnfm-vnf、Vn-Vnfm-em、Or-Vi、Or-Vnfm、Vi-Vnfm）进行标准化，而专用模式需要标准的接口（Or-Vi、Or-Vnfm、Vi-Vnfm）数量相对较少。

综合分析，专用 VNFM 和通用 VNFM 模式各有千秋，应依据应用场景选择合适的 VNFM 部署模式。对于 VNF 功能复杂、VNFM 要求较高的场景，例如 vIMS、vEPC 等，建议采用专用 VNFM；对于 VNF 功能相对简单，但其种类和数量较多的场景，例如 Gi-Lan 等，建议采用通用 VNFM，以减少 VNFM 数量。

6.1.3 应用前景

随着通信网络支持的行业场景越来越多样化，网络架构和功能也变得越来越复杂，从而带来网络演进和定制的复杂化。为了使网络适应未来多变的需求，在 6G 网络中应通过引入端到端可编程网络技术，让网络更加智能和灵活，并且从网络架构本身进行根本性改进，设计更加高适应性和灵活性的网络。

5G 阶段已经开始进行了一些网络可编程的探索和改进。5G 核心网中引入服务化架构（Service-Based Architecture，SBA），从根本上改变了传统的对等计算（Peer to Peer Computing，P2P）架构通信方式。5G 核心网采用了控制面与用户面解耦（C/U 分离）的架构。其中，控制面基于云原生的软件设计，使 5G 核心网的控制面网络功能可以快速构建、发布及部署，结合云计算实现网络功能与底层硬件及操作系统解耦。用户面则重点关注如何利用各种新兴的转发技术满足 5G 网络的低时延和大带宽需求。可编程网络技术模型如图 6-12 所示。

面向 6G 网络，可编程技术从控制面可编程向用户面可编程演进。服务化控制面的网络功能支持容器化、云原生的方式部署，采用网络控制器，可将运行配置下发到用户面。在将控制面各个网络功能以 SBA 架构灵活解耦的基础上，通过与协议无关的用户面编程语言，网络运营者还可以进一步灵活定义用户面的分组处理逻辑。通过对用户面诸多网络功能的灵活定义和在各个可编程网元上的优化编排，可以实现用户面功能的服务化部署。控制面可编程和用户面各网元的端到端可编程共同构成了面向 6G 的深度可编程网络架构。可编程网络不仅能够以前所未有的敏捷性和灵活性为消费者提供新型的通信服务，而且能够支持业务的更快速部署，例如提供基于云原生设计的网络切片业务。可编程网络的重要使能因素包括基于 SBA、云原生实现的网络虚拟化和微服务架构、持续集成 / 持续交付（CI/CD）方法，以及面向网络应用的定制可编程用户面芯片和硬件平台。

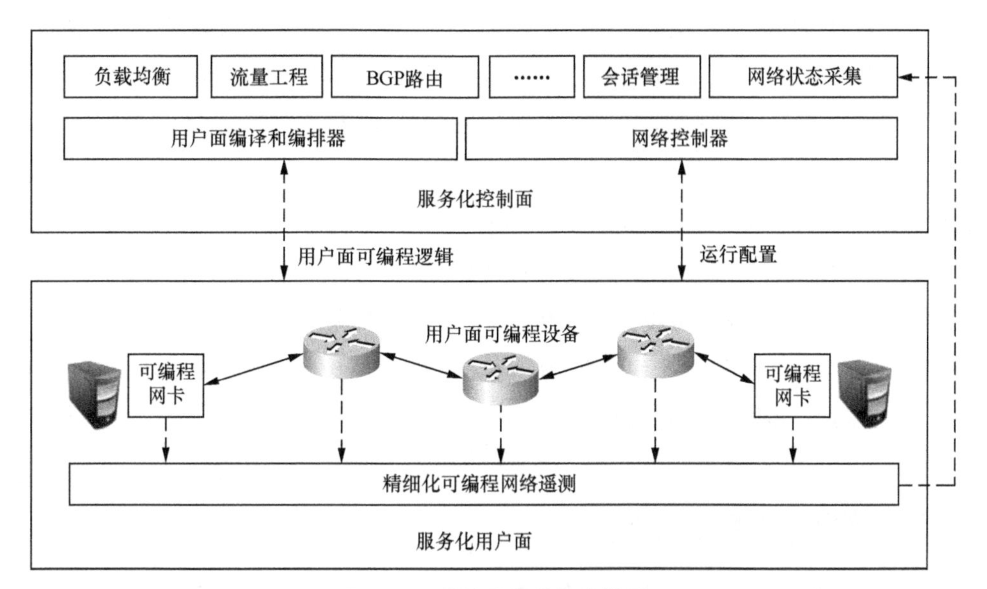

图6–12　可编程网络技术模型

6G时代，考虑到业务需求动态变化和网络灵活扩展的需求，6G网络更需要具备统一架构下按需部署网络功能或服务的能力，以及动态编排和按需调度资源的能力。未来通信网络引入可编程思想，对传统网络架构进行改进，通过承载与控制分离和网络功能软件化，网络设备控制平面从嵌入式节点独立出来到软件平台，由软件驱动的中央控制节点自动对网络架构进行控制。此外，在5G网络架构C/U分离的基础上，6G的用户面功能也将采用新型可编程技术实现。例如，目前数据中心网络中开始大规模采用的智能网卡卸载技术、可编程交换芯片技术和中央处理器分散处理单元技术等，逐步从IT领域渗透到CT领域，促进6G用户面在满足大带宽、低时延转发的基础上，进一步支持在网动态用户面编程和升级。6G网络中的网元将支持控制面和数据面的可编程能力，从而构建灵活的可编程网络，实现全网的智能动态调优。提升6G网络的软件化程度和可编程能力，可以实现网络的灵活可控制、融合可演进、弹性可定制的特性，从而在更短的时间内实现网络功能的开发和部署，为未来6G网络的演进提供更大的发展空间。

可编程网络对电信运营商的影响包括创造所需的效率和灵活性，根据客户 / 合作伙伴的需要实时扩展容量和能力；提高 ICT 价值链和新兴平台经济的相关性；开发新的商业模式，扩展现有业务并寻求新的商业机会。

可编程技术可以提供更广泛的服务和更好的网络性能，使网络可以更好地满足消费者的期望。智慧城市和智能工厂等新兴领域将受益于更丰富的通信服务，应对不同物联网设备的需求。可编程网络可以提供更多的服务定制和更快的响应速度。使用可编程技术，6G 网络可以从以下多个方面进行优化。

① 优化网络服务的定义，减少冗余设计，统一网络服务能力。

② 分析不同的部署场景或用例，通过可编程接口实现网络能力的灵活定制化。

③ 将人工智能引入网络服务设计和部署实施，快速获取网络能力升级。

④ 在协议栈功能设计方面，可以考虑差异化的协议功能设计，优化协议功能分布和接口设计，结合 AI 技术进一步增强协议功能。

6.2 6G 动态网络切片技术

未来 6G 网络将部署基于云原生设计的智能端到端网络切片，使网络具备按需拓扑能力，即依据服务和连接需求灵活选择或改变网络部署形态与密度，包括地面网 / 非地面网（Terrestrial Networks/Non-Terrestrial Networks，TN/NTN）接入与回传集成、本地网状网、灵活组播与多跳技术、动态路径选择、动态网络切片、多层异构密集化技术等，以实现成本、能耗等性能指标的按需优化。

6.2.1 网络切片原理

业界对于未来移动通信提出了需求各异的应用场景，例如 eMMB、mMTC、uRLLC。这些场景的需求差异极大，已经很难用一张统一的网络来满足所有的业务需求，因此引入了网络切片技术。

网络切片就是一个按需求方的需求灵活构建的、提供一种或多种网络服务的、端到端独立的逻辑网络。用户使用哪种业务就接入提供相应业务的网络切片。网络切片在理论上不是必然要使用虚拟化技术的，但只有基于虚拟化，网络切片技术才具有商用可行性与商业效益。网络切片示意如图 6-13 所示。

网络切片在传统网络的基础上新增了切片管理器与切片选择功能两个功能实体。

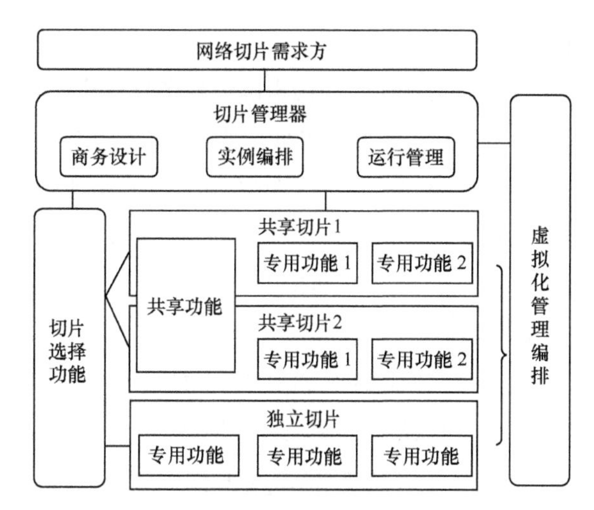

图6-13　网络切片示意

① 切片管理器：包含商务设计、实例编排及运行管理 3 个阶段。在商务设计阶段，由网络切片需求方输入切片的相关参数；在实例编排阶段，切片管理器将切片描述文件输出到 MANO 实现网络切片的实例化；在运行管理阶段，切片管理器监控并动态管理各网络切片。

② 切片选择功能：根据用户需求与用户签约信息为用户选择接入的网络切片。

根据网络切片控制面功能的共享情况，网络切片有 3 种典型组网架构，且这 3 种组网架构在实际组网过程中可以混合使用。网络切片典型架构示意如图 6-14 所示。

① 不共享：每个切片在逻辑上完全独立，分别拥有各自完整的控制面与用户面功能实体。此架构的切片隔离性较好，但用户在同一时间只能接入一个网络切片。

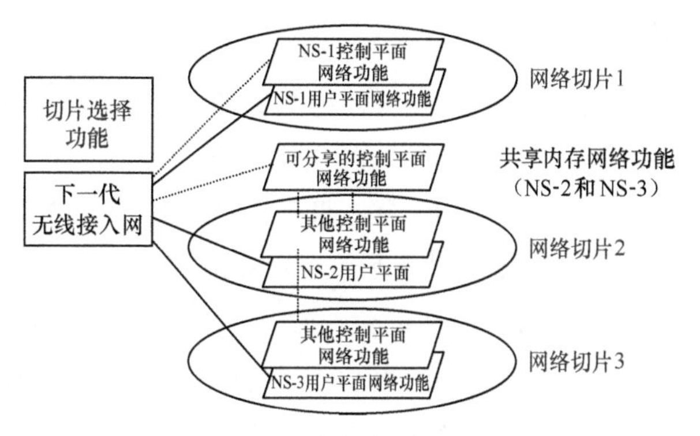

图6-14　网络切片典型架构示意

② 控制面功能部分共享：部分控制面功能（例如移动性管理、鉴权功能）在切片间共享，其他控制面功能（例如业务粒度的控制功能）与用户面功能则是切片专用功能。此架构支持用户在同一时间接入控制面功能部分共享的多个网络切片。

③ 控制面功能完全共享：各切片的控制面功能完全共享，只有用户面功能是各切片专用的。此架构的隔离性最差，只在用户面实现了隔离，此架构也支持用户在同一时间接入控制面功能

完全共享的多个网络切片。

网络切片技术目前还处于标准讨论阶段，尚未确定最终的技术方案，当前的技术焦点集中在切片选择、切片的漫游支持、切片的隔离等方面。现阶段关于网络切片达成以下共识。

① 网络切片是一个完整的逻辑网络，可以提供电信服务和网络功能，它包括接入网（Access Network，AN）和核心网（Core Network，CN）。AN 是否切片将在 RAN 工作组中进一步讨论。AN 可以多个网络切片共用，每个切片的功能可能不同，网络可以部署多个切片实例提供完全相同的优化和功能为特定的 UE 群服务。

② UE 可能提供由一组参数组成的网络切片选择辅助信息（Network Slice Selection Assistance Information，NSSAI）来选择 RAN 和 CN 网络切片实例。如果网络部署切片，它可以使用 NSSAI 选择网络切片，此外，也可以使用 UE 能力和 UE 用户数据。

③ UE 可以通过一个 RAN 同时接入多个切片，这时切片共享部分控制面功能，CN 部分网络切片实例由 CN 选择。

④ 下一代核心网（Next Generation Network，NGC）切片到数据通信网（Data Communication Network，DCN）的切换，没必要一对一映射。UE 应能将应用与多个并行的协议数据单元（Protocol Data Unit，PDU）会话之一相关联。不同的 PDU 会话可能属于不同的切片。UE 在移动性管理中可能提交新的 NSSAI，导致切片变更，切片变更由网络侧决定。

⑤ 网络用户数据包括 UE 接入切片信息。在初始附着过程中采用公共控制网络功能为 UE 选择切片需要重定向。

⑥ 电信运营商可以为 UE 提供网络切片选择策略（Network Slice Selection Policy，NSSP）服务。NSSP 包含一个或多个 NSSP 规则，每个规划通过 SM NSSAI 关联一个应用。默认规则也可以匹配所有应用并包含默认 SM NSSAI。UE 通过 NSSP 服务关联应用的 SM NSSAI 参数。在漫游场景下，切片选择功能基于 SM-NSSAI 完成。当使用标准的 SM NSSAI 时，各公共陆地移动网（Public Land Mobile Network，PLMN）基于标准 SM NSSAI 选择切片；当使用非标准 SM-NSSAI 时，VPLMN（被 UE 访问的 PLMN）根据漫游协议映射 UE 的 SM NSSAI 到 VPLMN 进行切片选择。

网络切片除了给技术带来重大突破，使用户可以按需接入最合适的网络，还给电信运营商的商用模式、运维模式带来了革命性变革。利用网络切片技术，移动网络由原来的用户 / 业务适配网络转变为网络适配用户 / 业务，此外，原来的单一网络运营方式也逐渐转变为多重网络的动态管理。因此，电信运营商还需要从部署策略、运维模式等方面着力，加强网络切片的划分、切片与用户 / 业务的对应策略、切片的上下线流程等关键问题的研究。

6.2.2 应用前景

在研究“网络切片”的同时，面向未来的 6G 网络演进，预判具体的使用场景需求，以便有针对性地采取组网措施也至关重要。

1. 移动宽带

LTE 等移动宽带技术将继续发展，在 2020 年之后成为整体无线接入解决方案的中坚力量，在任何地方都可提供几十 Mbit/s 的数据速率，在城市和郊区甚至高达几百 Mbit/s。在移动宽带的用例中，智能天线（包括可控天线元件、频谱及基站间的协调）将有助于为终端用户提供这些等级的服务。

2. 多媒体

2022 年，我国超高清视频产业规划总体规模将超过 4 万亿元，其中很多将用于机器监测、远程医疗、安全控制、监控，以及图像识别等工业视频设备，大量的数据将由上下行链路进行传输。5G、6G 系统不仅需要支持远程医疗等用例的近乎零时延的互动，还需要支持时延要求比较宽松、更经济且无线资源利用效率更高的业务的运行。同时，由于大量视频将通过网络上传，所以上行链路视频将会变得更为重要。

视频将会成为警察、消防队员及急救人员等应急服务人员的重要工具。高效且超低时延的群呼业务媒体交付，或者时延要求比较宽松的告警消息的发布，均会为所有救援行动小组提供相同的媒体信息。这类用例需要一定的上下行链路网络容量，还需要网络具备超高可用性及高速移动性。同时，这些提供方式将会更加经济有效且节约资源，因此仅在需要时才会采用资源密集型运行模式。

3. 机器类通信

机器类通信（Machine Type Communication，MTC）的要求不尽相同，可以分为大规模 MTC（mMTC）和关键 MTC。

其中，大规模 MTC 包括建筑物及基础设施的监测和自动化、智慧农业、物流、追踪，以及车队管理。一般而言，大规模 MTC 的设备和传输模式都较为简单，设备传输距离较长，可以使用电池运行。目前的 LTE 已经具备了处理 MTC 特定需求的功能，而无线接入部分有望进一步完善，例如支持设备对设备通信等不同的传输模式，与移动宽带服务之间实现无线资源的灵活共享，放宽对 MTC 设备的要求，例如数据速率、限定带宽、限定峰值速率、半双工操作等。

关键 MTC 会对设备进行实时监测及控制，要求实现端到端（End to End，E2E）、低时延（仅数毫秒），且对可靠性要求很高。智能电网中的能量分布自动化就是典型用例，该用例中的能源不稳定且较为分散，电网要利用能源需求管理不稳定能源供应的动态，避免出现电网故障。未来通信网络系统提供的无线接入可以保证低时延，而且网络切片可以进行配置，将网络及应用功能物理置入网络，确保 E2E 的低时延、可靠性及冗余。

未来通信网络能力开放与虚拟化技术紧密结合，在网络架构中引入了 SDN，实现控制功能集中部署，便于向第三方开放网络能力，实现了网络功能的虚拟化（NFV），网络功能可灵活动态部署、易于调用，第三方业务提供商可方便地调度不同粒度的网络功能。另外，未来通信网络采用网络切片技术可满足不同的应用场景对带宽、时延、移动性的多样化要求。因此，未来的网络能力开放平台可通过虚拟化技术实现网络能力充分服务于应用，并通过编排器统一进行资源和生命周期的管理。

5G 网络能力开放架构如图 6-15 所示。

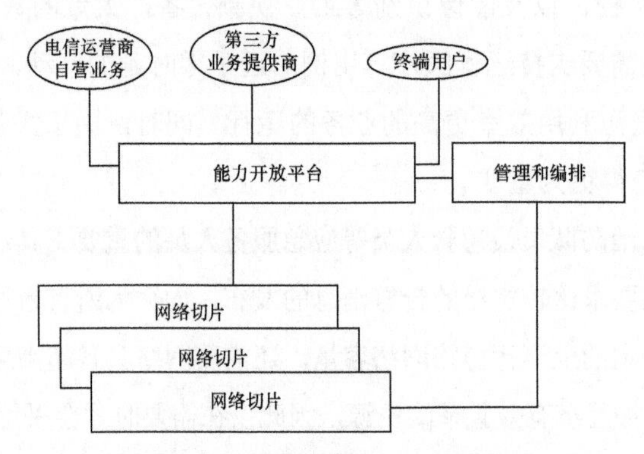

图6-15　5G网络能力开放架构

① 能力开放平台可实现对电信运营商自营业务、第三方业务提供商和终端用户的能力开放，并实现能力的编排调度和对外开放。

② 管理和编排可提供网络编排管理、网络资源调度、网络切片管理、基础设施租用等能力。

③ 能力开放平台参与网络切片的创建、删除、更新、资源调度管理等功能。可以推断，结合虚拟化技术实现的网络能力开放，效率将会得到大幅提升。

④ 网络切片的选择、共享及切换机制研究。共享是不同网络切片通过虚拟化技术实现对同一个物理基础设施的共享，从而使资源利用率最大化。

⑤ 网络切片的编排和管理机制研究，对切片管理器与 MANO 的关系及功能划分、切片运

维的共享和隔离、切片模板管理、切片安全等关键问题进行评估。

4. 在电网中的应用

为满足电力行业业务需求，电信运营商要根据电力行业的业务特点及业务 SLA 要求提供专业服务，包括以下 4 点。

① 切片网络规划设计：根据电网切片顶层设计，输出每一个应用对应的切片 ID（N-SSAI）、深度神经网络（Deep Neural Network，DNN）、5G 服务质量标识（5G QoS Identifer，5QI）及用户平面功能（User Port Function，UPF）的关系，每一个应用的终端与主站、终端与终端之间的路由规划设计。

② 切片部署与开通：通过切片编排系统或者线下命令行方式，向无线传输核心网下发切片配置，在各个应用的接入点，用测试终端验证切片网络端到端连通性，保障业务可用。

③ 切片网络运维保障：通过切片运维管理平台，实现网络级、切片级、终端级业务体验可视、可管与故障可界定。

④ 切片网络调优：针对当前体验不佳的业务或者终端，有针对性地进行切片网络的优化调整。

网络切片在 5G 电网中的应用如图 6-16 所示。

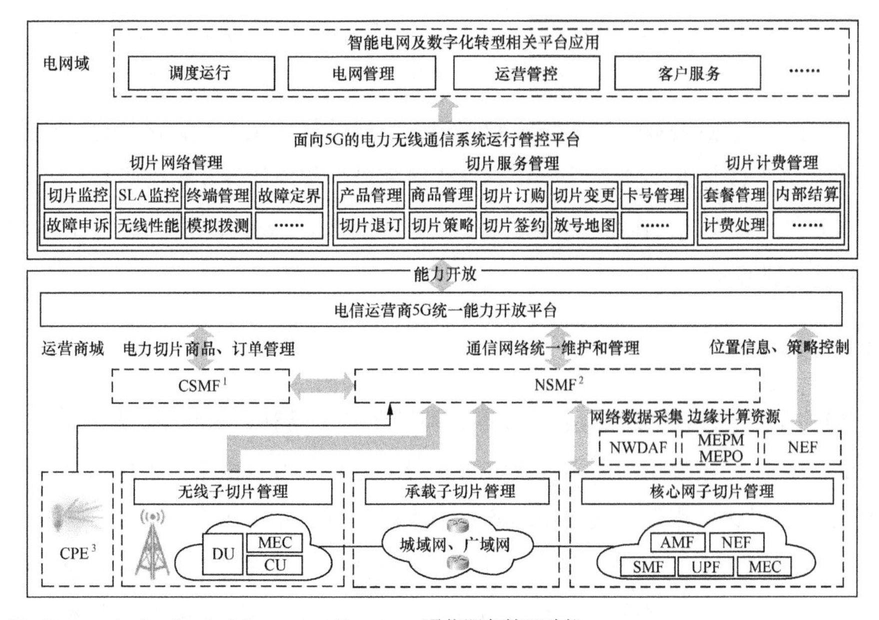

1. CSMF：Communication Service Management Function，通信服务管理功能。
2. NSMF：Network Slice Management Function，网络切片管理功能。
3. CPE：Customer Premise Equipment，用户预订设备。

图6–16 网络切片在5G电网中的应用

6.3 区块链技术

未来6G网络将利用区块链技术，实现云、网、边之间资源的按需分配和灵活调度，从而在资源层实现服务化构建。区块链技术还为6G网络提供了高性能且稳定可靠的数据存证服务，保证数据的安全可信和透明可追溯。

6.3.1 区块链技术发展历程

区块链技术自2008年出现以来，已发展了十余年的时间。在这十余年中，区块链由最初同"虚拟货币"绑定在一起，到逐步发展出具有独特应用和价值属性的产业链；从最初仅限于被技术社群探讨，到引发世界主要国家的关注，其发展道路逐渐明朗。

1. 区块链的定义

区块链，英文为"Blockchain"或"Block Chain"，是一种由多方共同维护，使用密码学保证传输和访问安全，能够实现数据一致存储、难以篡改、防止抵赖的记账技术，也称为分布式账本技术（Distributed Ledger Technology，DLT），其特点是保密性强、难以篡改和"去中心化"。区块链的大体运行机制为：当网络中的任意两点进行数据交换时，该数据都会对应一个发送者和接收者，而当一个节点的数据交换积累到一定大小或条目数量之后，区块链就会自动将其打包，形成一个"块"（Block），并附上一串具有"时间戳"作用的计算机密码。

从定义及特性可以看出，作为一种保密性强、难以篡改、"去中心化"的技术，区块链最适合承担类似"账本"的职能。

2. 区块链的由来

早在1991年，区块链的技术理念由美国人斯图尔特·哈勃、斯科特·斯托内塔等人提出，其数字文档的密码时间戳理论与后来区块链所采用的方式一致。但第一个提出"区块链"概念并将其实际应用到"比特币"的人是中本聪。中本聪的真实身份至今仍然成谜。2008年1月1日，中本聪在Genius网站上发表了题为《比特币：一种点对点式的电子现金系统》的论文，随后又于2009年1月8日在一个加密爱好者设计的网站上发布了第一个在线比特币软件，其使用的基础技术就是区块链。中本聪本人也是第一个使用比特币的人。2009年1月3日，他开发出了第一个比特币数字区块，即"创世区块"。在创世区块中，中本聪还嵌入了当天发行的《泰晤士报》头版文章标题“The Times 03/Jan/2009 Chancellor on brink of second bailout for banks”（2009 年 1 月 4 日英国财政大臣面临银行的第二轮纾困）。比特币被设计成总数达到 2100 万个后就停止增加，中本聪认为这种机制能够避免普通民众的资产贬值。后来，中本聪于 2009 年 5 月创建了比特币网站，与其他来自计算机社区的志愿者们一起开启比特币软件的研发、更新与维护工作，区块链技术也在这一过程中不断得以完善。

2010 年，中本聪将源代码存储库和网络警报密钥的控制权移交给加文・安德森及其他几位合作开发者，自己退出了比特币的运营与维护。

3. 区块链的分类

随着技术与应用的不断发展，区块链由最初狭义的“去中心化分布式验证网络”，衍生出了 3 种特性不同的类型，按照实现方式不同，可以分为公有链、联盟链和私有链。

公有链即公共区块链，是所有人都可平等参与的区块链，接近于区块链原始设计样本。链上的所有人都可以自由地访问、发送、接收和认证交易，公有链是“去中心化”的区块链，记账人是所有参与者，需要设计激励机制，奖励个人参与维持区块链运行所需的必要数字资源（例如计算资源、存储资源、网络带宽等），其消耗的数字资源最高，效率最低，目前仅能实现每秒 100 ～ 200 笔的交易频率，因此更适用于每个人都是一个单独的记账个体但发起频率不高的应用场景。

联盟链即由数量有限的公司或组织机构组成的联盟内部可以访问的区块链，每个联盟成员内部仍旧采用“中心化”的形式，而联盟成员之间则以区块链的形式实现数据共验共享，是“部分去中心化”的区块链。联盟链的记账人由联盟成员协商确定，通常是各机构的代表，可以设计一定的激励机制以鼓励参与机构维护、运行，其消耗的数字资源部分取决于联盟成员的投入，在同等条件下低于公有链，而效率高于公有链，一般能够实现每秒 10 万笔左右的交易频率，适合于发起频率较高、根据需要灵活扩展的应用场景。

私有链即私有区块链，为一个商业实体所有的区块链，其链上所有成员都需要将数据提交给一个中心机构或中央服务器来处理，自身只有交易的发起权而没有验证权，是“中心化”的区块链。其记账人是唯一的，也就是链的所有者，且不需要任何的激励机制，因为链的所有者必然承担区块链的维护任务。其消耗数字资源低，效率高，承载能力取决于链的所有者投入的数字资源，但存在“中心化”网络导致的单点脆弱性，需要投入大量资源用于网络安全维护，方能保障链上资金的安全。

6.3.2 区块链技术架构模型

区块链的架构模型分 6 层架构模型和 3 层架构模型两种。

1. 6 层架构模型

一般来说，6 层架构的区块链由数据层、网络层、共识层、激励层、合约层和应用层组成。6 层架构的区块链示意如图 6-17 所示。

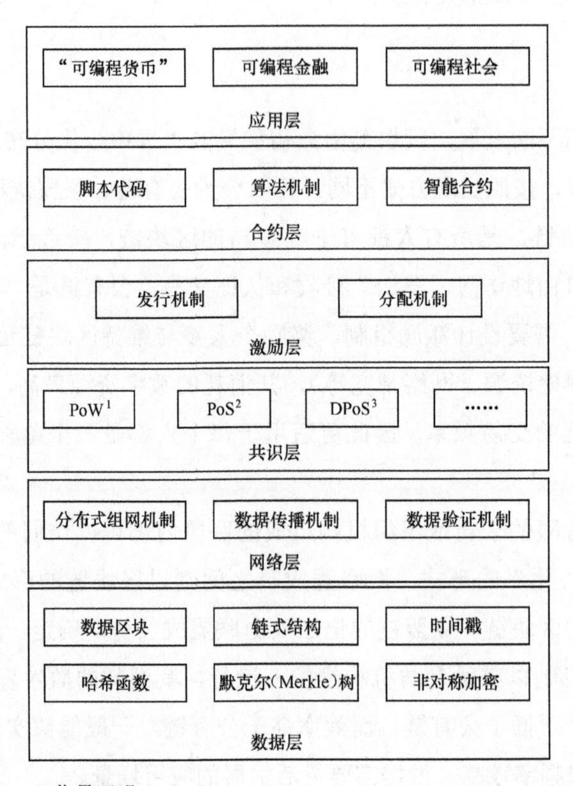

1. PoW：Proof of Work，工作量证明。
2. PoS：Proof of Stake，权益证明。
3. DPoS：Delegated Proof of Stake，代理权益证明。

图6-17 6层架构的区块链示意

其中，数据层封装了底层数据区块、相关的数据加密和时间戳等基础数据和基本算法；网络层包括分布式组网机制、数据传播机制和数据验证机制等；共识层主要封装网络节点的各类共识算法；激励层将经济因素集成到区块链技术体系中，主要包括经济激励的发行机制和分配机制等；合约层主要封装各类脚本代码、算法机制和智能合约，是区块链可编程特性的基础；应用层则封装了区块链的各种应用场景和案例。该模型中，基于时间戳的链式区块结构、分布式节点的共识机制、基于共识算力的经济激励和灵活可编程的智能合约是区块链技术具有代表性的创新特点。

（1）数据层

数据层封装了底层数据区块的链式结构，以及相关的非对称公私钥数据加密技术和时间戳等技术，其中大多数技术都已被发明数十年，并在计算机领域应用了很久，不需要担心其中的安全性，因为如果这些技术出现了安全问题，则意味着全球金融技术都会出现严重问题。中本聪在设计比特币时，为每个区块设置了1MB大小的容量限制，但1MB的区块空间能够容纳的交易数量有限，因此要考虑扩容区块链来突破这个限制。

（2）网络层

网络层包括分布式组网机制、数据传播机制、数据验证机制等，采用了完全P2P（对等计算）的组网技术，也就意味着区块链是具有自动组网功能的。这种P2P组网技术是一种相对来说非常成熟的技术。

（3）共识层

共识层主要封装网络节点的各类共识机制算法。共识机制算法是区块链的核心技术，因为它决定了到底由谁来记账，选择记账者的方式将会影响整个系统的安全性和可靠性。目前已经出现了十余种共识机制算法，其中最为知名的有工作量证明机制、权益证明机制、代理权益证明机制等。

（4）激励层

激励层将经济因素集成到区块链技术体系中，主要包括经济激励的发行机制和分配机制，该层主要出现在公有链中，因为在公有链中必须激励遵守规则参与记账的节点，并且惩罚不遵守规则的节点，才能让整个系统朝着良性循环的方向发展。因此，激励机制往往也是一种博弈机制，让更多遵守规则的节点愿意记账。而在私有链中，则不一定要进行激励，因为参与记账的节点往往是在链外完成了博弈，即可能有强制力或有其他需求来要求参与节点记账。

（5）合约层

合约层主要封装各类脚本代码、算法机制和智能合约，是区块链可编程特性的基础。以以太坊为首的新一代区块链系统试图完善比特币的合约层。比特币尽管也包含了脚本代码，但并不是图灵完备的，即不支持循环语句。以太坊在比特币结构的基础上，内置了编程语言协议，从而在理论上可以实现任何应用功能。如果把比特币看作全球账本，那么以太坊就是一台“全球计算机”，任何人都可以上传和执行任意的应用程序，并且能够保证程序的有效执行。

（6）应用层

应用层封装了区块链的各种应用场景和案例，例如，搭建在以太坊上的各类区块链应用就部署在应用层，所谓“可编程货币”和可编程金融也将会搭建在应用层。

数据层、网络层和共识层是构建区块链应用的必要因素，否则将不能称为真正意义上的区块链。而激励层、合约层和应用层不是每个区块链应用的必要因素，部分区块链应用并不完整地包含这 3 层结构。

2. 3 层架构模型

从架构设计上来说，区块链可以简单地分为 3 个层次：协议层、扩展层和应用层。其中，协议层又可以分为存储层和网络层，它们相互独立但又不可分割。3 层架构的区块链示意如图 6-18 所示。

（1）协议层

协议层是指最底层的技术。这一层通常是一个完整的区块链产品，类似于计算机操作系统，它维护着网络节点，仅提供可调用的 API。通常官方会提供简单的客户端。协议层是基础，构建了网络环境、搭建了交易通道、制定了节点奖励规则，至于你要交易什么，想干什么，它一概不过问，也过问不了。

（2）扩展层

扩展层类似于计算机的驱动程序，是为了让区块链产品更加实用。扩展层目前有两类，一是各类交易市场，二是针对某个方向的扩展实现。特别值得一提的就是大家听得最多的“智能合约”的概念，这是典型的扩展层的应用开发。所谓“智能合约”就是“可编程合约”，或者叫作“合约智能化”，其中的“智能”是执行上的智能，也就是说达到某个条件，合约自动执行，例如自动转移证券、自动付款等。

（3）应用层

应用层类似于计算机中的各种软件程序，是普通人可以真正直接使用的产品，也可以理解为 B/S 架构的产品中的浏览器端（Browser）。市场亟待出现这样的应用，让区块链技术快速走进寻常百姓家，服务于大众。

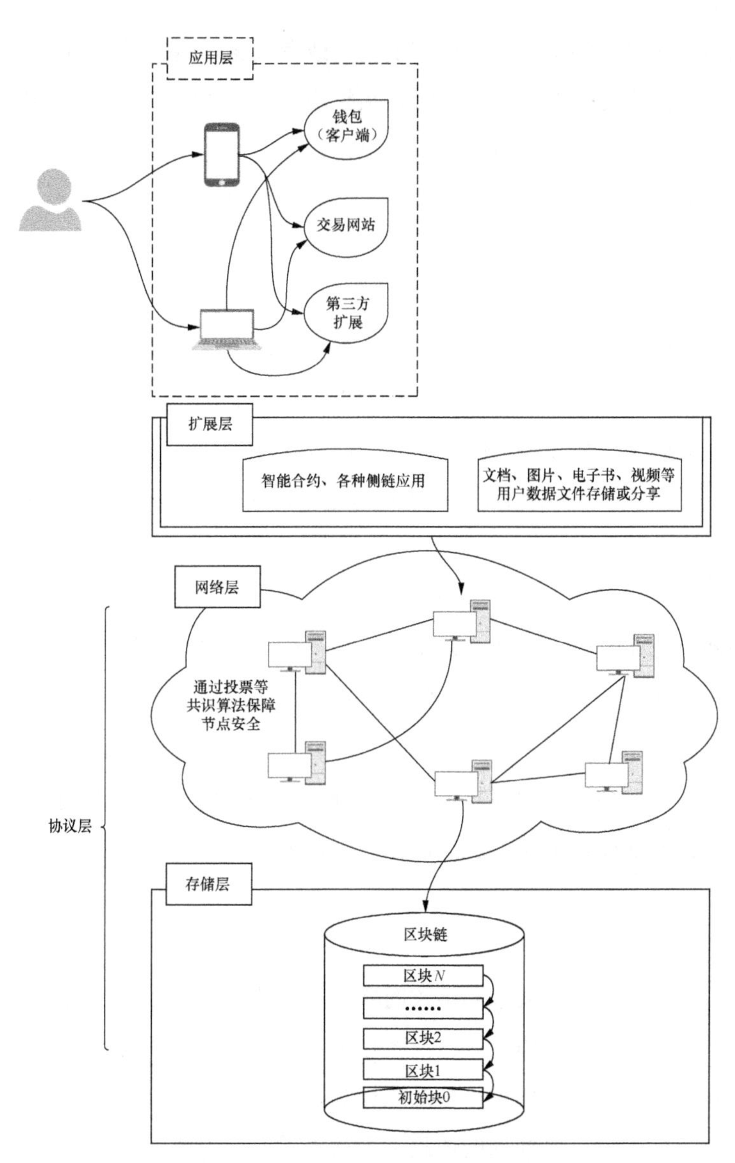

图6-18 3层架构的区块链示意

6.3.3 区块链核心技术

1. 分布式账本

一个分布式账本是一个在“去中心化”网络的成员之间分享、复制、同步的数据库。分布式账本记录着网络成员之间的交易，例如交易资产或者数据。网络成员们共同管理账本，需一致同意对账本上的记录进行更新。分布式账本系统不存在中心机构或第三方中介的参与，例如金融机构或者结算所。分布式账本中的每一条记录都有一个时间戳和一个独特的加密签名，这就使账本成为网络中所有交易记录的可信的、不易改变的历史。

2. 非对称加密

存储在区块链上的交易信息是公开的，但是账户身份信息是高度加密的，只有在数据拥有者授权的情况下才能访问，从而保证了数据安全和个人隐私。

非对称加密要用到两个密钥，一个是公钥（客户端拥有），另一个是私钥（服务端拥有）。公钥是公开的，私钥是保密的。客户端通过公钥进行加密，服务端接收到加密数据使用私钥进行解密。

3. 共识机制

共识机制是所有记账节点之间达成共识去认定一个记录的有效性，这既是认定的手段，也是防篡改的手段。区块链提出了 4 种不同的共识机制，适用于不同的应用场景，在效率和安全性之间取得平衡。

区块链的共识机制具备“少数服从多数”的特点。“少数服从多数”并不完全指节点个数，也可以是计算能力、股权数或其他计算机可以比较的特征量。

4. 智能合约

智能合约是指基于这些可信的难以篡改的数据，自动化地执行一些预先定义好的规则和条款。以保险为例，如果每个人的信息（包括医疗信息和风险发生的信息）都是真实可信的，则很容易在一些标准化的保险产品中进行自动化理赔。保险公司的日常交易业务虽然不像银行和证券行业那样频繁，但是对可信数据的依赖是有增无减的。因此，利用区块链技术，从数据管理的角度切入，能够有效地帮助保险公司提高风险管理能力。

6.3.4 应用前景

区块链应用场景包括以下 13 种。

1. 供应链金融

区块链可以减轻信息不对称程度，适合供应链金融的发展。在高信贷成本和企业现金流需求的背景下，金融服务公司可以提供商品转移和货款支付保障。供应链溯源防伪、交易验真、及时清算的特点将解决现有贸易金融网络中的诸多痛点，塑造下一代供应链金融的基础设施。

2. 版权保护

在区块链技术环境下，每一次版权交易都会产生不易逆转的交易记录，这也就意味着，一个创意、故事、剧本或角色一旦被记录在区块链上，即使所有权发生交换、转移、出售等，该资产也将一直被追踪，以解决版权问题。

3. 汽车业

未来的用户选择他们想要租赁的汽车，进入区块链的公共总账，然后坐在驾驶座上，签订租赁协议和保险政策，而区块链则可以同步更新信息。这不是一个想象，对于汽车销售和汽车登记来说，这个过程也可能会成为现实。

4. 物流链

商品从生产商到消费者手中，需要经历多个环节，跨境购物则更加复杂。中间环节经常出现各种问题，消费者很容易买到“假货”。区块链开放、透明，伪造数据被发现的概率增大。物流链的所有节点上区块链后，商品从生产商到消费者手里都是有迹可循的。商品缺失的环节越多，暴露出其是伪劣产品的概率则越大。

5. 跨境支付

传统跨境支付基本是非实时的，银行在日终进行交易的批量处理，通常一笔交易需要24小时以上才能完成；某些银行的跨境支付看起来是实时的，但实际上，是收款银行基于汇款银行的信用做了一定额度的垫付，在日终再进行资金清算和对账，业务处理速度慢。接入区块链技术后，通过公私钥技术，保证数据的可靠性，再通过加密技术和“去中心化”，达到数据难以篡改的目的，最后，通过点对点技术，实现点对点结算，去除了传统中心转发过程，提高了效率，降低了成本。

6. 实体资产

实体资产往往难以分割，不便于流通，实体资产的流通难以监控，用区块链技术实现资产数字化后，资产交易记录公开、透明、长久存储、可追溯，符合监管需求。

7. 医疗

电子医疗数据的处理、药品溯源、医疗保险是“区块链＋医疗行业”的热点领域。医疗数据的区块链存储完成了“去中心化”的医疗信息和患者数据管理，实现各机构数据共享。例如，医联体分级诊疗平台，实现数据掌握在患者手中，各个机构也可在用户授权下共享数据。

8. 云计算

区块链应用云计算领域的核心价值是推动公共信任基础设施建设进程。区块链与云的结合是必然趋势。区块链与云的结合有两种方法：一种是区块链即服务（Blockchain as a Service，BaaS），是指在云效能上直接把区块链作为效能供给用户；另一种是区块链在云上。

9. 共享经济

区块链应用云计算领域的核心价值是为平台构建用户信任。区块链借助“智能合约”技能，能够主动履行满足某项条件下的操作，也能“共享”更多产品，大幅降低契约建立和履行的成本。腾讯正在把“智能合约”运用于自行车租赁、房屋共享等范畴，假如这种“智能合约”运用于共享单车范畴，或许会给整个行业带来全新的变化。

10. 慈善

区块链应用于慈善领域的核心价值是实现所有数据公开透明。对于慈善捐助，区块链可以让人们准确跟踪其捐款流向，捐款何时到账，最终捐款到了谁的手里。由此，区块链可以解决慈善捐赠过程中长期存在的透明度不高和问责不清等问题。

11. 文件存储

区块链的“去中心化”可以以安全的、高性能的和实惠的方式来存储数据，将数据散布在许多节点上。至于数据的安全性，使用区块链的方法就意味着每个文件都是被切碎的，并且用户使用自己的密钥进行加密，然后散布在网络上，直到用户准备再使用这个文件。需要检索的时候，这些文件就会被解密，并迅速地无缝重新组装起来。

12. 大数据

区块链以其可信任性、安全性和不易篡改性，让更多数据被解放出来。用一个典型案例（即区块链是如何推进基因测序大数据产生的）来说明，区块链测序可以利用私钥限制访问权限，从而规避法律对个人获取基因数据的限制问题，并且利用分布式计算资源，低成本地完成测序服务。区块链的安全性让测序成为工业化解决方案，实现了全球规模的测序，从而推进数据的海量增长。

13. 礼品卡和会员项目

区块链可以帮助提供礼品卡和会员项目的零售商，使其系统成本更低、更安全。不用任何中间人来处理销售交易和礼品卡的发行，应用区块链技术的礼品卡的获取过程和使用过程将更加有效。同样地，区块链独有的验证技术使欺诈保护手段进一步升级，可以降低成本、阻止非法用户获取被盗账户。

6.4 算力网络

6.4.1 技术背景

6G 时代，网络不再是单纯的通信网络，而是集通信、计算、存储为一体的信息系统。对内实现计算内生，对外提供计算服务，重塑通信网络格局。为了满足未来网络新型业务及计算轻量化、动态化的需求，网络和计算的融合已经成为新的发展趋势。计算优先网络（Computing First Network，CFN）面向计算与网络融合的新架构、新协议、新技术探索：位于网络层之上的 CFN 薄层，将当前的计算能力状况和网络状况作为路由信息发布到网络，网络将计算任务报文路由到相应的计算节点，实现用户体验最优、计算资源利用率最优、网络效率最优。我们可通过 CFN 内建计算任务动态路由的能力，根据业务需求，基于实时的计算资源性能、网络性能、成本等多维因素，动态、灵活地调度计算任务，从而提高资源利用率、网络利用效率，提高业务用户体验。面向边缘计算场景，可通过 CFN 实现边缘计算成网，实现边边协作，利用服务的多实例、多副本特性，实现用户的就近接入和服务的负载均衡，以解决其部署复杂、效率低、资源复用率不高等问题，助力边缘计算规模部署。

6.4.2 算力网络的概念与架构

1. 算力感知网络的概念

6G 时代将会实现网络资源和计算资源的全面融合，满足 6G 分布式区域自治架构，最终实现计算能力通过网络内生，网络提供泛在协同的连接与计算服务。算力感知网络是计算网络深度融合的新型网络架构，以现有的 IPv6 网络技术为基础，通过“无所不在”的网络连接分布式的计算节点，实现服务的自动化部署、最优路由和负载均衡，从而构建可以感知算力的全新网络基础设施，保证网络能够按需、实时调度不同位置的计算资源，提高网络和计算资源利用率，进一步提升用户体验，实现“网络无所不达、算力无处不在、智能无所不及”的愿景。算网一体化新型网络如图 6-19 所示。

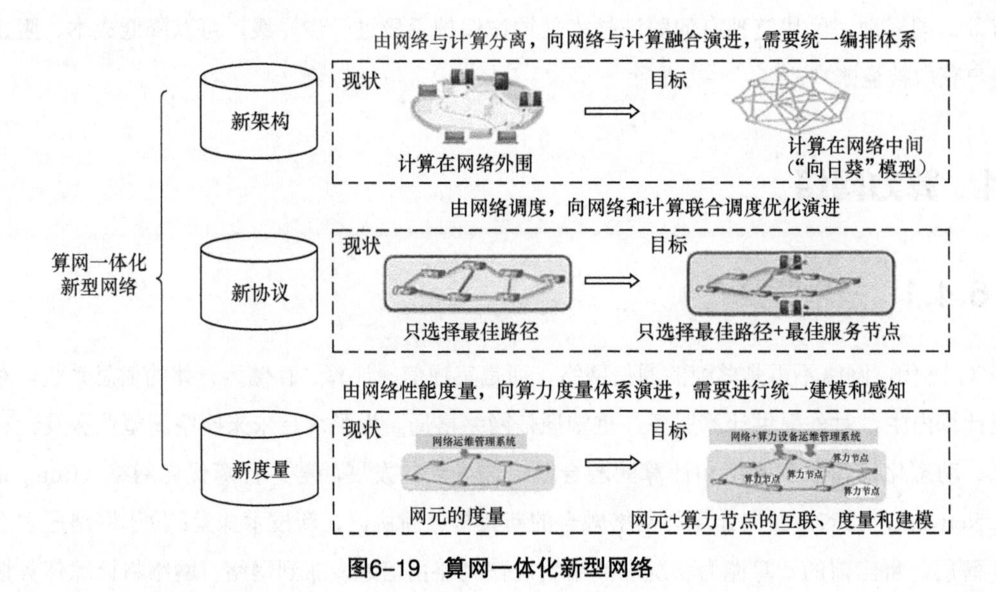

图6-19 算网一体化新型网络

2. 算力感知网络体系架构

为了实现泛在计算和服务感知、互联和协同调度，算力感知网络体系架构从逻辑功能上可划分为算力服务层、算力网络管理层、算力资源层、算力路由层和网络资源层，其中，算力路由层包含控制面和转发面。算力感知网络体系架构如图 6-20 所示。

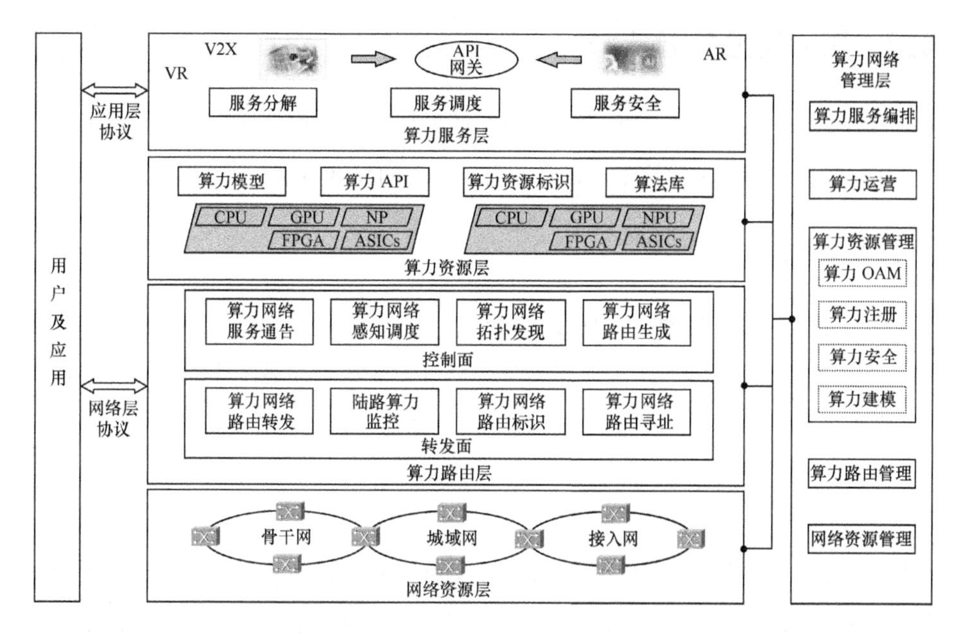

图6–20　算力感知网络体系架构

① 算力服务层：承载泛在计算的各类服务及应用，可以将用户对业务服务等级协定（Service Level Agreement，SLA）的请求包括算力请求等参数传递给算力路由层。此外，算力服务层还可以接收来自终端用户的数据，并可以通过API网关实现服务分解、服务调度等功能。

② 算力网络管理层：完成算力运营及算力服务编排，完成对算力资源和网络资源的管理，包括对算力资源的感知、度量和操作维护管理（Operation Administration and Maintenance，OAM）等，实现对终端用户的算网运营，以及对算力路由层和网络资源层的管理。

③ 算力资源层：利用现有的计算基础设施提供算力资源，计算基础设施包括从单核CPU到多核CPU，再到CPU+GPU+FPGA等多种计算能力的组合；为满足边缘计算领域多样性计算需求，算力资源层面向不同应用，在物理计算资源基础上，提供算力模型、算力API、算力资源标识等功能。

④ 算力路由层：包含控制面和转发面，基于抽象后的算力网络资源，综合考虑网络状况和计算资源状况，将业务灵活按需调度到不同的计算资源节点中，算力路由层是算力感知网络的核心。

⑤ 网络资源层：利用现有的网络基础设施为网络中的各个角落提供无处不在的网络连接，网络基础设施包括接入网、城域网和骨干网。

6.4.3 算力网络关键技术

基于算力感知网络体系架构，本节将详细介绍算力度量与算力建模、算力路由层的关键技术、算力感知网络管理层的关键技术，以及算力服务层的关键技术。

1. 算力度量与算力建模

如何对算力进行度量、建模，如何建立统一的算力模型是构建算力感知网络的基础问题。基于统一的度量体系，通过对不同的计算类型进行统一的抽象描述，形成算力能力模板，为算力路由、算力设备管理、算力计费等提供标准的算力度量规则。

2. 算力路由层的关键技术

算力路由层是算力感知网络的核心功能层，支持对网络、计算、存储等多维资源、服务的感知与通告，实现“网络 + 计算”的联合调度。算力路由层包括算力路由控制技术和算力路由转发技术，它们可以实现业务请求在路由层的按需调度。

3. 算力感知网络管理层的关键技术

算力感知网络管理层包含算力注册、算力 OAM、算力运营、算力能力模板，通过统一的管理层对网络和算力进行管理和监测，并生成算力服务合约及计费策略对算力进行统一运营。算力感知网络管理层关键技术示意如图 6-21 所示。

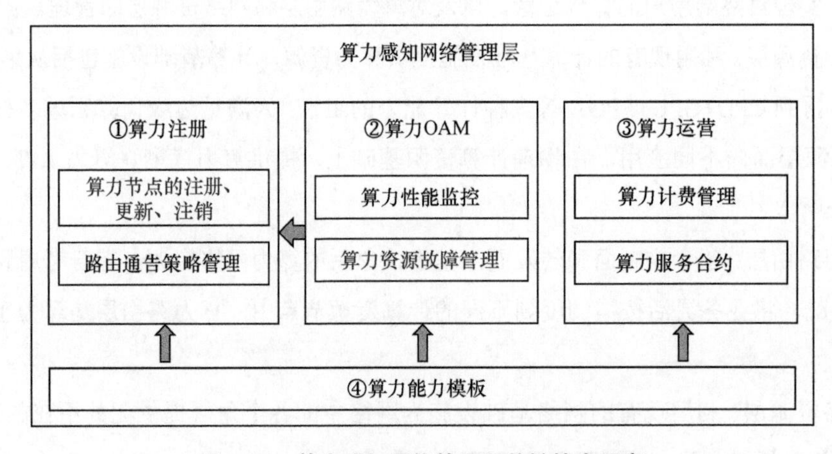

图6-21 算力感知网络管理层关键技术示意

① 算力注册：对算力节点的注册、更新和注销，以及对相应的路由通告策略进行管理。

② 算力 OAM：主要包括对算力资源层的算力性能监控、算力资源故障管理。

③ 算力运营：基于若干个算力能力模板组成算力服务合约，并生成相应的计费策略。

④ 算力能力模板：基于统一的算力度量体系，通过对不同计算类型进行统一的抽象描述，形成算力能力模板，为算力设备管理、合约和计费及 OAM 提供标准的算力度量规则。

4. 算力服务层的关键技术

算力服务层可以承载计算的各类服务及应用，借助微服务架构可以有效地实现服务分解、服务调度等功能。当大型应用程序分解为多个微服务时，每个微服务可以使用不同的技术栈（开发语言、数据库等）。因此，需要一个复杂的体系结构管理这些微服务。目前，微服务架构上的部署依赖于以下技术。

① 容器技术。容器技术可以有效地将单个操作系统的资源划分到孤立的组中，以便更好地在孤立的组之间平衡有冲突的资源使用需求。业务的垂直拆分及水平的功能拆分可以将服务分解成多个细粒度的微服务，各个微服务之间相互解耦，从而使用容器技术进行有效的管理和部署。

② 容器编排。容器编排是指对容器组件及应用层的工作进行组织的流程，可以实现海量容器的部署、管理、弹性伸缩、容器网络管理的自动化处理。服务分解后由多个解耦合的容器式组件构成，而这些组件需要通过协同合作，才能使既定的应用按照设计运作。容器编排工具允许用户管理容器部署与自动更新、运行状况监控，以及故障转移等。

6.4.4 算力网络标准化工作

目前 ITU、IETF[1]、BBF[2]、CCSA 等国内外标准化组织，均全面布局算力感知网络的标准化研究，积极推动算力感知网络的场景、需求、架构和关键技术研究与标准化工作。

1. 国际标准化工作

（1）ITU-T

中国移动在 ITU-T 开展了多项与算力感知网络相关的标准化工作，在 FG Net2030 的研究

1 IETF：Internet Engineering Task Force，因特网工程任务组。

2 BBF：Broadband Forum，宽带论坛。

报告中积极贡献算力感知网络的多项研究成果，“网络计算融合”是典型的应用场景之一，中国移动对该场景的多项指标进行了定性分析，提出了对未来网络的技术需求和管理需求。

（2）IETF

中国移动在 IETF 牵头推进需求、架构、试验等核心文稿和技术，于 2019 年 11 月举办了算力感知网络关键技术计算优先网络会议，获得 23 家公司、50 余名专家的支持，为推进算力感知网络的发展奠定了良好的基础。

（3）BBF

中国移动联合华为在 BBF 共同主导了城域算网的标准立项，对城域的算力感知网络开展研究，包括对场景、需求、架构及关键技术的研究。

2. 国内标准化工作

中国移动在 CCSA 积极布局算力感知网络的标准化研究工作，在 TC3 WG3（新型网络技术组）牵头推动“算力感知网络的关键技术研究”课题立项，该课题将对算力感知网络的感知、控制和管理的关键技术体系进行研究。中国移动在 CCSA TC3 WG1（总体组）牵头推动《算力感知网络的架构和技术要求》行业标准成功立项，为推进算力感知网络协议技术的标准化工作奠定了坚实的基础，后续也将在算力感知的新型控制面协议、算力度量衡和建模方向继续推动标准化研究工作。

6.4.5 应用前景

在 6G 网络和计算深度融合发展的大趋势下，网络演进的核心需求需要网络和计算相互感知、高度协同，算力网络将实现泛在计算互联，实现云、网、边高效协同，提高网络资源、计算资源的利用效率，进而实现以下应用。

① 实时准确的算力发现：基于网络层实时感知网络状态和算力位置，无论是传统的集中式云算力还是在网络中分布的其他算力，算力网络可以结合实时信息，实现快速的算力发现和路由。

② 服务灵活，动态调度：网络基于用户的 SLA 需求，综合考虑实时的网络资源状况和计算资源状况，通过网络灵活动态调度，快速将业务流量匹配至最优节点，让网络支持提供动态的服务，从而保证良好的用户体验。

③ 用户体验一致性：由于算力网络可以感知无处不在的计算和服务，用户不需要关心网络中计算资源的位置和部署状态，网络和计算协同调度可以保证用户获得一致性体验。

6G 时代将会实现网络资源和计算资源的全面融合，满足 6G 分布式区域自治的架构，最终实现计算能力通过网络内生和网络提供泛在协同的连接与计算服务。为了兼顾网络架构的延续性，引入泛在计算和服务感知、互联和协同调度等新能力，算力网络应具备算力服务功能、算力路由功能、算力网络编排管理功能，需要结合算力网络资源，即网络中计算处理能力与网络转发能力的实际情况和应用效能，实现各类计算、存储资源的高质量传递和流动。

6.5 网络 5.0

面向 6G 时代，未来网络 5.0 技术将助推 5G-A[1]/6G 发展，网络 5.0 已经成为 6G 网络创新的重要组件，未来 6G 网络需要加强网络 5.0 技术与不同网络领域的融合发展，通过组合技术创新推动网络变革。

6.5.1 网络 5.0 产生的背景和价值

随着大数据、自动驾驶、工业互联网等技术和应用的涌现与发展，现有的 IP 网络难以满足新业务的发展需求，网络亟须转型变革。

为了应对新变化，业界在 2018 年 6 月成立了网络 5.0 产业和技术创新联盟，广泛讨论网络该如何演进才能满足未来 8 ～ 10 年新业务对网络提出的新需求。网络 5.0 旨在通过顶层设计，提出面向未来的网络创新架构，推进关键技术创新，实现全产业共赢。

网络 5.0 作为面向 2030 年演进的未来网络架构，将基于现有的 IP 网络协议基础，在演进思路上采取“分代目标、有限责任”的策略，通过打造新型 IP 网络体系，构建一体化的 ICT 基础设施，向各相关产业提供网络能力、计算能力及数据能力服务。

6.5.2 网络 5.0 愿景与目标

网络 5.0 目标场景主要聚焦以下 4 个方面。

① 移动承载：从本质上讲移动通信网的前端是一个移动接入网，后端是一个数据网络。当

1 5G-A：5G-Advanced，5G 演进。

前 5G 前端移动接入网部分统筹考虑了各方面的因素，进行了细致、精准的规划设计，对于后端数据部分，则默认 IP 承载网能够提供需要的资源和能力。但实际情况并非如此，IP 承载网的资源和能力不一定能满足前端移动接入网的需求。IP 承载网最大的优点是不面向连接和无状态，因此它能够成为世界级网络。在这个前提下，现有 5G 接入网在 UPF 下沉后，“尽力而为”的 IP 网络需要有一个大的改进和改变，才能适应未来 6G 网络的要求。

② 产业互联网：传统产业与网络基础设施的融合催生了产业互联网。产业互联网提出的一些要求和现在的生活互联网是完全不一样的。生活互联网的容忍度比较大，例如，在线会议可以容忍视频或语音的模糊或时延等问题，但产业互联网没有这么高的容忍度，如果不能解决这些问题，则应用无法很好地得到发展。

③ ICT 基础设施：目前，无论是物联网，还是智慧城市，都是碎片化的，没有把 IT 资源和 CT 资源结合起来。ICT 基础设施是 IT 和 CT 向用户提供通信能力和各种算力。新的 ICT 基础架构平台应以物联网、云计算、大数据和人工智能为核心，形成“全连接、全云化、全智能”的解决方案。

④ 全息通信：全息通信系统将高速通信网络与全息采集和显示技术结合起来，可以突破远程医疗和移动办公等应用场景中三维视觉信息丢失的问题，具有广阔的应用前景。但目前这个场景还不能实现。

6.5.3 网络 5.0 架构顶层设计思路

在顶层设计原则方面，网络 5.0 应从智能化、确定性、柔性、易用性、内生安全 5 个设计理念出发，推进网络架构的变革。其中，智能化主要包括基础设施智能化、网络控制智能化和网络管理智能化；确定性主要包括确定性时延和无损传输；柔性主要包括网络功能组件化和网络服务定制化；易用性主要包括网络协议可编程和灵活动态传输；内生安全则意味着应从网络架构设计之初便考虑安全，将安全作为网络的 DNA，从身份认证、网络安全、平台安全、数据安全及业务安全等全方位构建端到端的安全防护体系。

依据以上 5 个顶层设计理念，网络 5.0 产业和技术创新联盟初步设计了下一代网络的架构与协议体系，命名为网络 5.0 参考架构 1.0，且以功能视图、协议视图及端到端组网视图等形式呈现。网络 5.0 基于新型 IP 网络体系，协同管理、控制面和数据面，向各相关产业提供网络能力、计算能力及数据能力服务，并使其更加有效地满足万物互联、万物智能、万物感知的需求。其总体目标是连接新网元、探索新协议、构建新管控、支撑新业务。

6.5.4 网络5.0关键使能技术

网络5.0关键使能技术包括确定性IP技术、内生安全机制、面向万物互联的新寻址与控制机制、新传输层技术、灵活可定制的差异化网络服务、面向服务的路由、基于意图的网络、温敏网络等创新方向。

1. 确定性IP技术

确定性IP技术的目标是在现有IP转发机制的基础上提供确定性时延及抖动保证。确定性IP的主要使能技术是大规模确定性网络（Large-scale Deterministic Network，LDN）。通过引入周期调度机制来严格避免微突发的存在，保证了确定性时延和无拥塞丢包。LDN技术的异步调度、支持长距离链路、核心节点无逐流状态等特点使其适用于大规模网络可部署。

LDN首先要求全网设备频率同步，所谓的频率同步即各设备将自己的时间轴划分为等长的周期，不同设备的周期可以从不同的时间开始、在不同的时间结束，并且任意两个设备的周期边缘之差 D 保持不变。频率同步示意如图6-22所示。

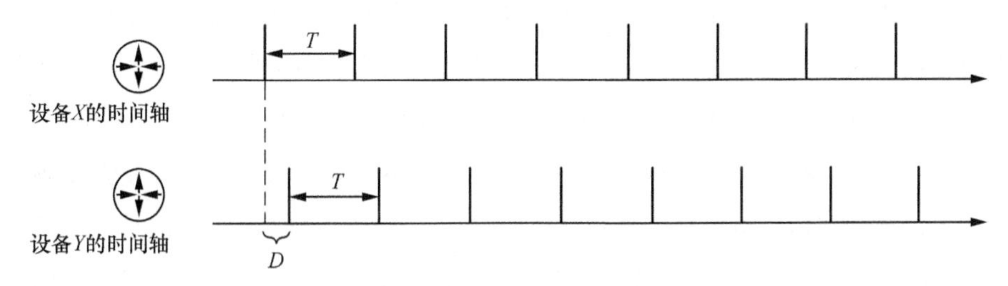

图6-22 频率同步示意

任意两个邻居设备之间都维持着一个稳定的周期映射关系。该周期映射关系约束了两跳设备之间的数据包转发行为，数据包只能在规定的周期内发送，保证了单跳数据传输的时延确定性。从源节点到目标节点经过逐跳的周期约束转发，保证了端到端的时延确定性。基于确定性的时延上界，选择一个满足业务需求的确定性服务管道。基于映射周期关系的数据包转发示意如图6-23所示。

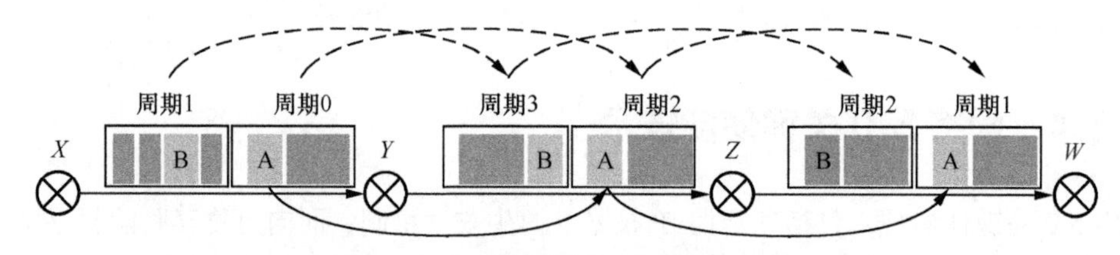

图6-23　基于映射周期关系的数据包转发示意

设备之间的周期映射关系可以通过控制面配置的方式得到，也可以通过自适应分布式学习的方式得到。构造出的周期映射关系可以分布存储在转发设备上，也可以集中存储在少量控制设备上。后续用户数据报文只需要携带周期相关信息，通过查表转发或者其他方式即可实现确定性转发。

2. 内生安全机制

考虑到未来网络业务对安全可信的需求，我们希望借鉴当前的经验和教训，自顶向下设计一套完整的、内生的网络安全架构。我们把网络需要解决的安全可信问题归纳为“端到端通信业务安全可信”和“网络基础设施安全可信”两大类，并分别提出相应的使能技术。

（1）端到端通信业务安全可信

端到端网络通信在 IP 地址真实性、隐私保护与可审计性的平衡、密钥安全交换、拒绝服务攻击等方面存在较大的安全威胁。面对以上安全威胁，未来网络可以根据安全目标及需求划分为不同的安全域，将不可信流量、攻击流量阻断在安全域外，将域内安全问题控制在安全域内，限制安全问题的扩散。在划分安全域的基础上，通过在不同安全域中的网络元素及协议中内嵌关键安全技术，提供可信身份管理、真实身份验证、审计追踪溯源、访问控制、密钥管理等安全模块，实现端到端通信的身份 /IP 安全可信、隐私信息最小化揭露、不合法行为可追踪溯源、DDoS 攻击可逐级防御、密钥安全可信等特性。端到端通信业务安全技术框架示意如图 6-24 所示。

（2）网络基础设施安全可信

除了端到端通信业务安全可信，支撑全球互联网运行的基础设施的安全性和可信性也需要增强。目前，互联网最重要的两大基础设施是路由系统和域名系统。这两大基础设施和其背后的安全可信模型都是中心化的，以某个可信的第三方作为整个系统的单一信任锚点。中心化的模型存在中心节点权限过大、单点失效等脆弱性，因此网络基础设施存在安全可信隐患，同时互联网的平等性和可靠性也会降低。为了构建一个更加平等、可靠和开放的互联网，未来互联网的基础设施需要以某种“去中心化”的方式作为安全可信的基础，以摆脱中心化模型导致的安全隐患和信任危机。

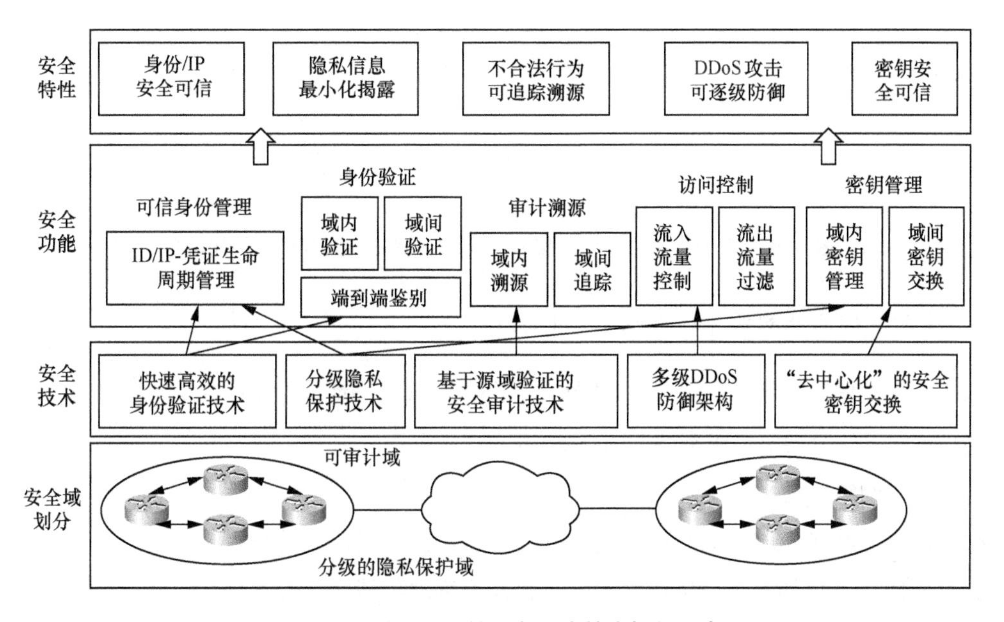

图6–24　端到端通信业务安全技术框架示意

在未来网络中，可以采用以分布式账本技术为代表的“去中心化”技术来构建基础设施的可信根。分布式账本等“去中心化”技术不存在单一可信锚点，所有节点平等，并且带有全部信息副本，因此更加可信和安全。在此基础上可以构建统一的资源管理平台，实现网络核心资源（例如 IP 地址、域名、AS 号及其他未来可能的资源类型）的申请和管理，并提供不依赖于第三方的资源所有权证明。资源所有者可以发布其所拥有资源的相关映射信息，例如 AS/IP 映射、IP/ 域名映射等，基于资源间的映射信息，可以进一步实现边界网关协议宣告和 DNS 查询的基本能力。资源所有权不依赖于单一信任实体，因此基于此上的所有信息均可信、可验证。基于“去中心化”技术的网络基础设施安全可信架构示意如图 6–25 所示。

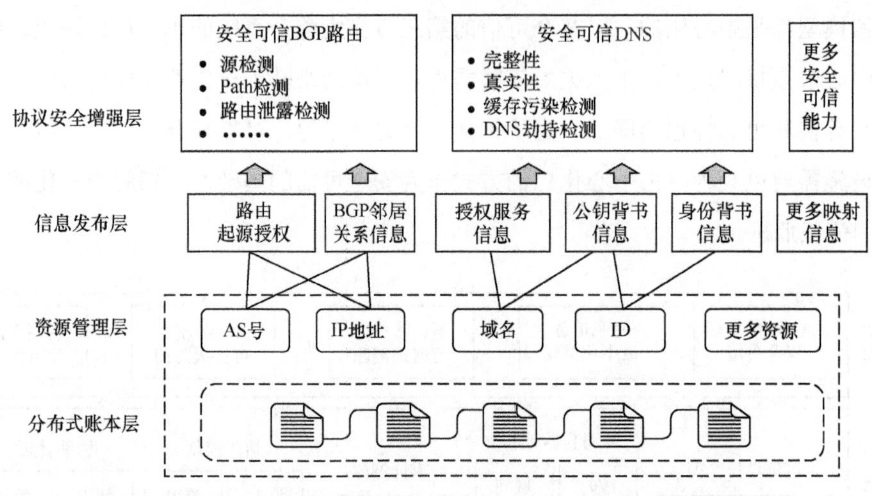

图6-25 基于“去中心化”技术的网络基础设施安全可信架构示意

3. 面向万网互联的新寻址与控制机制

未来数据网络技术将打破现有IP的弊端，采用变长网络地址、多样化的寻址方式，同时支持网络可编程，更好地支撑未来的网络业务。

（1）变长网络地址

数据网络经历了40余年的快速发展，作为其核心的TCP/IP均是定长、定界、定序的。随着未来互联网业务更加繁荣，各种异构网络、异构终端都需要连接互联网，并且具有不同的通信需求。此时迫切需要打破网络协议定长、定界、定序的设计约束，提出一种新型的、支持地址长度可变的网络协议。

新的网络层协议将采用变长的、结构化的地址设计。网络设备可以为不同长度的地址建立统一的路由转发表项。不同的网络地址将共存于数据报文中，网络设备则根据任意长度的地址进行路由表查找操作，从而决定数据报文的下一跳。据此，未来数据网络可以根据网络规模平滑扩充地址空间，无须修改旧的网络地址配置。网络互联和扩容不依赖于协议转换或者地址映射网关设备，使组网方案更加灵活。因此，未来的数据网络可以同时满足海量通信主体引起的长地址需求及异构网络互联带来的短地址需求。

（2）多语义寻址

未来数据网络支持多样化的寻址方式，网络地址不仅可以标识主机，还可以标识各种虚拟实体及异构节点，例如，人、内容、计算资源、存储资源等。路由器既可以支持传统的拓扑寻址，又可以支持主机ID寻址、内容名字寻址、OTT私有名字寻址、计算名称、参数寻址等。

引入多样化的寻址实体可以将主机、用户、内容、计算资源等与拓扑解耦，通过各自的地址空间进行路由。这种打破传统网络单一拓扑寻址的设计具有两个优势：第一，多样化的寻址方式可以消除对额外映射系统的依赖，进而消除映射系统所引入的时延、隐私及单点故障等问题；第二，新网络中的多样化地址与拓扑解耦，能够有效支持各类物理、虚拟通信实体的泛在移动。

（3）用户可定义

现代芯片技术的发展使终端的能力越来越强大，同时网络的能力也在提高。这种技术的长足发展促使新的网络应用呈爆发式增长。然而作为终端与网络的唯一接口的IP，没有发生太大变化。这导致用户侧的需求无法被完整、及时地传递给网络侧，同时终端也缺乏感知必要的网络状态的能力。网络5.0希望通过对IP进行优化，解决上述问题。

新的设计理念将指令、信息封装在数据报文中，由这些指令、信息来确定网络设备的处理逻辑，实现可编程网络协议的效果，以灵活支撑未来的各种网络业务。例如，从终端往网络方向侧，允许用户定义网络功能、低时延转发、大带宽转发、有底线需求、订阅丢包通告、时延容忍度、收集OAM信息等。从网络往终端方向侧，允许用户感知网络状态、报文传输路径、是否发生拥塞、中间设备处理信息等。

4. 新传输层技术

新传输层技术的目标是支撑未来新型媒体通信模式和潜在高吞吐业务的需求。基于已有的协议基础与技术能力，新传输技术的演进方向主要集中在以下3个层面。

① 结合上层业务特征对传输策略进行表达。

② 感知下层网络性能对传输参数进行调整。

③ 结合其他技术（例如编码技术）增强信息本身的抗损和传输能力。

新传输层技术架构示意如图6-26所示。

新传输层提供向上与向下的能力接口，即应用层接口和网络层接口。上层应用结合业务特征，例如损失可容忍、服务等级约束等，向传输层表达传输策略的需求。同时，终端侧程序通过带内或带外的信令实时获取网络状态与各个链路的关键性能信息，实时调整传输策略的具体参数。面向网络5.0所关注与支持的重点场景，新传输层的关键技术包括超大吞吐量、并发多路大带宽和传输可定义。

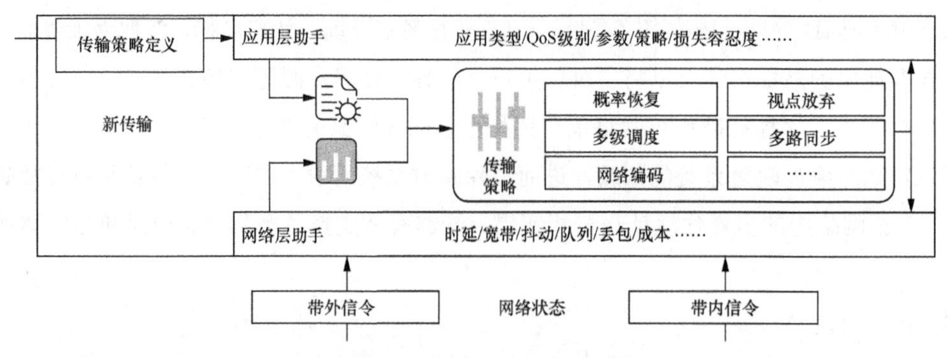

图6-26 新传输层技术架构示意

① 超大吞吐量：结合网络编码技术，适应复杂多变的网络环境，动态反馈式调整编码冗余效率，避免重传，提供超大吞吐量，大幅降低数据流完成的时间，提高传输效率。

② 并发多路大带宽：网络感知接口通过带内带外信令及网络设备的配合，规划并发多路径，避免单一瓶颈链路，精准掌握网络多路径状态参数，为多路传输的策略优化、调度算法、编码策略等提供决策支撑。

③ 传输可定义：应用感知接口通过上层应用对传输内容特征进行描述，定义传输策略，表达对数据优先级、服务质量、损失容忍的能力，选择匹配的传输策略。

5. *灵活可定制的差异化网络服务*

不同的业务对网络服务能力的要求有所不同，网络需要提供灵活可定制的差异化服务能力，即在统一的基础设施上能够按需建立虚拟或物理的端到端的逻辑专网。每个逻辑专网承载不同的业务应用。逻辑专网技术可以应用在电信运营商骨干网等各种承载网场景下。

灵活可定制的差异化网络服务示意如图 6-27 所示。

根据承载网支持的能力不同，逻辑专网可以是软逻辑专网，也可以是硬逻辑专网。软逻辑专网是在基于统计复用的网络上通过各种虚拟专用网络技术实现的虚拟网络。硬逻辑专网是通过物理硬件技术（例如，IP 硬管道等）实现的虚拟网络。根据承载网络基础设施能力的不同，可以选择不同的技术实现逻辑专网的部署，以提供不同的业务应用，并保证端到端业务的隔离性。根据不同业务应用的 SLA 为逻辑专网分配不同的虚拟或物理资源，具体来说，SLA 包括用户数、QoS、带宽等参数，不同的 SLA 定义了不同的通信服务类型。

此外，网络架构上还需要基于基础设施平台提供对逻辑专网的整个生命周期管理，包括逻辑专网的创建、激活，运行状态的监控，资源更新、迁移、扩容、缩容、删除等管理功能，实现逻辑专网在网络中根据不同业务需求的灵活部署，支撑网络服务差异化的应用场景和需求，提升未来网络高质量、高效独立的闭环管理与应用的能力，促进通信技术与上层业务应用的高效融合。

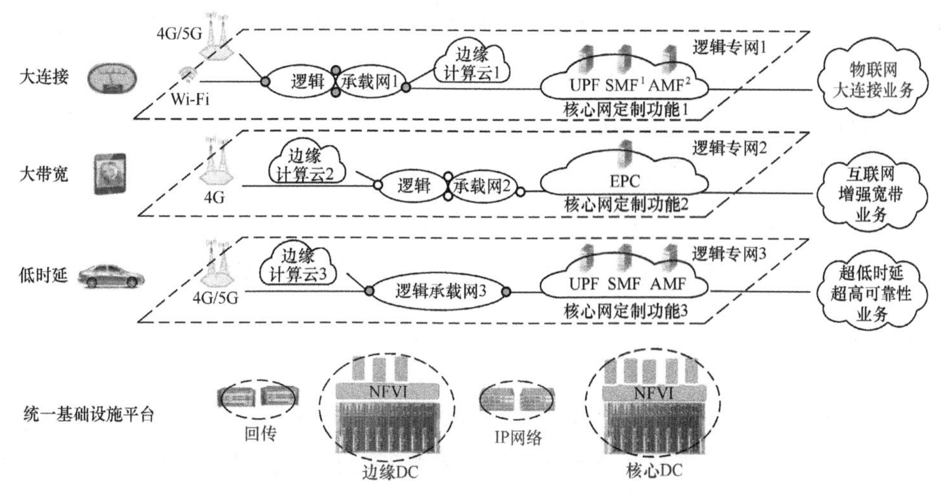

1. SMF：Service Management Function，业务管理功能。

2. AMF：Access and Mobility Management Function，接入和移动管理功能。

图6–27　灵活可定制的差异化网络服务示意

6. 面向服务的路由

面向服务的路由（Service-Oriented Routing）旨在改变传统 IP 基于拓扑的单一路由寻址机制，直接以服务标识或类型作为寻址依据，以优化服务，获取时延，并根据各种通信实体差异化的需求，对服务标识、实体 ID 等实施路由策略。

面向服务的路由机制需要服务端、网络端和用户端的协作来完成。面向服务的路由示意如图 6-28 所示。

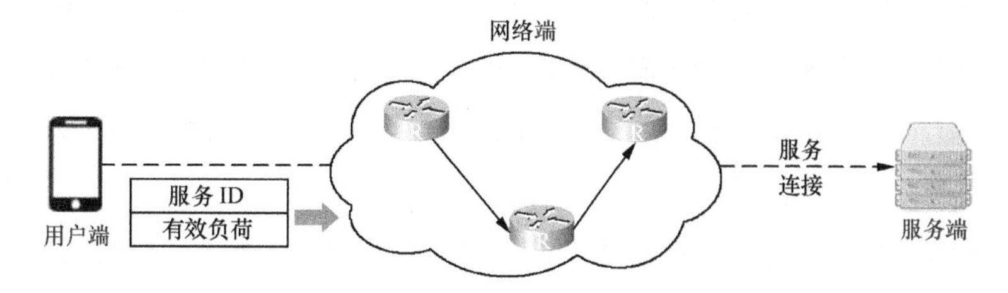

图6–28　面向服务的路由示意

用户端和服务端将根据网络设定达成服务标识生成规则的共识，例如按照算法 F 为服务名 / 域名生成服务 ID 及必要的冲突检测和解决机制。据此，用户端无须通过映射系统就可以获知网络可路由的服务 ID，因此可以跳过当前比较耗时的 DNS 过程，缩短服务获取的时延。

由通信实体端侧（用户端和服务端）生成并维护的标识系统，需要网络设备进行路由通告并在网络中形成该标识的转发表项。不同的通信实体端侧系统可以生成并维护多种标识，网络设备将使用标准化的协议为多样化的标识提供路由转发能力支撑。

在上述过程中，网络可以对上述通信过程实施首包服务寻址、时延服务器绑定、用户体验寻址、泛在移动支持等优化措施。因此，面向服务的路由机制可以用于 MEC 场景、内容分发网络（Content Delivery Network，CDN）等场景，给时延敏感的服务带来明显的收益，提升用户的服务体验。该方案可以基于 IPv6，以最小的代价部署于现有的网络体系中。

7. 基于意图的网络

基于意图的网络（Intent-Based Network，IBN）是一种在掌握自身“全息状态”的条件下，基于人类业务意图，借助人工智能技术进行搭建和操作的闭环网络架构。IBN 提供网络基础设施全生命周期的管理，包括网络设计、实施、配置和运维，可以提升网络的可用性和敏捷性。

基于意图的网络包括以下 4 个部分。

① 意图翻译和验证：系统从用户获取业务策略（意图），将其转换为网络配置；同时在网络模型上验证配置是否能满足业务策略。

② 自动化配置：通过网络自动化或网络编排完成网络基础设施的配置。

③ 网络状态感知：实时获取网络运行状态。

④ 意图检测 / 自动修复：实时验证业务意图是否得到满足，并且在意图无法满足时自动修复或通知用户。

基于意图的网络架构如图 6-29 所示。

业界目前尚无完整的 IBN 商业化方案，未来 IBN 有以下 3 个关键研究方向。

① 意图的智能识别和翻译：IBN 需要精确识别用户意图，或者从随机的操作流程中智能捕获用户意图。设计简便、友好的用户界面方便输入用户意图，以及运用 AI 技术精确识别用户意图都是构建高效 IBN 系统的基础。

② 意图的验证：翻译后的配置在自动下发到实际网络前，需要先在网络模型上验证是否正确。大数据、AI、云计算等技术可以运用于构建高效的虚拟网络模型。

③ 接口的标准化：用户意图到控制器之间的北向接口需要从需求视角对网络对象和能力进行抽象和标准化。同时，自动配置和网络状态的感知不关注底层网络差异，需要由标准化的 API 屏蔽。

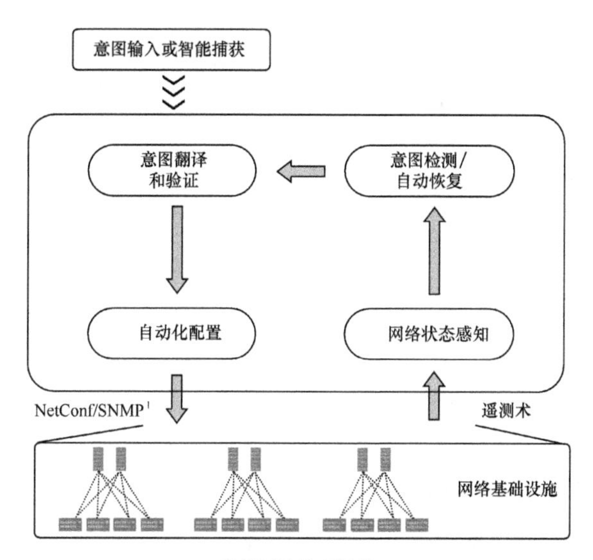

1. SNMP：Simple Network Management Protocol，简单网络管理协议。

图6–29 基于意图的网络架构

IBN 是面向端到端的高层智能网络架构，完整的 IBN 方案的部署必将加速数字化转型、云化进程、物联网发展，同时能够更好地应对未来网络面临的各种挑战。

8. 温敏网络

温敏，顾名思义，就是根据温度变化快速做出反应。而温敏网络，则会根据网络的实时质量迅速给出反应动作，从而优化用户体验和提升网络吞吐量。温敏网络示意如图 6–30 所示。

随着智能时代的来临，网络承载的业务从公众网络渗透到垂直行业，新型业务的低时延和大带宽需求，流量波形、流向在毫秒级周期内变化剧烈，给流量调度带来了很大的挑战。传统的技术关注粗粒度的链路质量监控，缺乏对业务流的微观刻画，难以自适应网络质量的快速变化，只能以轻载来换取对业务的保障。

温敏网络吸取了集中式和分布式的优点，通过集中式控制器规划负载分担多路径和多路径负载分担的分摊比例，通过分布式的设备数据面引入毫秒级的网络质量监控技术，将拥塞路径的某些流负载分担到其他轻载路径上，最终获得全网负载分担均衡、最高通量和最佳时延体验，充分释放网络基础设施的潜能。

温敏网络可以应用于传统多协议标记交换（Multi–Protocol Label Switching，MPLS）、MPLS 分段路由和 MPLS 分段路由 IPv6 的应用场景。该技术要求边缘节点智能，中间节点无感知。

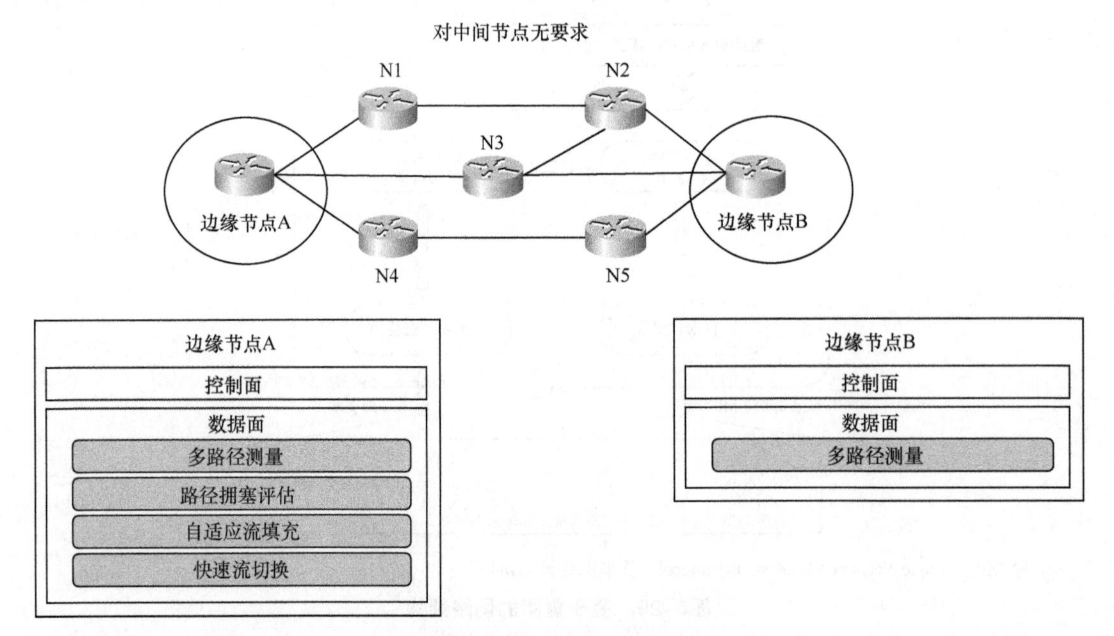

图6-30　温敏网络示意

6.5.5　网络 5.0 创新联盟全球产业及标准合作布局

1. 网络 2030 焦点组

网络 2030 焦点组（Focus Group on Network 2030，FG NET-2030）于 2018 年 7 月成立，旨在探索面向 2030 年及以后的网络技术发展，包括新的媒体数据传输技术、新的网络服务和应用及使能技术、新的网络架构及演进。

2018 年 8 ～ 9 月，ITU-T SG13 与网络 5.0 创新联盟通过邮件进行了联络，在未来网络场景及需求、架构与关键技术等方面建立了良好的合作关系。

在 FG NET-2030 第二次全会期间，网络 5.0 创新联盟向 FG NET-2030 提交了文稿《NET2030-I-035》，同时，网络 5.0 技术工作委员会主任出席会议，并与 FG NET-2030 主席理查德就后续联动展开深入交流与讨论。

网络 5.0 创新联盟成员单位在 FG 各子工作组中提交了多篇文稿，涉及光场三维显示、沉浸式技术支撑的工业监测、远程医疗等应用场景的需求分析，以及对未来网络服务的定义、网络架构的思考等。FG NET-2030 副主席和成员也多次在网络 5.0 创新联盟的会议上分享焦点组的研究进展等。

2. ETSI NGP ISG

2015年年底，华为、英国电信集团等单位在ETSI联合发起并成立了下一代网络协议（Next Generation Protocol，NGP）工业规范组（Industry Specification Group，ISG），旨在联合业界伙伴共同推进网络协议的持续演进。目前已发展成员近30家，思科、VDF、TLF、三星等均为重要的产业成员。网络5.0创新联盟的多家成员单位已在NGP ISG推动了多个标准立项，包括自组织控制与管理、新传输层技术、网络切片及确定性IP等。

3. IETF/IRTF

IETF是全球互联网最具权威的技术标准化组织之一。目前，网络5.0创新联盟各工作组主要关注的领域包括路由域、Internet域、传输域和安全域，正在IETF/IRTF中进行相应的标准布局与推动：近景技术围绕IETF工作组展开，推动技术标准化落地，引领创新；远景技术围绕IRTF研究组展开，进行标准前预热，探索研究路线。

网络5.0创新联盟自成立以来，在IETF/IRTF中进行了多个关键技术的推动，例如，分别在DetNet、TSVWG、Spring、6man、LSR、MPLS等工作组，推动确定性网络技术在架构、调度机制、协议扩展、数据面封装等方面的发展；宣讲寻址技术并组织了相关会议进行讨论；在IoT领域发布了非对称地址技术；在ANIMA工作组推动了自组织网络技术的发展；在IRTF中宣讲DII技术。

4. 中国通信标准化协会

中国通信标准化协会（CCSA）是我国通信技术领域的标准化组织，一直致力于国家通信发展的标准制定，为各个标准提供了从研究、开发到发布的平台。2018年，中国通信标准化协会成立了多个技术标准推进委员会，旨在为小众团体标准制定提供更多便利的通道，使中国通信标准化协会成为一个更大的、更有包容性的标准制定平台。为推动数据网络的分代研究，加强整合式创新能力，开展新型网络与高效传输的全技术链研发，推进标准化进程，中国通信标准化协会成立了“网络5.0技术标准推进委员会”（TC614）。网络5.0创新联盟已经与网络5.0技术标准推进委员会开始了合作，共同推进网络5.0架构、关键技术方面的前期探索。

中国通信标准化协会的网络与业务能力技术工作委员会（TC3）主要负责信息通信网络的

总体需求、体系架构、功能与性能、业务能力、设备、协议，以及相关的新型网络技术的研究及标准制定。网络 5.0 创新联盟重点研究的确定性 IP、自组织网络等技术已在 TC3 中完成标准立项，后续将继续推动其他技术进行标准立项。

5. 通信软科学研究计划项目

2018 年 7 月，网络 5.0 创新联盟的 8 家成员单位（中国信息通信研究院、华为、中兴、新华三、锐捷、中国科学院、盛科、迈普）联合承担的通信软科学研究计划项目“下一代数据网络演进技术路径研究”，以网络 5.0 技术框架为基础，成功通过结题答辩。与会专家给予了高度评价，认为该课题提出了下一代数据网络升级演进和技术创新的新思路，即采用有限目标、分代研究的方法持续推动数据网络技术继续向前发展迈进。该项目研究内容全面、逻辑清晰，研究成果对下一代数据网络的技术创新和基础设施建设具有重要的参考价值。

6. 国家重点研发计划

国家重点研发计划由中央财政资金设立，旨在针对事关国计民生的重大社会公益性研究，以及事关产业核心竞争力、整体自主创新能力和国家安全的重大科学技术问题，突破国民经济和社会发展主要领域的技术瓶颈。“宽带通信和新型网络”是 2018 年国家重点研发计划中 25 个重点专项之一，总体目标是开展新型网络与高效传输全技术链研发，使我国成为普适性 IP 网络和媒体网络与产业未来发展的重要主导者，为“网络强国”和“互联网 +”的实施提供坚实的技术支撑。

2019 年 5 月，网络 5.0 创新联盟的 10 家成员单位联合（由中国科学院计算机网络信息中心牵头，中国信息通信研究院、清华大学、华中科技大学、华为、中兴、迈普、中国移动、中国电信、中国联通参与），基于网络 5.0 技术框架成功通过了 2018 年国家重点研发计划“宽带通信和新型网络”重点专项“新型网络技术”之“基于全维可定义的新型网络体系架构和关键技术（基础前沿类）”的评审答辩。该项目以网络技术创新为驱动，以 IP 为突破口，设计全维度可定义、协议操作灵活、安全机制内生化的下一代网络协议体系，突破寻址、路由、确定性 QoS、内生安全等下一代网络核心技术，发表高水平学术论文，申请发明专利，研发验证系统，开展试验验证。

6.5.6 应用前景

展望未来，网络 5.0 产业和技术创新联盟将持续进行数据通信领域关键问题的技术创新与突破，完善网络 5.0 架构，制定网络 5.0 协议规范，开发原型，开展试验平台测试与验证，并与重点的国际 / 国内标准产业组织积极联动，切实推进网络 5.0 核心技术的标准化与产业化进程。

6.6 确定性网络技术

6G 时代是确定性网络广泛发展的时代，将从移动、固定网络独立发展的模式，向跨越融合发展的模式转变。移动网络需要吸收现有固网二层、三层确定性传输协议，实现与固网确定性机制的融合，即协议支持、协同调度、部署融合。6G 网络需要不断学习固网的确定性机制，优化网络性能，更新迭代网络技术，实现广域的确定性，突破移动性、空口的确定性、传统的 IP 转发规律等技术难点。确定性网络将在 6G 时代成熟并实现广泛应用。6G 网络确定性技术的发展，将使确定性网络真正成为垂直行业产业升级的核心引擎。

6.6.1 确定性网络简介

2021 年，全球总人口数量达到 78 亿，互联网用户数量达到 48 亿，截至 2022 年 1 月，全球互联网用户数量达 49.5 亿，同比增长 4%，互联网用户占总人口的 62.5%，每个互联网用户平均每天使用互联网的时间是 6 小时 58 分钟，通过手机访问互联网的用户占了 92.1%。激增的数据业务造成网络出现大量的拥塞崩溃、数据分组时延、远程传输抖动等。但 AR / VR、远程控制、智慧医疗、车联网、无人驾驶等应用对时延、抖动和可靠性有极高的要求。由此可见，仅提供“尽力而为”服务能力的传统网络，无法满足工业互联网、能源物联网、车联网等垂直行业对网络性能的需求。因此，面对“准时、准确”数据传输服务质量的需求，需要迫切建立一种能够提供差异化、多维度、确定性服务的网络。

6G 时代，确定性网络技术希望在网络设计之初就考虑异构接入、固移融合、协同管理，并吸取现有固网的二层、三层确定性传输协议，实现部署融合、协议支持、协同调度，从而获得端到端跨层、跨域的确定性数据传输。6G 时代将基于数据驱动实现真正的全场景万物互联，数字世界与物理世界的深度融合会加速多样化商业模式的爆发式增长。确定性网络技术可以广泛地运用到诸多垂直行业应用中，满足多种场景下对确定性服务质量的需求，为智能泛在、空天地一体化、全息通信等 6G 业务的实现提供技术保障。

确定性网络是因传统以太网在传输时通信时间不确定而诞生的，是指在一个网络域内为承载的业务提供确定性的服务质量保证，是端到端的概念，涉及终端、基站、承载网、核心网及应用等全流程。确定性网络需要具备“差异化 + 确定性”的服务能力，以满足不同行业应用对网络能力的差异化要求。网络中的确定性与非确定性数据可以共存，基于应用的需求进行计算，以资源预留的方式来保证确定性，并通过保护机制减少故障率、提高可用性。确定性网络的主要特征包括广域高精度时钟同步、端到端确定性时延、零拥塞丢包、超高可靠的数据包交付、资源弹性共享及与“尽力而为”的网络共存等。

确定性网络架构如图 6-31 所示，确定性网络架构分为 3 层，由上至下依次为确定性服务管理功能、确定性网络调度与控制中心、服务性能度量和保障。

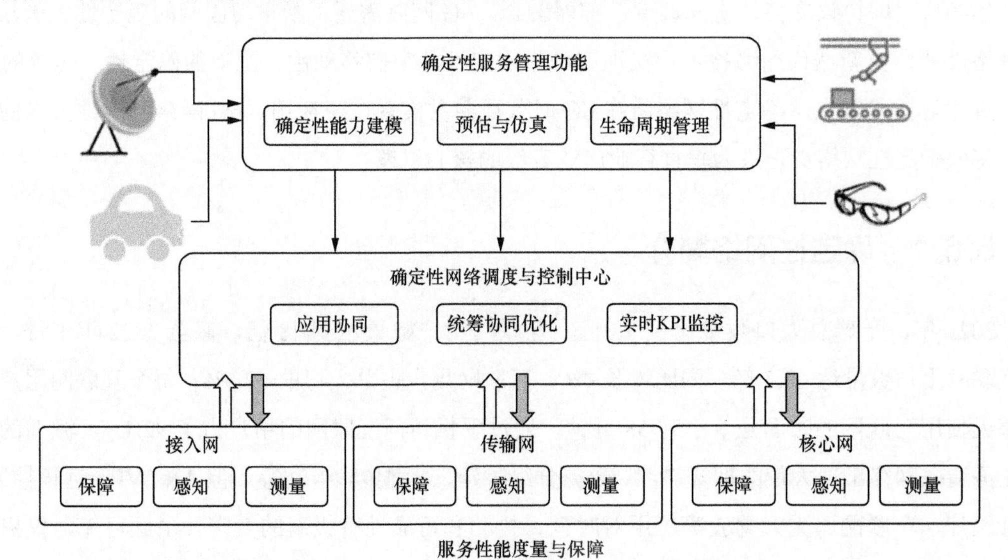

图6-31 确定性网络架构

顶层为确定性服务管理功能，主要针对不同行业业务的通信特征和要求进行输入和建模，通过生命周期管理将相关确定性服务下发到各网络域并进行统一管理。此外，还可以通过实时仿真和预测功能降低准入控制的成本和时延。

第二层为确定性网络调度与控制中心。第二层一方面要接收上层的需求信息，进行具体的资源池调度分配，另一方面要针对下层各域的网络情况进行多维度的服务 KPI 检测及性能的统筹优化。

底层为服务性能度量与保障。接入网、核心网、传输网通过实时测量、智能感知各个基站、终端的资源池使用情况，连同上层的跨域协同调度，共同保障确定性服务，提升端到端确定性网络的达成能力。

6.6.2 确定性网络关键技术

确定性技术实现涉及无线接入网、核心网、传输网、应用等多个环节。各网络子域之间基于管理面的需求分解，分别采用本域技术来保障确定性，当前并无技术上的深入协同。确定性网络关键技术主要包括以下 6 个方面。

1. 资源分配机制

资源分配机制沿着确定性数据流经过的路径，利用算力网络智能感知资源使用情况，逐跳分配缓存、带宽、空口等资源，从而消除资源竞争导致的抖动与丢包。

2. 服务保护机制

服务保护机制研究数据包编码用于解决随机介质错误造成的丢包，设计数据链路冗余机制防止设备故障丢包等。

3. 多维度 QoS 度量体系

多维度 QoS 度量体系增加 QoS 定义的维度，包括吞吐量、时延、抖动、丢包率、乱序上限等，研究多维度 QoS 的评测方法，建立度量体系。

4. 多目标路由计算

显式路由使确定性数据流避免因路由或桥接协议的收敛而产生临时中断，以多维度 QoS 为目标，研究多目标路由选路算法。

5. 广域高精度时间同步

广域高精度时间同步研究增强同步补偿技术，解决同步误差累积的问题，研究广域范围的高精度同步技术。

6. 多网络跨域融合

端到端跨越空口、核心网、传输网、边缘云、数据中心等多网络，多网络跨域融合研究跨域融合的控制方法和确定性达成技术。

6.6.3 应用前景

展望未来，确定性网络能力是 5G 向 6G 网络持续演进的方向，确定性网络能力的提升与实际部署仍然任重而道远。基于典型应用场景 SLA 需求及通信覆盖建设进度预估，结合 3GPP 规范与发展期望，总结出以下 5G 过渡到 6G 确定性网络规模商用的 3 个阶段，5G/6G 确定性网络产业规模商用节奏如图 6-32 所示。

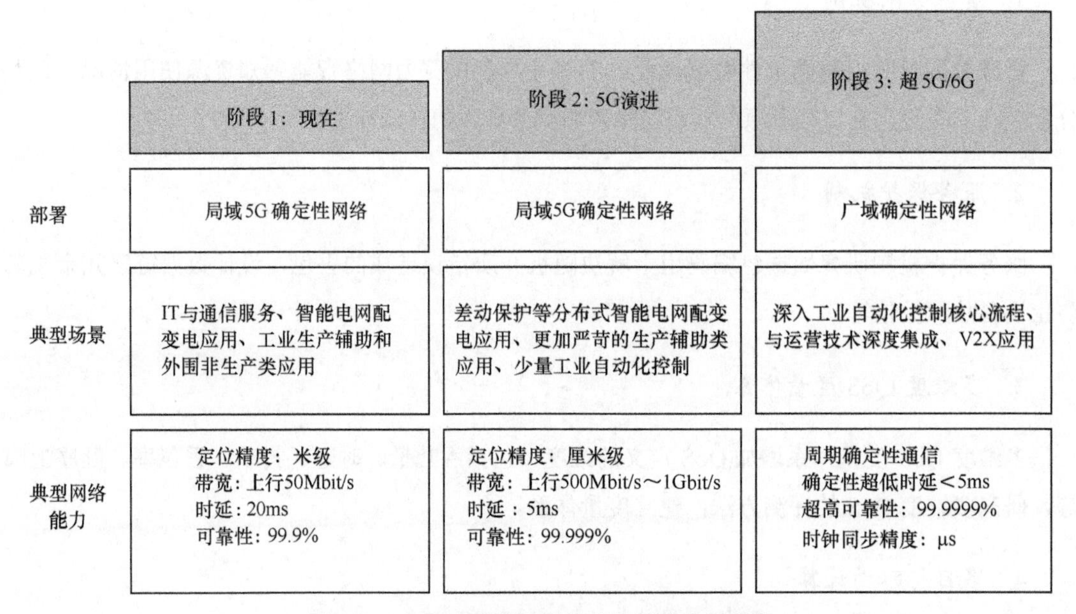

图6-32 5G/6G确定性网络产业规模商用节奏

在未来的行业场景中，单个网络往往会支持多个业务流，例如多个周期性的工业自动控制业务流。当多业务流并存时，时隙调度的冲突情况更加复杂。为实现更灵活的调度能力，应对复杂的调度情况，未来的网络需要在应用感知、网络与应用的协同调度上进一步改进。

6.7 小结

全球已开启了对 6G 移动通信技术的研究与探索，面对未来“万物智联、数字孪生”的 6G 网络愿景，一些候选技术发展方向正逐渐形成共识，云网关键技术、区块链技术、算力网络、网络 5.0 等潜在技术将有机融合，遵循兼容和创新并举的设计理念，将 6G 新业务、新需求与现有网络充分融合，共同实现 6G 网络整体架构。

第 7 章

6G 候选无线技术

7.1 太赫兹技术

7.1.1 技术概述

5G 刚开始商用，6G 已在路上。2019 年以来，各国先后宣布研发 6G 技术。芬兰以奥卢作为 6G 研发中心，希望利用诺基亚的行业优势取得领先地位；在韩国，三星、LG 等企业纷纷建立 6G 研发中心，争取比竞争对手更快进入 6G 市场；日本已发布第一份 6G 白皮书；美国更是想通过尽早部署 6G 缩短 5G 商用的时间，实现弯道超车。

我国发布《中国电子信息工程科技发展十大趋势（2019）》，其中的“第三大趋势”涉及 5G 与 6G。我国 5G 移动信息网络加速构建，推广完善但仍然存在挑战，同时，6G 研发正在加速布局。

目前，6G 候选技术层出不穷，并未统一意见，但是作为 6G 研究中至关重要的频谱选择，各国不约而同地将目标指向了太赫兹，将太赫兹作为 6G 基础候选技术并推进其商用进程。本节以 140GHz 的太赫兹为例，从覆盖能力、覆盖策略、组网关键技术等方面分析探讨太赫兹在 6G 时代的应用前景，以供参考。

目前，基于 5G 愿景的扩展和升级，各国提出 6G 愿景。在网络覆盖范围上，6G 将构建跨空域、海域、地域的空–天–地–海一体化网络，实现全球无缝覆盖；在接入方式上，6G 从移动蜂窝拓展到无人机、卫星、水声、可见光等多种接入方式；在服务边界上，6G 从人、机、物扩展到虚拟世界，实现人、机、物、境的协作；在网络智能化上，6G 将用户作为统一整体，通过智能助理挖掘用户智能需求。此外，在最基础、极其重要的网络指标上，6G 在网络速率、连接密度、时延、移动性、定位能力、频谱效率、网络能效等方面都比 5G 有很大提升。6G 与 5G 关键指标对比见表 7–1。

表7–1 6G与5G关键指标对比

指标	5G	6G	提升效果
速率	峰值速率：10Gbit/s ～ 20Gbit/s 用户体验速率：0.1Gbit/s ～ 1Gbit/s	峰值速率：100Gbit/s ～ 1Tbit/s 用户体验速率：20Gbit/s	10 ～ 100 倍
连接数密度	每平方千米 100 万个	每平方千米 1000 万个至 1 亿个	10 ～ 100 倍
时延	1ms	0.1ms，近似实时处理海量数据时延	时延缩短为原来的 1/10
移动性	＞ 500km/h	＞ 1000km/h	2 倍

续表

指标	5G	6G	提升效果
定位能力	室外 10m，室内 1m	室外 1m，室内 0.1m	10 倍
流量密度	10Tbit · s^{-1} · km^{-2}	（100 ～ 10000）Tbit · s^{-1} · km^{-2}	10 ～ 1000 倍
频谱效率	100bit · s^{-1} · Hz^{-1}	（200 ～ 300）bit · s^{-1} · Hz^{-1}	2 ～ 3 倍
频谱支持能力	Sub 6G 一般可达 100MHz，多载波聚合时可能实现 200MHz；毫米波频段一般可达 400MHz，多载波聚合时可能实现 800MHz	一般可达 20GHz，多载波聚合可能实现 100GHz	50 ～ 100 倍
系统能效	100bit/J	200bit/J	2 倍

从表 7-1 中可知，6G 速率要求在 5G 基础上提高 10 ～ 100 倍，作为 3G/4G/5G 重要指标的数据速率，一直是人们最关注的关键指标之一。频谱带宽是满足一定网络速率的基础。目前，5G 频谱已扩展到毫米波频段，为满足 6G 超高速率的要求，各国将目标指向了太赫兹。太赫兹被称为“改变未来世界的十大技术”之一，可能是 6G 时代的一个显著标志，其频谱资源十分丰富，能提供 100Gbit/s 以上的峰值数据速率。太赫兹通信具有传输速率高、保密性强等优点，在未来的 6G 网络中具有广阔的应用潜力。

7.1.2 网络覆盖

1. 频率选择

作为 6G 热点候选技术的太赫兹（0.1THz ～ 10THz）频谱资源非常丰富，考虑到电磁波特性频率越高损耗越大的特性，本书认为 6G 会首选较低频段进行网络覆盖。此外，由于大气吸收的非线性因素，实际频率选择主要考虑“大气窗口”频段，“大气窗口”指 140GHz、220GHz 等传播衰减较小的特殊频段。因此，本书以频率最小的 140GHz 为例，研究其在 6G 时代的覆盖特性，以做参考。其他频率覆盖特性可以类似计算，或者根据 IEEE 等相关组织未来提供的太赫兹传播模型进行分析计算。不同湿度条件下大气吸收与频率关系示意如图 7-1 所示。

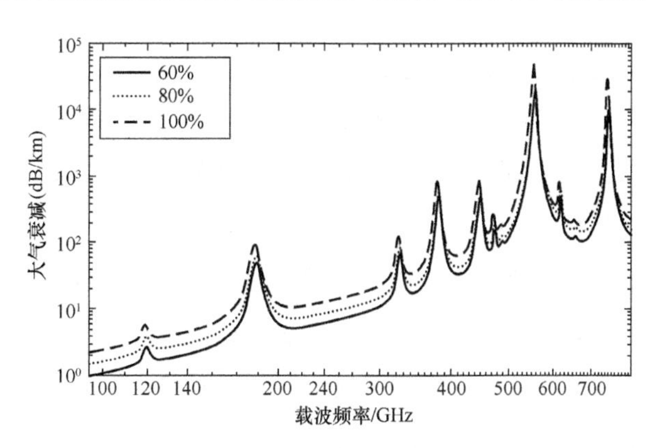

图7-1　不同湿度条件下大气吸收与频率关系示意

2. 链路预算

根据物理特性，频率越高，损耗越大，传输距离越近，太赫兹网络传输覆盖能力到底如何？下面尝试通过链路预算探索 140GHz 频段的覆盖能力。

目前并没有包含 140GHz 的成熟传播模型可以使用，最接近的是 3GPP TR 38.901 提出的 3D UMa 模型，适用频段为 0.5GHz ～ 100GHz。在没有成熟模型的情况下，本书采用 3D UMa 38.901 版本模型针对可能应用于 6G 的 140GHz、5G 现有商用频段 3.5GHz，以及 28GHz 的典型毫米波频段进行覆盖能力对比分析，估算分析三者之间的覆盖能力差异。

太赫兹频率高，因此需要特别关注穿透损耗。根据 3GPP TR 38.901 相关文献阐述，综合不同材料穿透损耗，外墙高损耗模型为 $5-\delta\times\lg\left(0.7\times\delta^{-\left(\frac{23+0.3f}{10}\right)}+0.3+\delta^{-\left(\frac{5+4f}{10}\right)}\right)$。经计算，3.5GHz、28GHz 和 140GHz 的外墙穿透损耗分别为 26.85dB、37.95dB 和 71.55dB。在实际应用中，建筑材质种类繁多，穿透损耗差距较大，这里我们综合取定了 5G/6G 主要场景下的穿透损耗，由于 140GHz 穿透损耗太高，下面专门对其浅覆盖（穿过约 1 层标准方格玻璃）情况进行对比分析。不同频率和地域下的综合穿透损耗见表 7-2。

表7-2　不同频率和地域下的综合穿透损耗

地域	损耗 /dB			
	频率为 3.5GHz	频率为 28GHz	频率为 140GHz	频率为 140GHz（浅层覆盖）
密集城区	25	35	65	30
城区	22	32	58	27

现在并未确定太赫兹单载波带宽，为方便计算，下面取定 140GHz 单载波带宽为 400MHz，是 3.5GHz 的 4 倍，同时将边缘速率要求和基站 / 终端发射功率定为 3.5GHz 的 4 倍，使单位频段上的发射功率相等，便于对比分析。

3GPP TR 38.901 协议规定，采用 3D UMa 模型进行链路预算，其中，基站天线统一取定 64T64R，终端天线统一取定 2T4R，设备参数暂按现网情况统一取定，基站天线挂高根据场景不同分别取值，穿透损耗、街道宽度和建筑物高度根据不同地域给出典型参考值。不同频率下链路预算对比分析见表 7-3。

表7-3　不同频率下链路预算对比分析

项目		下行				上行			
		10Mbit/s	10Mbit/s	40Mbit/s	40Mbit/s	1Mbit/s	1Mbit/s	4Mbit/s	4Mbit/s
系统参数	频段 /GHz	3.5	28	140	140（浅层覆盖）	3.5	28	140	140（浅层覆盖）
	小区边缘速率 /（Mbit/s）	10	10	10	10	1	1	1	1
	带宽 /MHz	100	100	400	400	100	100	400	400
	上行比率	20%	20%	20%	20%	20%	20%	20%	20%
	基站天线	64T64R	64T64R	64T64R	64T64R	64T64R	64T64R	64T64R	64T64R
	终端天线	2T4R	2T4R	2T4R	2T4R	2T4R	2T4R	2T4R	2T4R
	RB 总数 / 个	272	272	1088	1088	272	272	1088	1088
	上下行分配	20%	20%	20%	20%	20%	20%	20%	20%
	需 RB 数 / 个	108	108	432	432	36	36	144	144
	SINR[1] 门限 /dB	−1	−1	−1	−1	−4	−4	−4	−4
发射设备参数	最大发射功率 /kW	49	49	55	55	26	26	32	32
	发射天线增益 /dB	10	10	10	10	0	0	0	0
	发射分集增益 /dB	14.5	14.5	14.5	14.5	0	0	0	0
	EIRP/dBm（不含馈线损耗）	73.5	73.5	79.5	79.5	26	26	32	32
接收设备参数	接收天线增益 /dB	0	0	0	0	10	10	10	10
	噪声系数 /dB	7	7	7	7	3.5	3.5	3.5	3.5
	热噪声 /dBm	−174.00	−174.00	−174.00	−174.00	−174.00	−174.00	−174.00	−174.00
	接收机灵敏度 /dBm	−92.00	−92.00	−85.98	−85.98	−103.27	−103.27	−97.25	−97.25
	分集接收增益 /dB	2.5	2.5	2.5	2.5	14.5	14.5	14.5	14.5
附加损益	干扰余量 /dB	0	0	0	0	0	0	0	0
	负荷因子 /dB	6	6	6	6	3	3	3	3
	切换增益 /dB	0	0	0	0	0	0	0	0

续表

项目		下行				上行			
		10Mbit/s	10Mbit/s	40Mbit/s	40Mbit/s	1Mbit/s	1Mbit/s	4Mbit/s	4Mbit/s
场景参数（密集市区）	基站天线高度 /m	30	30	30	30	30	30	30	30
	阴影衰落（95%）	11.6	11.6	11.6	11.6	11.6	11.6	11.6	11.6
	馈线接头损耗 /dB	0	0	0	0	0	0	0	0
	穿透损耗 /dB	25	35	65	30	25	35	65	30
	基站天线高度 /m	30	30	30	30	30	30	30	30
	阴影衰落（95%）	9.4	9.4	9.4	9.4	9.4	9.4	9.4	9.4
	馈线接头损耗 /dB	0	0	0	0	0	0	0	0
	穿透损耗 /dB	22	32	58	27	22	32	58	27
MAPL/dB	密集市区	125.40	115.40	85.38	120.38	114.17	104.17	74.15	109.15
	一般市区	130.60	120.60	94.58	125.58	119.37	109.37	83.35	114.35
街道宽度 /m	密集市区	15.00	15.00	15.00	15.00	15.00	15.00	15.00	15.00
	一般市区	20.00	20.00	20.00	20.00	20.00	20.00	20.00	20.00
平均建筑高度 /m	密集市区	40.00	40.00	40.00	40.00	40.00	40.00	40.00	40.00
	一般市区	30.00	30.00	30.00	30.00	30.00	30.00	30.00	30.00
覆盖半径 /m	密集市区	242.38	45.92	3.38	26.93	124.57	23.60	1.74	13.84
	一般市区	472.92	89.60	8.37	52.55	243.05	46.05	4.30	27.01
站间距 /m	密集市区	363.58	68.88	5.07	40.40	186.85	35.40	2.61	20.76
	一般市区	709.38	134.40	12.55	78.83	364.57	69.07	6.45	40.51

1. SINR：Signal to Interference plus Noise Radio，信号与干扰加噪声比。

2. 现有厂商设备的 SINR 解调能力尚未明确统一，在 5G/6G 规模商用后，可根据商用经验对 SINR 取值进一步优化。

表 7-3 仅为理论分析，实际情况还将根据具体的业务需求、基站天线高度、建筑物损耗等情况发生变化。

3. *覆盖部署探讨*

（1）室外覆盖

由表 7-3 可知，在采用基站 64T64R、终端 2T4R 天线的情况下，140GHz 在密集市区的站间距不到 3m（3.5GHz 为 187m，28GHz 为 35m，3G/4G 一般为 300m ～ 500m），在一般市区的站间距也不到 7m（3.5GHz 为 365m，28GHz 为 69m，3G/4G 一般为 500m ～ 800m）。140GHz 的站间距不到 3.5GHz 和 28GHz 的 2% 和 10%，与传统 3G/4G 的网络覆盖能力相比差别就更大了。即使在浅覆盖（穿过约 1 层标准方格玻璃，传播损耗减少至少 30dB）的情况下，140GHz 在密集市区和一般市区的站间距约为 21m 和 41m，仍小于 28GHz 的站间距，140GHz 独立蜂窝组网的性价比较低。

表 7-3 是基于现有技术水平分析模拟出来的，未来，若发射功率、天线增益随技术水平提高而增加，那么站间距会有多大的提升呢？

① 发射功率。带宽越大，需要维持一定功率密度的情况下所需的功率就越高，表 7-3 已取定了高于现网 4 倍的发射功率，由于电池工艺、待机时间等有限制，再大幅提高功率较为困难，且能耗及运维费用较大，提升站间距的作用是有限的。

② 天线增益。根据现网 5G 天线参数，64TR 比 16TR 增加 3dB 左右，太赫兹波长较短，可以提高天线集成度，若将来天线能做到终端天线为 32T64R，基站天线为 1024TR，则上、下行天线增益约分别提升 7dB、5dB，由于天线规模越大效果越不明显，即使天线集成度高出许多，上行天线增益提升能达 10dB，也不适宜独立蜂窝组网。

由于太赫兹的穿透损耗较大，若完全不考虑室内覆盖，取现有天线参数计算，140GHz 在密集市区的站间距约为 123m，已经比较接近 3.5GHz 在密集市区的站间距（约为 187m）。若天线增益能再提高 10dB，则密集市区的站间距可达 223m，超过 3.5GHz 在密集市区的站间距。

因此，太赫兹室外覆盖无法像传统网络那样兼顾室内覆盖，也不适合采用传统宏蜂窝组网模式，可以通过大规模小站吸收容量的方式与 4G/5G 进行高低频混合组网。

（2）室内覆盖

室内覆盖主要考虑自由空间损耗和穿透损耗。根据自由空间损耗公式 Lbs =32.45+20lg*F*+20lg*D*，分别对 3.5G、28GHz 和 140GHz 这 3 个频段进行对比计算分析。不同距离和频率下自由空间损耗对比分析见表 7-4。

表7-4　不同距离的频率下自由空间损耗对比

频率	损耗 /dB						
	距离为 1m	距离为 5m	距离为 10m	距离为 20m	距离为 50m	距离为 100m	距离为 200m
3.5GHz	43.3	57.3	63.3	69.4	77.3	83.3	89.4
28GHz	61.4	75.4	81.4	87.4	95.4	101.4	107.4
140GHz	75.4	89.4	95.4	101.4	109.4	115.4	121.4

由表 7-4 可知，140GHz 的穿透损耗比 3.5GHz 的穿透损耗高 32dB，比 28GHz 的穿透损耗高 14dB，140GHz 在 5m 远的穿透损耗相当于 3.5GHz 在 200m 左右和 28GHz 在 20m 左右的穿透损耗。

针对穿透损耗，3GPP TR 38.901 相关文献阐述了不同材料下的穿透损耗，不同材料对应的穿透损耗见表 7-5。

表7-5　不同材料对应的穿透损耗

材料	穿透损耗（L/dB、f/GHz）
标准多层玻璃	$L_{glass}=2+0.2f$
红外反射玻璃	$L_{IRR\ glass}=23+0.3f$
混泥土墙	$L_{concrete}=5+4f$
木质结构墙	$L_{wood}=4.85+0.12f$

根据表 7-5 可以计算得出 3.5G、28GHz 和 140GHz 在不同材料下的穿透损耗，不同频率对应各材料的穿透损耗见表 7-6。

表7-6　不同频率对应各材料的穿透损耗

频率	损耗 /dB			
	标准多层玻璃	红外反射玻璃	混泥土墙	木质结构墙
3.5GHz	2.7	24.1	19	5.3
28GHz	7.6	31.4	117	8.2
140GHz	30	65	565	21.7

根据表 7-6 可知，140GHz 的穿透损耗远大于 3.5GHz 和 28GHz 的穿透损耗。由此我们可以认为，140GHz 的室内覆盖穿透能力很弱，主要通过海量的小站覆盖机场、商场等开阔场景。

综上，140GHz 的室内覆盖无法依靠室外网络进行覆盖兼顾，且 140GHz 室内覆盖基本穿透能力较弱，因此低流量场景的室内覆盖主要依靠 4G/5G 低频室外兼顾。在中、高流量场景中，写字楼、宾馆等隔断较多的场景以 4G/5G 有源室分覆盖为主，太赫兹吸收容量；在机场、商场、体育馆等开阔场景中，太赫兹有源室分 / 小站与 4G/5G 有源室分将发挥各自频段的优势，4G/5G 提供底层覆盖，太赫兹吸收容量，两者或将长期共存。

7.1.3　组网关键技术

太赫兹具有频段高、传输距离短、穿透损耗大等特点，6G 组网时需要使用一些技术手段来弥补覆盖弱点，提高性能优势，扩大应用范围。

1. 空-天-地-海一体化网络

6G愿景将构建跨空域、海域、地域的空-天-地-海一体化网络，实现全球无缝覆盖。空域主要依靠卫星覆盖，使用L（1GHz～2GHz）、S（2GHz～4GHz）、C（4GHz～8GHz）、Ku（12GHz～18GHz）、Ka（26.5GHz～40GHz）、太赫兹（0.1THz～10THz）、激光（384.6THz～789.5THz）等频段。卫星通信成本高，且卫星电量依靠太阳能，比较有限，主要用于应急通信；天空和海域主要依靠无人机、水声通信（使用水声频率，一般在几十赫兹到几百千赫兹）等进行覆盖补盲、无人区实时监测、应急抢险等业务。

在传统地面覆盖场景中，太赫兹将与4G/5G低频实现高低频混合组网，4G/5G低频提供广覆盖，太赫兹作为热点吸收容量，发挥各自的优势。混合组网主要有共站部署和非共站部署两种方式。部分基站/天面资源充足，覆盖广场、体育馆等空旷区域的基站进行共站部署，更多的太赫兹基站将通过射频拉远/小站等作为热点吸收容量或覆盖补盲。

空-天-地-海一体化网络采用了许多频段提供6G无缝覆盖服务，太赫兹主要作为容量吸收层提供超高数据速率和良好的用户体验。空-天-地-海一体化网络架构如图7-2所示。

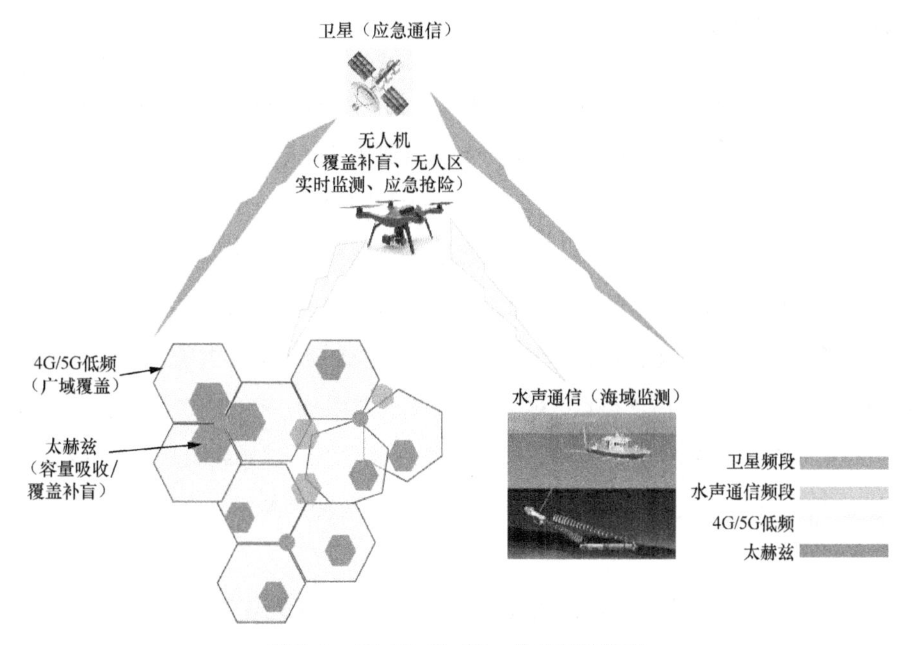

图7-2 空-天-地-海一体化网络架构

2. 同时同频全双工技术

全双工在5G时代是热点的候选技术之一，因干扰抑制、工艺技术水平等原因没有成为5G商用标准。现在，点对点室内全双工技术已有重大突破，射频域自干扰抑制芯片等核心器件已有样品产出，在中继、回传等场景已有部分产品出现并投入使用。未来几年，如果技术成熟，全双工基站间、全双工用户间的互干扰问题能够得到很好的抑制。相关芯片、设备商用化成熟，同时同频全双工技术的使用，将可能让太赫兹的峰值速率能够再提升一倍。

3. 超大规模天线技术

5G时代，大规模天线技术已经成熟商用，目前，主流商用产品已达到64T64R，太赫兹波长远小于现网5G主流频段3.5GHz，140GHz的太赫兹波长只有3.5GHz的四十分之一，从理论上分析，天线尺寸可以大幅缩小，1024TR及以上的超大规模天线将成为可能。随着精准定位、波束管理、大型智能表面、智能学习等技术的成熟商用，超大规模天线将在6G广泛应用，这可能使增益在现网64T64R天线的基础上再提高10dB以上。

7.1.4 应用前景

6G速率要求在5G基础上提高10～100倍，作为3G/4G/5G的重要指标数据，速率一直是人们关注的关键指标之一。频谱带宽是满足一定网络速率的基础，目前，5G频谱已扩展到毫米波频段，为满足6G超高速率要求，各国将目标指向了太赫兹。太赫兹可能是6G时代的一个显著标志。

太赫兹技术可以支持超大带宽和超高速率的通信传输，但其频段高，路径损耗较大，且穿透和绕射能力较差，易被建筑物和其他物体遮挡。太赫兹技术具有大带宽、超高速、短距离、安全等应用特点，未来有望应用于热点区域吸收容量、无线回传/光纤替代、无线局域网/个域网、无线数据中心和安全接入多种地面超高速通信场景，也可以通过搭载卫星、无人机、飞艇等天基平台和空基平台实现空–天–地–海多维度一体化通信，与微纳技术结合应用于从微观到宏观的多尺度通信。

目前，已宣布研发6G的国家正在加快推进太赫兹技术研究。美国将太赫兹技术列为“改变未来世界的十大科学技术之一”，已经研发了一款频率在115GHz～135GHz的微型无线芯片，在 30cm 的距离上能实现 36Gbit/s 的传输速率；韩国把用于 6G 的 100GHz 以上的无线器件研发列为首要课题；日本也将太赫兹技术列为未来十年科技战略规划、十项重大关键科学技术之首。英国、法国、德国等国家也持续推进太赫兹通信技术研发。2019 年 11 月 3 日，我国正式启动 6G 研发，其中包括太赫兹无线通信技术与系统，目前已实现太赫兹通信关键技术和核心器件的自主可控，太赫兹技术研究处于国际先进水平。

一方面，太赫兹频谱资源丰富，能提供 100Gbit/s 以上的数据速率，且太赫兹波长短，射频器件和天线尺寸小，易于实现通信设备小型化。此外，太赫兹波束指向性强，有利于提高信息传输的保密性。太赫兹通信的关键技术包括太赫兹通信信道模型、太赫兹射频收发芯片和器件、太赫兹高增益与波束渐变天线、多种 6G 通信应用场景下的太赫兹电磁波传播特性和信道建模研究、超高速信号处理与数字电路等。这些关键技术都已取得重要进展，但要满足未来 6G 移动通信的要求，还需要持续进行技术攻关，提升技术能力。未来几年，如果相关技术能够成熟商用，太赫兹将真正成为改变未来的科学技术。

另一方面，太赫兹频率高、波束指向性强，其移动接入和覆盖难度较高。因此，笔者认为太赫兹与 4G/5G 不是相互取代的关系，而是长期共存的关系。未来，在 6G 空–天–地–海一体化网络中，太赫兹与其他频段优势互补，发挥各自的作用。

7.2　无线光通信

7.2.1　技术概述

无线光通信（Optical Wireless Communication，OWC）主要是指用红外线（Infrared，IR）、可见光（Visible Light，VL）或紫外线（Ultraviolet，UV）进行的通信，OWC 的传播介质是红外线、可见光或紫外线。

1. 红外线

红外线是波长介于微波与可见光之间的电磁波，波长为 760mm ～ 1nm，比红光长的非可见光。

红外线又分为：近红外（Near Infrared，NIR），波长为 0.7μm ～ 2.5μm；中红外（Middle Infrared，MIR），波长为 2.5μm ～ 25μm；远红外（Far Infrared，FIR），波长为 25μm ～ 500μm。

2. 可见光

可见光是电磁波谱中人眼可以感知的部分，可见光谱没有精确的范围，一般认为可见光波长为 360nm ～ 760nm（频率为 390THz ～ 830THz）。

3. 紫外线

紫外线是指电磁波谱中波长为 10nm ～ 400nm（频率为 790THz ～ 30PHz）辐射的总称，一般不能引起人们的视觉感知。

4. IR、VL、UV 对比分析

IR、VL 和 UV 技术特点对比分析见表 7-7。

表7-7 IR、VL和UV技术特点对比分析

对比项	IR	VL	UV
波长	760nm ～ 1mm	360nm ～ 760nm	10nm ～ 400nm
通信距离	• LiFi[1] 和 OCC[2]：中短距离 • FSOC[3]：超短、短、中、远、超远距离	• VLC[4]、LiFi、OCC：短、中距离 • FSOC：超短、短、中、远、超远距离	• LiFi：短、中距离 • FSOC：超短、短、中、远、超远距离
优势	人眼不可见，适合不需要照明的场合	• 对人类安全 • 可同时用于照明和通信	• 人眼不可见，适合不需要照明的场合 • NLOS[5] 下仍有可能高速率
局限性	• 并非对人类总是安全的 • LOS[6]：NLOS（利用 IR 反射）速率较低	• LOS：NLOS（利用光反射）速率较低 • 在不需要照明时有可见光	对人类不安全
通信技术	LiFi、OCC、FSOC	VLC、LiFi、OCC、FSOC	LiFi、FSOC
照明	无	有	无

1. LiFi：Light Fidelity，光保真。

2. OCC：Optical Camera Communication，光学相机通信。

3. FSOC：Free Space Optical Communication，自由空间光通信。

4. VLC：Visible Light Communication，可见光通信。

5. NLOS：Non-Line Of Sight，非视距。

6. LOS：Line Of Sight，视线线路。

5. 全频谱对比分析

将射频（Radio Frequency，RF）无线通信和无线光通信放在相应的频段一起分析，“无线电通信＋无线光通信”的频谱全景如图 7-3 所示。

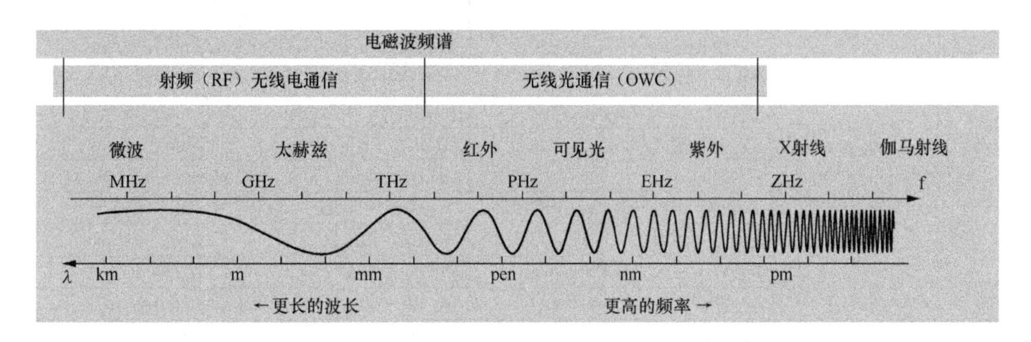

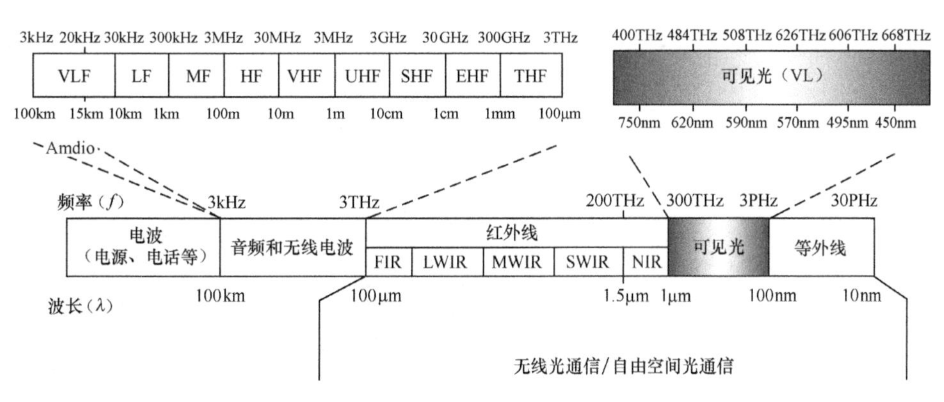

图7-3 “无线电通信+无线光通信”的频谱全景

通过详细的整理和分析，得出各细分频段的详细频率和波长，各频谱类别详细数据见表 7-8。

表7-8 各频谱类别详细数据

频谱类别/子类		频率	波长
无线电波	甚低频	3kHz～30kHz	100km～10km甚长波
	低频	30kHz～300kHz	10km～1km长波
	中频	0.3MHz～3MHz	1000km～100km中波
	高频	3MHz～30MHz	100km～10km短波
	甚高频	30MHz～300MHz	10km～1km米波
	特高频	0.3GHz～3GHz	10km～0.1km分米波
	超高频	3GHz～30GHz	100km～10km厘米波

续表

频谱类别/子类				频率	波长
无线电波	极高频/毫米波			30MHz～300MHz	10mm～1mm毫米波
	微波	P波段		0.225GHz～0.39GHz	1330mm～769mm
		L波段（国内：1GHz～2GHz）		0.39GHz～1.55GHz	769mm～193mm
		S波段（国内：2GHz～4GHz）		1.55GHz～5.2GHz	193mm～57.7mm
		C波段（国内：4GHz～8GHz）		3.9GHz～6.2GHz	76.9mm～48.4mm
		X波段（国内：8GHz～12GHz）		5.2GHz～10.9GHz	57.7mm～27.5mm
		Ku波段		12GHz～18GHz	25mm～16.67mm
		K波段（国内：18GHz～27GHz）		10.9GHz～36GHz	27.5mm～8.33mm
		Q波段（国内：27GHz～40GHz）		36GHz～46GHz	8.33mm～652mm
		V波段（国内：40GHz～75GHz）		46GHz～56GHz	6.52mm～5.35mm
		W波段		56GHz～100GHz	5.35mm～3mm
光	红外线	远红外		0.3THz～20THz	1mm～0.015mm
		热红外	长波红外	20THz～37.5THz	0.015mm～0.008mm
			中波红外	37THz～100THz	0.008mm～0.003mm
		短波红外		100THz～214.3THz	3000000mm～1400mm
		近红外		214.3THz～394.7THz	1400mm～760mm
	可见光	红		394.7THz～491.8THz	760nm～610nm
		橙		491.8THz～507.6THz	610nm～591nm
		黄		507.6THz～526.3THz	591nm～570nm
		绿		526.3THz～600THz	570nm～500nm
		蓝		600THz～666.7THz	500nm～450nm
		紫		666.7THz～833.3THz	450nm～360nm
	紫外线	紫外线A		750THz～952.4THz	400nm～315nm长波紫外
		紫外线B		952.4THz～1071THz	315nm～280nm中波紫外
		紫外线C		1.071PHz～3PHz	280nm～100nm短波紫外
		近紫外		0.750PHz～1PHz	400nm～300nm
		中紫外		1PHz～1.5PHz	300nm～200nm
		远紫外		1.5PHz～2.459PHz	200nm～122nm
		氢莱曼-α		2.459PHz～2.479PHz	122nm～121nm
		极紫外		2.479PHz～30PHz	121nm～10nm
		真空紫外		1.5PHz～30PHz	200nm～10nm
X射线		软X-射线		30PHz～3000PHz	10nm～0.1nm
		硬X-射线		3EHz～300EHz	100pm～1pm
伽马射线/宇宙射线				300EHz～30000EHz	1000fm～10fm

7.2.2 自由空间光通信

FSOC主要是指“自由”激光通信，在大气中传输的激光通信，可在陆地、天空和太空通信。FSOC带宽很广，数据传输率非常高，可提供超远距离（可超过10000km）和超短距离（小到芯片间）的通信。在OWC中，FSOC是应用较早的一类技术，相关技术和产业链比较成熟。

与传统的微波通信较相似，FSOC具有一定的可替代性和竞争性。FSOC与微波通信技术特点对比分析见表7-9。

表7-9 FSOC与微波通信技术特点对比分析

对比项	FSOC	微波通信
传输媒介	近红外、可见光、紫外线	毫米波
最大通信距离	大于10000km	大于100km
数据速率	40Gbit/s（通信距离20m）	12.5Gbit/s（通信距离5.8m）
干扰	低	高
环境影响	大	小
基础设施成本	较低	高

自由空间光通信的应用场景可参考以下多个示意图。FSOC的建筑间通信如图7-4所示。FSOC的芯片间通信如图7-5所示。FSOC的车间通信如图7-6所示。连接蜂窝基站到光纤的FSOC回传通信如图7-7所示。FSOC水下通信如图7-8所示。FSOC空天通信如图7-9所示。

图7-4 FSOC的建筑间通信

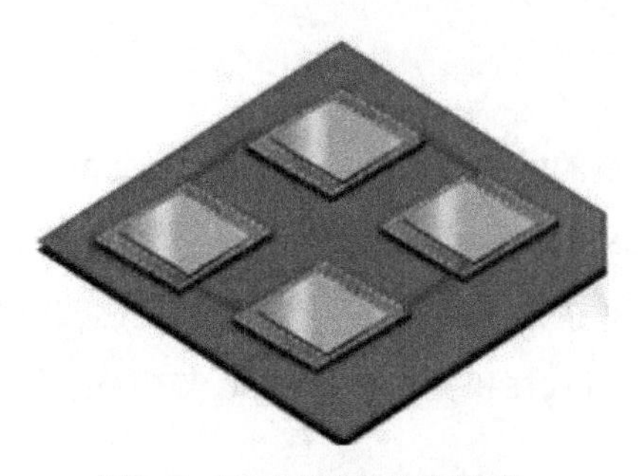

图7-5　FSOC的芯片间通信

图7-6　FSOC的车间通信

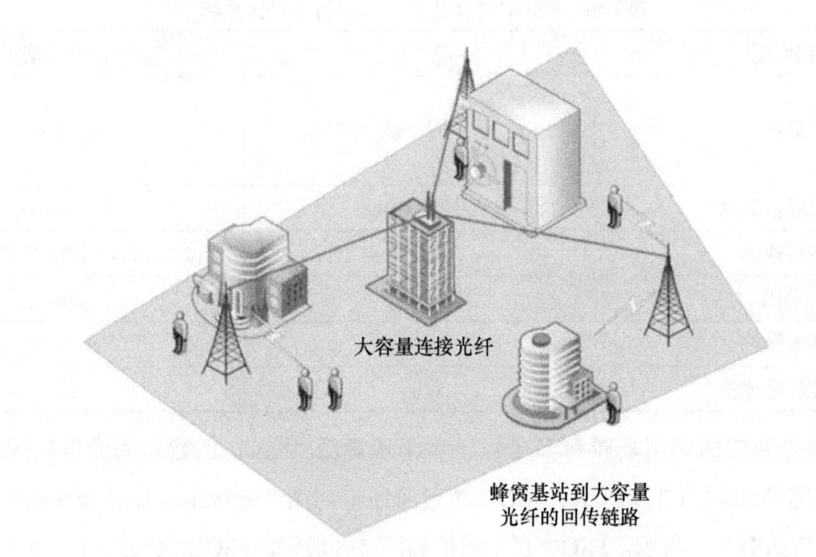

图7-7　连接蜂窝基站到光纤的FSOC回传通信

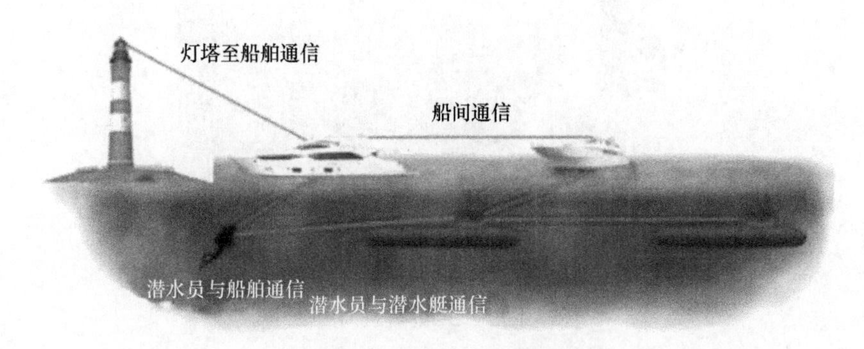

图7-8　FSOC水下通信

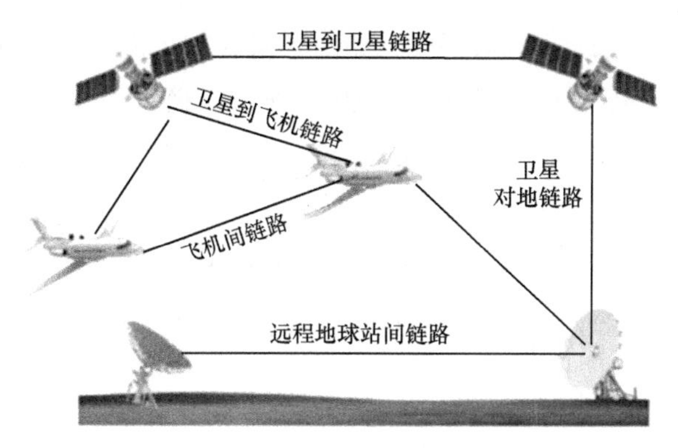

图7–9　FSOC空天通信

7.2.3　可见光通信

1. 技术简介及进展

VLC是一种利用可见光波作为信息载体进行信号传输的新型通信方式。VLC通常利用发光二极管（Light Emitting Diode，LED）高速的明亮变化来实现数据的快速传输，相当于莫尔斯电码的高级模式。用户只要利用特定的光电二极管接收到LED灯发出的光信号，光信号就可以被转换成电信号，实现用户与信号发送端的通信连接。

传统的光通信方式主要是利用近红外光与红外光进行有线与无线通信，例如，光纤通信与大气红外光通信。与传统光通信相比，可见光发出的光波肉眼可见，对人安全；传统光通信的光源主要是激光器，价格昂贵、功耗大且使用时不稳定。LED光源普及率高、成本低、功耗低，是一种将照明与通信结合的通信方式。

人眼感觉不出来LED灯快速闪烁的通信信号，其类似于每秒24帧的断续画面的胶片电影，在人类看起来是连续的。LED灯的闪烁是靠对光很敏感的光电探测器（Photoelectric Detector，PD）（通常为光电二极管）来感知的，PD把光信号转变为电信号，之后则与传统通信系统类似处理即可。

基于LED的可见光通信，在需要照明的地方安装最经济方便，家里的卧室、书房、客厅，公司的会议室、办公室、接待室，商场、机场、车站、码头、医院、学校等场景都需要照明，“照明即通信”。把LED安装在天花板上，它们就是一个个发射信号的“灯泡天线”。

目前，国内外可见光通信技术研究主要包括材料器件、高速系统、异构组网及水下通信4

个方面。在材料器件方面，目前，国内外涌现出了一些不同于传统商用 LED 的新型可见光通信光源，包括基于铟镓氮的高速可见光激光器、超辐射发光二极管、硅基 LED、Micro-LED 等，这些新型器件相较于传统的光源，具有调制带宽更宽等特点。在高速系统方面，爱丁堡大学利用四色 micro-LED 实现了 15.7Gbit/s 的最高传输速率。在异构组网方面，大气激光通信、光纤通信、室内可见光通信的异构融合网络正在研究中。在水下通信方面，我国已经利用硅基 LED 进行了水下 1.2m、传输速率 12.17Gbit/s 的实验，同时，利用大功率 LED 发射机实现了 100m 水下 1Mbit/s 的实地测试。

2. 关键技术

（1）组网特性

无线通信一般由下行链路（Downlink）和上行链路（Uplink）两部分组成，VLC 同样如此。VLC 基本结构如下。

① 下行链路。下行链路由 LED 光源、PD 及信号处理单元组成。LED 光源与信号处理单元组合作为发射部分，可发射调制后的可见光；PD 与信号处理单元作为接收部分，可接收发射光并转换处理获得原始信息。两部分之间存在多条光路径，每条路径从发射到接收耗时不同，因而存在符号间干扰（Intersymbol Interference，ISI）。

② 上行链路。上行链路和下行链路的组成结构基本相同。相较于下行链路，上行链路的 LED 光源的发射面积和发射角要小得多，同时上行链路的 PD 安装在吊顶上，可用来接收用户的光信号。

一般可见光网络由全双工 VLC 系统组成，全双工 VLC 系统通过在通信双方对称配置上行链路和下行链路实现双向同时工作。因为 VLC 系统中 LED 光源高速调制，人眼察觉不到灯光的明暗交错，所以其通信功能对 LED 照明没有影响。VLC 系统一般采用强度调制直接检测（Intensity Modulation Direct Detection，IM-DD），这种方式的特征在于 PD 所接收的光信号来自多个光源，即使部分光路径被遮挡，仍然可以实现通信，大大提高了系统的可靠性。基于 LED 的 VLC 系统示意如图 7-10 所示。

VLC 由于光源的特殊性，表现出许多优于传统光通信和射频通信的特点。

一是不受许可证限制。可见光不在无线电频谱管制范围内，因而不受许可证限制。

二是安全性。可见光对人体基本没有伤害，将照明使用的可见光作为通信介质，安全性极高。

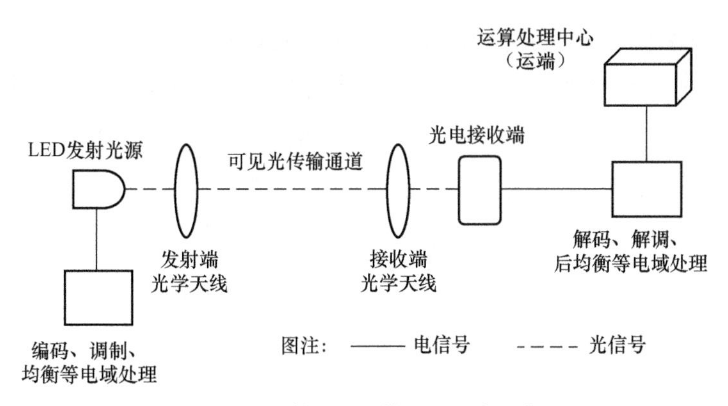

图7-10 基于LED的VLC系统示意

三是保密性。在封闭空间内，可见光无法穿越砖墙，因而外界无法获取通信内容，可以有效防止信息外泄。

四是不会产生电磁干扰。这一点对于飞机和医院极为重要，因为这些场合对于电磁干扰有着严格限制。

此外，可见光资源丰富、发射功率高等均为VLC的优势。然而，VLC通信路径损失较大，性能受温度影响较明显，因而暂时无法取代射频通信。

（2）系统模型参数优化

在室外VLC系统中，信号不受空间限制，只有直射通道，可用自由空间光通信的模型进行等效；在室内VLC系统中，信道模型需要考虑直射通道和封闭空间引入的许多一阶反射通道，多径效应会引入码间串扰和时延扩展。在某些实际情况下，可只考虑直射通道估算（增益远大于反射信道增益）。LED辐射遵循朗伯辐射模型，经分析，得益于多个光源信号在接收面的均化作用，基于LED阵列的VLC系统在光照度、信噪比和误码率等性能方面均优于基于单个LED的系统。此外，不同的LED阵列具有不同的信号叠加效果，导致不同的排列方式（包括个数、空间分布和辐射参数等）对应特定的系统性能，系统模型需要多次迭代优化才能减少盲区、削弱码间干扰，最终得到理想的性能指标。

（3）LED MIMO技术

类似于4G/5G的天线，LED灯也可以构成阵列使用，即LED的MIMO系统，可进行波束形成或预编码。

VLC系统一般采用LED发光阵列和光电探测阵列，以满足发射端和接收端都为多天线的通信系统，光学 MIMO 系统模型如图 7–11 所示。光学 MIMO 技术可扩大链路作用的范围，提高传输速率，而不需要增加系统带宽及发射功率，同时能增加链路可靠性，提高光谱效率。经分析，应用光学 MIMO 技术可在相同频谱资源下具有更高的传输速率，同时能够克服通信链路因室内移动人员和障碍物而断线的问题。当涉及 LED MIMO 技术多路信号收发时，需要关注同步问题，可采用分散插入法（信息码连贯性好，但同步建立时间长）、集中插入法（建立同步速度快，但信息码组连贯性差，同步效率偏低）或者两者结合等方式进行帧同步码插入和识别，确保收发数据的实时性和准确性。

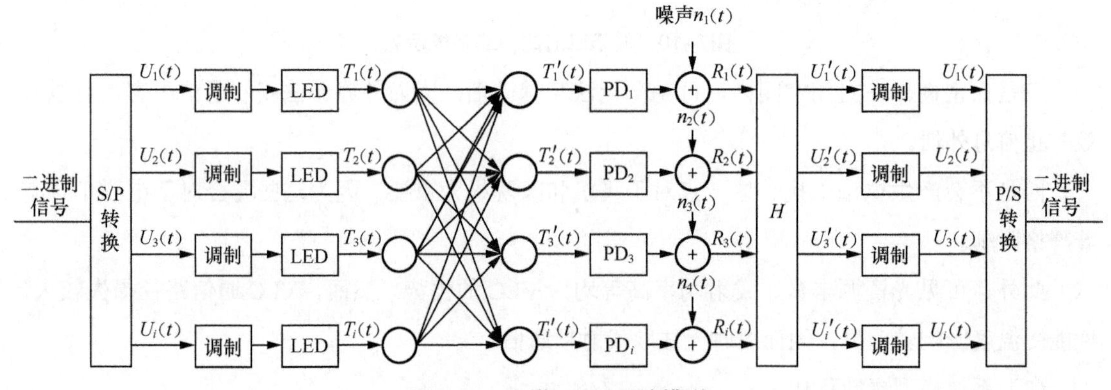

图7–11　光学MIMO系统模型

（4）调制、均衡技术

VLC 应用中较为先进的调制技术主要包括正交频分复用（Orthogonal Frequency Division Multiplexing，OFDM）、无载波幅相调制（Carrierless Amplitude-and-Phase Modulation，CAPM）和奈奎斯特单载波（N–SC）。OFDM 是一种新型高效的多载波调制技术，通过将高速串行数据变换为多路低速并行数据，并将其调制到每个子信道上进行传输，降低子载波传输速率的同时延长了码元周期，具有良好的抗多径干扰性能，非常适合室内 VLC 多用户传输。CAPM 属于多维多阶调制技术，通过采用两个正交的数字滤波器而省掉电或光的复数信号到实数信号的转换，算法复杂度低，频谱效率较高。N–SC 是利用升余弦滤波器进行光谱整形，使信道中的信号光谱变成理想矩形波，使信道间隔最小化的调制技术。

均衡技术分为预均衡和后均衡：前者可补偿器件和信道对信号造成的失真，提高光源响应带宽和传输速率，可通过硬件、软件预均衡实现；后者针对多径效应和信道频率衰减引入频率偏移、相位噪声等，以消除干扰，提高接收信号质量。因此，根据实际系统合理选择调制、均衡技术，能在很大程度上提高 VLC 系统的性能。

7.2.4 光保真

光保真（LiFi）是一种利用可见光波谱进行数据传输的全新无线传输技术。LiFi通过在LED上植入一个微小的芯片，利用电信号控制发光二极管发出人眼看不到的高速闪烁信号来传输信息，这种系统能够覆盖室内灯光达到的范围，计算机不需要电线连接，只需要在室内开启电灯，不需要Wi-Fi也可接入互联网。

LiFi具有大带宽、高速率的特点。它使光传播发生在我们周围的环境中，自然光能到达的任何地方，都有LiFi信号。LiFi技术运用已铺设好的设备（灯泡），只要在灯泡上植入一个微小的芯片，其就能变成类似于AP（Wi-Fi热点）的设备，使终端随时能接入网络。

LiFi虽然也属于无线光通信，但与可见VLC并非完全等同。

LiFi和VLC的主要区别如下。

① VLC是指可见光通信，LiFi在下行使用VL，因此LiFi的下行是可见光通信；但上行通常是IR、VL或UV，未必属于可见光通信。

② VLC系统可能是单向传输的，也可能是双向传输的，而LiFi必然是双向传输的。

③ LiFi能够提供无缝的用户移动性，而VLC并非必须提供移动性支持；VLC系统可能是点对点，也可能是点对多点，或者多点对点，而LiFi系统必须包括多用户通信，也就是说必须是点对多点或者多点对点。

只有当VLC系统具有LiFi特性（例如，多用户通信、点对多点和多点对点通信，以及无缝的用户移动性）时，它才会被视为LiFi；另外，LiFi系统只有在VL作为传输介质时才能被视为VLC。

VLC是一个宽泛的定义，只要是以可见光作为传输媒介的传输方式，都叫作VLC；而LiFi是一种类似Wi-Fi的特定网络，只是用到了VLC而已。

从技术特点和实际应用上，LiFi和Wi-Fi相似，具体替代性和竞争性，LiFi用的是光，Wi-Fi用的是RF，Wi-Fi可能会因辐射对人造成伤害，LiFi则是绿色安全的系统。由于光的不可透射性，LiFi具有很高的安全性，Wi-Fi加了密码仍可能被破解和盗用，LiFi有时可以不设置接入密码。

相较于Wi-Fi，LiFi也有无法绕射、透射的劣势。一般物体对光的反射能力很弱，想依靠光反射构成非视距（NLOS）通信相当困难，因此客厅的LED灯很难照射到卧室，如果想要在家里随处上网，就需要在各个房间安装LED灯。随着技术的发展，未来可以依靠智能反射镜和智能超表面等新兴技术来解决这个问题。

LiFi与Wi-Fi技术的对比分析见表7-10。

表7-10　LiFi与Wi-Fi技术的对比分析

对比项	Wi-Fi	LiFi
传输媒介	RF 电磁波	• 下行 VL • 上行 IR、VL 或 UV
最高数据速率	6Gbit/s （IEEE 802.11ad）	• 10Gbit/s（LED） • 100Gbit/s（LD）
通信距离	100m	10m
干扰	大	小
方向性	全向	有方向性
标准	IEEE 802.11	IEEE 802.15.7

7.2.5　相机通信

1. 技术简介

光学相机通信（OCC）通常被称为相机通信。VLC 的接收端可以分为 PD 和 camera 两种类型。传统意义的 VLC 主要是以 PD 为接收端的非成像通信，而 OCC 则是以相机为接收端的成像通信。

现在一般相机不用胶片而是用图像传感器（Image Sensor，IS），它能把光学图像转换成电信号，并将数码照片保存在手机等设备上。显然，这种图像传感器可以当成光信号的接收“天线”。图像传感器主要分为电荷耦合器件（Charge Coupled Device，CCD）图像传感器和互补金属氧化物半导体（Complementary Metal Oxide Semiconductor，CMOS）图像传感器。CMOS 比 CCD 省电，目前手机大部分使用的是 CMOS。两者除了在工艺与材料上有区别，在成像原理上也有区别（或者说是快门的工作机制不同）。

（1）基于 CCD 的 OCC

CCD 采用的是全局快门，即图像传感器的每行像素在同一时间段内曝光，CCD 成像原理如图 7-12 所示。基于 CCD 图像传感器的 VLC 系统，每幅图像一般只能获得一位数据。根据奈奎斯特抽样，其通信速率必定低于帧速率（图像传感器的帧速率为 30fps[1] ～ 60fps），因此不足以传送数据。虽然也可以采用特制的高速 CCD 图像传感器以提高通信速率，但是这种特制传感器的制作

1 fps：frame per second，画面每秒传输帧数。

成本高，不适用于实际的定位场景。此外，采用LED阵列以实现MIMO调制技术，也可以实现CCD图像传感器单帧传送多位数据。然而LED的驱动频率需要配合CCD图像传感器的采样率，可能导致人眼可感知的LED灯闪烁。另外，也可以采用降采样调制方式，用一定时间间隔来捕获光信号。

（2）基于CMOS的OCC

CMOS采用的是卷帘快门，CMOS成像原理如图7-13所示。卷帘效应采用逐行曝光的形式，利用这一特性可以提高可见光成像通信的数据速率。CMOS图像传感器每个时刻只有一行曝光。当图像的所有行都曝光结束后，再将不同时刻捕获的所有行曝光的数据合并在一起形成图像。这种逐行曝光的方式导致在拍摄快速闪烁的LED灯时，图像出现明暗相隔的条纹。灯具闪烁得越快，条纹数量越多。通过对图像中明暗相隔的条纹解码，可以传递若干位的信息，进而实现可见光成像通信。灯具的闪烁频率必须小于CMOS行扫描的频率，否则会导致数据丢失。因为当LED灯的闪烁频率大于行扫描的频率时，CMOS传感器只能获得LED所发射的平均光强，而不能获得LED像素区域的明暗条纹。CMOS图像传感器的曝光时间与感光度会影响LED-ID光条纹码的获取。

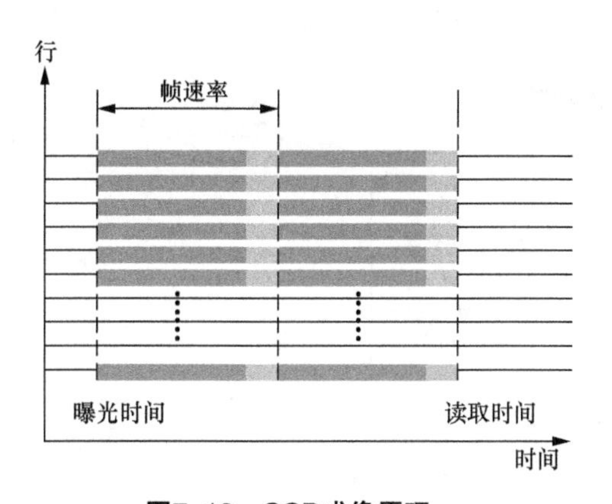

图7-12　CCD成像原理

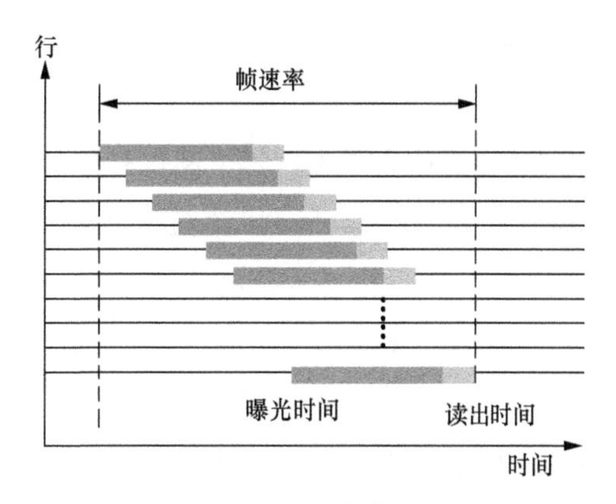

图7-13　CMOS成像原理

2. 系统原理

图像传感器可以捕获、区分两个发射源的信号。一个信号来自汽车尾部的LED阵列，另一个信号来自交通灯。此外，背景噪声也能被接收，非信号光的其他光源就是噪声，OCC原理如图7-14所示。

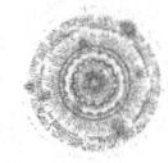

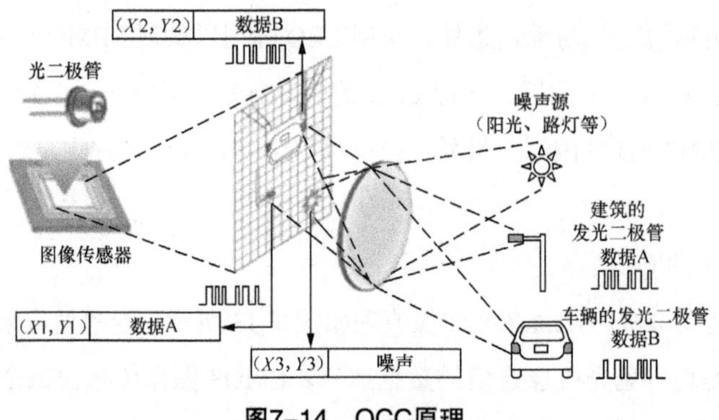

图7-14 OCC原理

图像传感器是由许多 PD 构成的一个阵列（每个 PD 就是一个像素），图像传感器类似于 RF 无线通信的二维天线阵，因此，OCC 能方便地构成类似 RF 无线通信中的 MIMO 系统，可以实现光通信的空间分集、空间复用。当然，要实现空间复用，发送端需要采用多个光源（例如 LED）发送信号。

此外，图像传感器 PD 阵列的“阵元”（像素）可多达 1000 万以上，如何充分利用空间分辨率在 1000 万以上的阵列是一个技术难题，未来也许能依靠“子阵”来实际应用。

OCC 通信速率不高，常用图像传感器的帧速率为 30fps，不足以实现高数据速率通信。另外，根据奈奎斯特抽样定理，如果用 LED 灯的闪烁来发射信号，它的闪烁频率不能高于 15Hz，否则会影响人眼健康。因此，OCC 需要高帧率（High Frame Rate，HFR）图像传感器等相关产业链的成熟发展。

图7-15 OCC应用场景示意

3. 应用前景

现在的 OCC 产业链还不够成熟，不能满足需求很高的场合，但 OCC 应用前景较广泛，可应用于数据成像、动作识别、室内定位、医学检查、数据共享、车联网等多种场景。OCC 应用场景示意如图 7-15 所示。OCC 应用于车联网示意如图 7-16 所示。OCC 应用于车辆基础设施互联系统示意如图 7-17 所示。

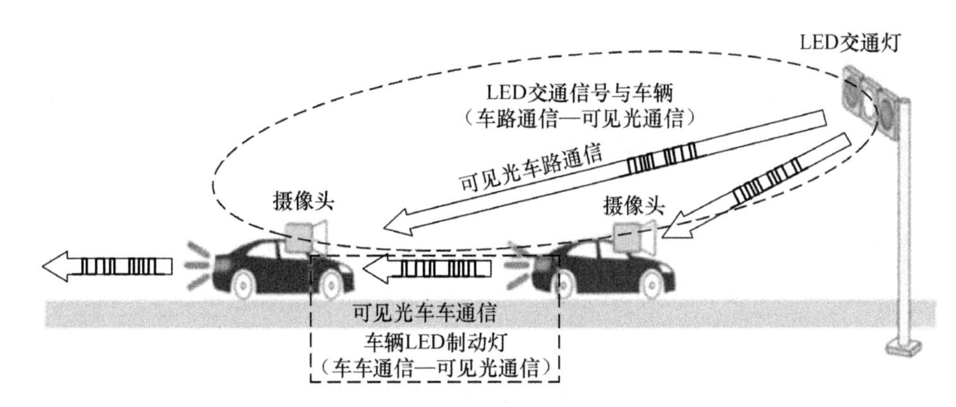

图7-16　OCC应用于车联网示意

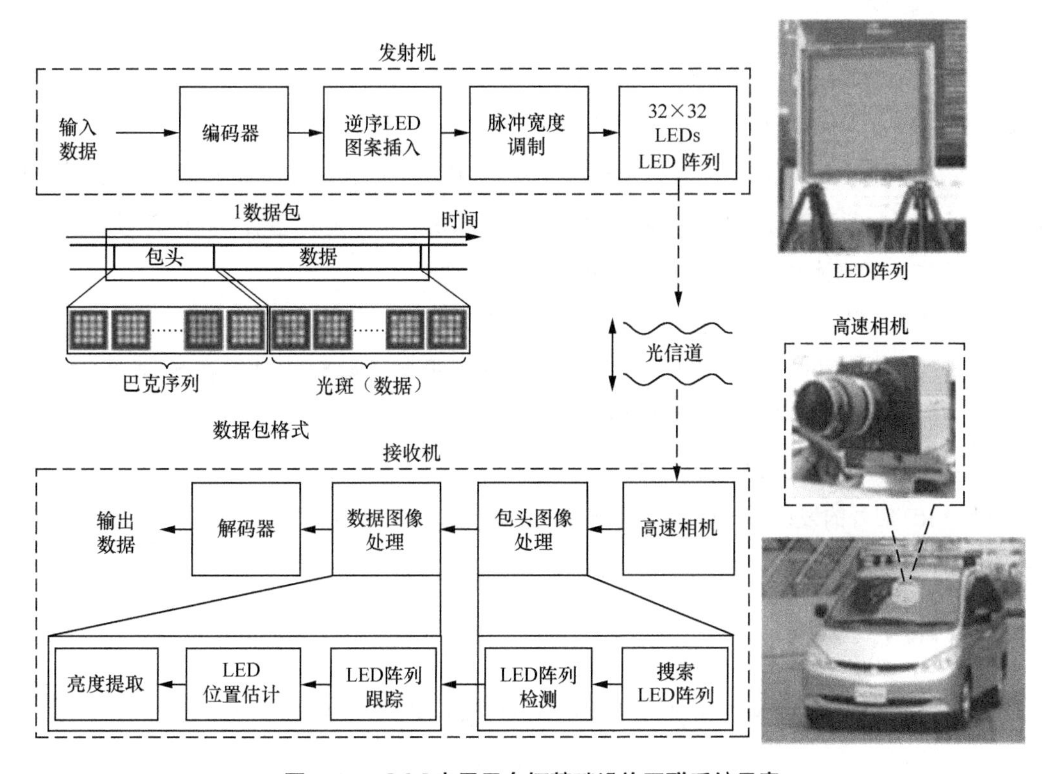

图7-17　OCC应用于车辆基础设施互联系统示意

7.2.6 水下光通信

1. 水声通信

传统的水下通信采用水声通信（Underwater Acoustic Communication，UAC），历史悠久，技术成熟，应用广泛。水声通信最具突出的优势是它的通信距离可达几十千米，但也存在以下问题。

① 水声通信频率低，带宽窄，传输数据速率比较低，通常为 kbit/s 量级。

② 由于声波在水中传播速度慢（在 20℃纯水中的传播速度约为 1500m/s），存在严重的通信时延，通常以秒为单位。

③ 声音收发器通常体积大、成本高、能耗高，对于大规模水下无线传感网络而言经济性不强。

④ 许多海洋生物用声波来“通信”和“导航”，可能与声学通信相互干扰和影响。

2. 水下射频

随着无线电的发展，水下射频（Underwater Radio Frequency，URF）得到应用，它是地面射频通信的延伸，其优点如下。

①“空—水跨界”平稳，与声波和光波相比，水下射频在“空—水”接口界面传输比较平稳，有利于水下水上的顺畅连接，便于实现地面射频通信系统与水下射频通信系统的跨界通信。

② 射频方法对水流和浑浊度的耐受性更强。

水下射频由于其本身的技术特点，存在以下问题。

① 可使用的频率低，通信距离近。海水含有大量盐，射频波只能在超低频（30Hz～300Hz）下传播几米，最远也只能传播 20m。

② 低频率需要超大的天线，其发射天线可达到百米长。

③ 水下 RF 信号的发射比较麻烦。潜艇要发射远距离 RF 通信，例如发射短波信号，要把天线探出水面，尽快将信号发射完之后再下沉。

3. 水下无线光通信

水下无线光通信（Underwater Optical Wireless Communication，UOWC）与声学和 RF 相比，数

据传输速率很高，链路时延不长，成本也低，可在数十米的中等距离内实现 Gbit/s 的数据速率，因此可以在水下传输视频。光在水中的传输速度远快于声波，因此 UOWC 链路时延比声链路小，可以忽略不计。与声学和射频方法相比，UOWC 还具有更高的通信安全性。UOWC 的 4 种信道场景示意如图 7-18 所示。UOWC 系统构成示意如图 7-19 所示。

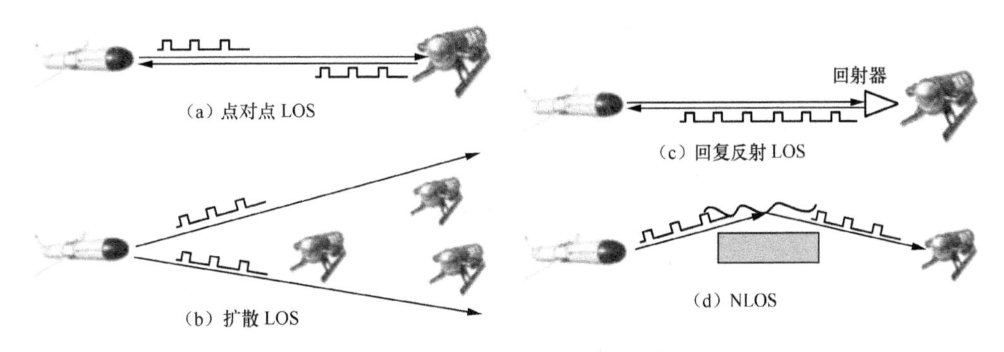

图7-18　UOWC的4种信道场景示意

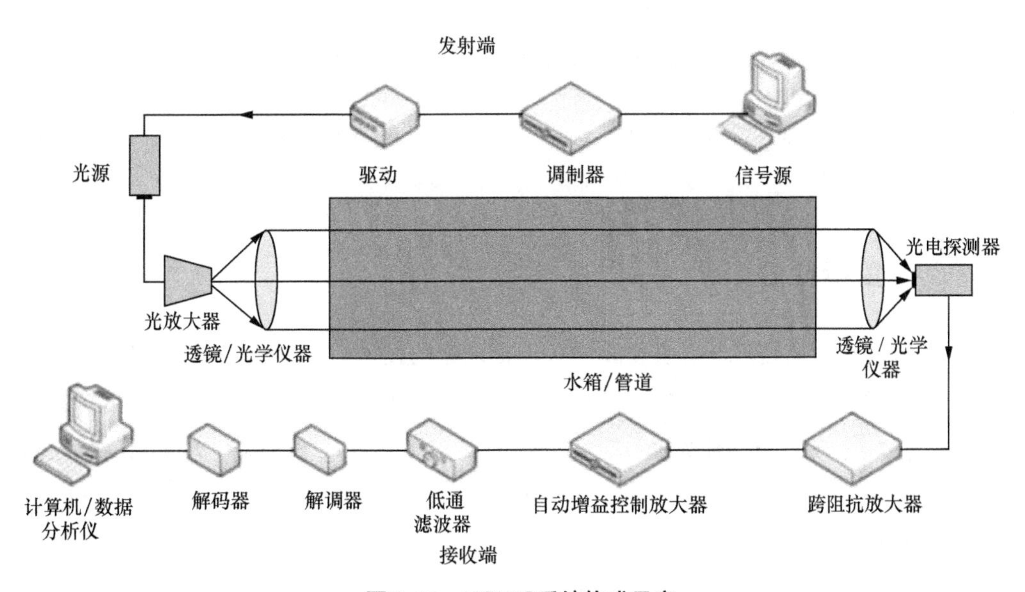

图7-19　UOWC系统构成示意

由于不用大型、昂贵、能耗高的声学或射频收发器，而是用激光二极管和光电二极管等水下光收发器，UOWC 系统的成本低、体积小，有利于大规模商业化应用，UOWC 比声学和射频对应的产品更节能、成本效益更高。例如，水下无线传感器网络很适合用 UOWC。与陆地和空中连接的水下无线传感器网络示意如图 7-20 所示。

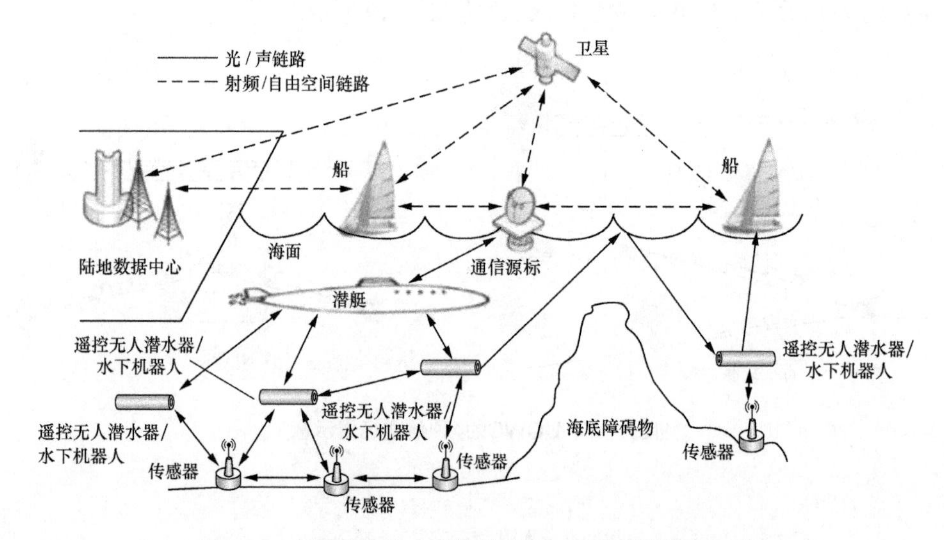

图7-20　与陆地和空中连接的水下无线传感器网络示意

目前，UOWC 并未完全替代声学通信和射频通信，三者各有优势，相互共存，且各有擅长的应用场景。

7.2.7　全景通信

OWC 支持高速数据传输，适合物联网大规模连接的技术。5G 及 5G 后的通信，必然具备超密集异构网络的必要功能，而 VLC、LiFi 和 OCC 可以提供超密集的微小区热点服务。此外，FSOC、LiFi 和 VLC 可以有效地为 5G 及 5G 后的通信系统提供高容量回程支持。由于频谱的稀缺性和不可再生性，那些还没有被通信利用的“光谱”，很可能会被利用起来。所以，未来也许会运用 RFC+OWC 的模式，来满足日益增长的需求。

无线通信的“全景”，涵盖了包括太赫兹频段在内的 RF 频谱，以及包括红外线、可见光和紫外线在内的光谱。无线电通信和无线光通信对比分析见表 7-11。

表7-11 无线电通信和无线光通信对比分析

对比项	OWC				RFC
	LiFi	VLC	OCC	FSOC	
标准	进行中，IEEE 802.15.11LCSG	成熟，IEEE 802.15.7	进行中，IEEE 802.15.7	完善	成熟
发射	LED/LD（LD与光学漫射器结合）	LED/LD	LED	LD（激光发射部分）	天线
接收	PD	PD/相机	相机	PD（激光接受部分）	天线
调制	OOK、PM（Pulse Modulation）、OFDM、CDMA、CSK（Color Shift Modulation）等	OOK、PM、OFDM、CDMA、CSK等	OOK、PM、OFDM、CDMA、CSK等	OOK、PM、OFDM等	ASK、PSK、PM、OOK、OFDM、CDMA等
OFDM	支持	支持	支持	支持	支持
MIMO	支持	支持	支持	支持	支持
距离	10m	20m	200m	>10000km	>100km
干扰	小	小	无	小	大
噪声	阳光，环境光源	阳光，环境光源	阳光，环境光源	阳光，环境光源	所有电气、电子应用
环境影响	室内：无 室外：有	室内：无 室外：有	无	有	有
数据速率	10Gbit/s（LED） 100Gbit/s（LD）	10Gbit/s（LED） 100Gbit/s（LD）	54Mbit/s	40Gbit/s	6Gbit/s（IEEE 802.11ad，60GHz频段）
安全性	高	高	高	高	低
频谱	IR、VL、UV	VL	IR、VL	IR、VL、UV	无线电波
频谱管制	无	无	无	无	有（部分例外）
路径损失	中，很大（NLOS）	中，很大（NLOS）	较小	大	大
照明	有	有（LED）	无	无	无
目的	照明、通信	照明、通信、定位	通信、成像、定位	通信	通信、定位
限制	距离近，不适合室外	距离近，不保证移动性，不适合室外	速率低	取决于环境	干扰

“无线电通信 + 无线光通信”构成了无线通信的“全景”。两种技术各有优势和缺陷，需要互补共存，无线通信全景架构如图 7-21 所示。

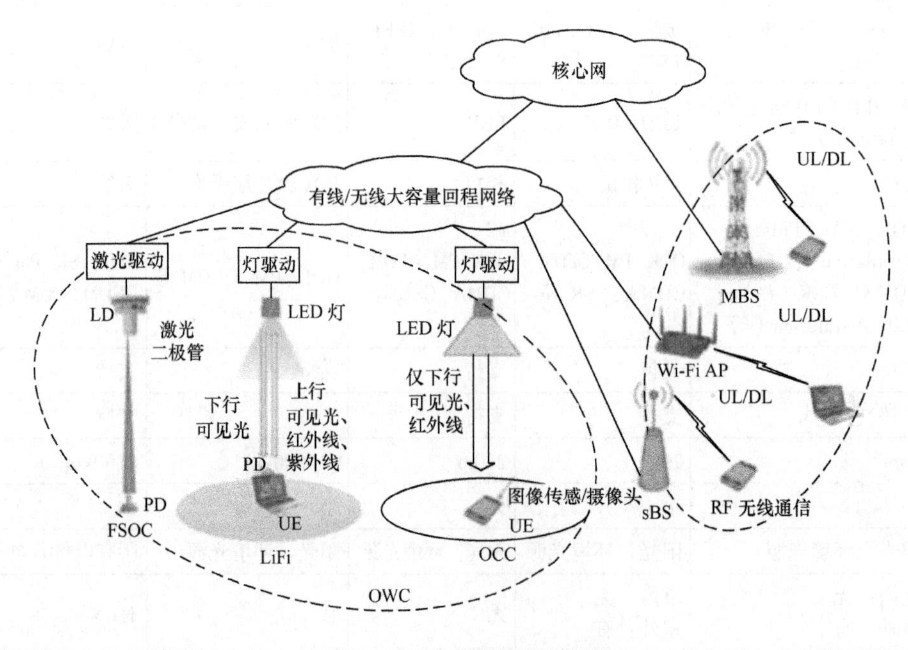

图7-21　无线通信全景架构

7.2.8　应用前景

OWC 可以通过机器学习来完成非线性抑制、抖动消除、调制格式识别及相位估计，其支持高速数据传输，适合物联网大规模连接，可以提供超密集的微小区热点服务，光源普及率高、成本低、功耗低，通信照明一体化，由此可见，OWC 可以有效地提供高容量回程支持，是 6G 组网重点技术之一。未来，OWC 技术在 6G 中有望应用于以下场景。

① 智能车联网与智能机器人，将照明与通信结合实现智慧交通。

② 自由空间通信。

③ 水下高速远距离通信。

④ 室内无线光网络。

⑤ 室内高速无线网络。

⑥ 数据成像、动作识别、医学检查、数据共享等室内专项应用。

⑦ 智慧交通应用。

⑧ 室内定位导航。

⑨ 电磁严控环境。

但目前 OWC 尚未成熟，需要进一步研发探讨来突破以下难点。

① 异构混合网络。把两种或两种以上不同的通信技术集合运用，构成 OWC/RF、FSOC/RF、Wi-Fi/LiFi、VLC/Femtocell、VLC/FSOC 和 LiFi/OCC 等混合网络，在负载平衡、链路可靠性、远程可连接（例如深空、深海）和减少干扰方面发挥重要作用。混合网络需要解决切换等问题，如何自适应地、平稳地从一个系统切换到另一个系统，是一个不小的挑战。切换问题包括水平切换（例如 LiFi 网络之间的切换）和垂直切换（例如在 LiFi 和 Wi-Fi 网络之间的切换）。混合网络相关问题需要进一步研究。

② 在算法方面，需要提出先进的调制格式（例如 OFDM、CAPM 及脉幅调制）、先进的星座整形技术（例如概率整形、几何整形等），进一步提升通信速率与通信质量，以及包括机器学习在内的先进均衡技术。

③ 无缝移动性。OWC 系统也需要支持用户移动，但目前只有 LiFi 能提供无缝连接。与无线电相比，无线光的无缝移动性实现起来更加困难。

④ MIMO 无线光通信。虽然 MIMO 在 RF 的通信系统中已经比较成熟，但在 OWC 中的应用仍不成熟。MIMO OWC 意味着 LED 阵列、PD 阵列、LD 阵列等，MIMO 带来的复杂性高，无线光信道需要进一步发展成熟。

⑤ 在器件方面，需要完善大带宽、功率足够、高灵敏度的专用接收机等设备。

⑥ 干扰问题。不同小区 LED 灯的重叠照射区域干扰问题，外界光源对可见光网络的干扰等。

⑦ 人眼保护。调制光信号，不应该让人眼感觉到闪烁。

⑧ OCC 速率。OCC 系统的数据传输速率不高，目前只能达到几十 Mbit/s，不能满足高速数据的需求。基于红、绿和蓝色 LED 的 OCC，使用 RGB LED 发射，彩色相机（图像传感）接收，可以实现并行可见光通信，目前正在研究中。

⑨ UOWC。水下通信的距离问题和数据传输速率问题是两大难题。405nm 蓝光激光器的应用有望成为远程水下通信的一个重要技术突破。此外，设计适合水下环境特点的调制和编码技术，也是重要的突破方向。

OWC 技术和产业链逐渐完善、成熟后会成为 6G 重要的组成部分。

7.3 超大规模天线

7.3.1 技术概述

随着 5G 的大规模部署，大规模天线技术开始成熟商用。目前，大规模天线阵列的形式主要是二维平面阵列，最多到 256 天线单元（考虑尺寸、重量等限制，低于 6GHz 频谱的天线阵列难以做到更大）。超大规模天线是大规模天线技术的进一步演进升级，能提供更高的频谱效率和能量效率等，不仅要支持高频的太赫兹频段和亚太赫兹频段，还需要支持中低频段。超大规模天线不仅是增加天线的规模，还涉及创新天线阵列的实现方式、部署形式和应用等。

目前，在现网引入大规模 MIMO 天线（例如 64T64R）后，可大幅提升 5G 网络容量，但是由于 MIMO 各波束的路径损耗及密集小区的区间干扰，在小区边缘的用户质量指标和体验仍有待改善。在未来，6G 网络部署可以考虑引入分布式超大规模天线技术，其将传统的集中部署方式拓展至分布式部署，在多个分布式节点之间进行 AI 的智能协作，可以实现资源的统一调度和数据共享 / 联合发送，分布式超大规模天线部署示意如图 7-22 所示。超大规模天线的分布式部署和 AI 的智能协作，可以有效消除干扰，增强信号接收质量，同时也能有效增强覆盖，为用户带来无边界的优质性能体验。大规模天线技术在未来的网络部署中，尤其是在 6G 太赫兹等高频段、中央商务区等密集应用场景中呈现出较大的应用前景。

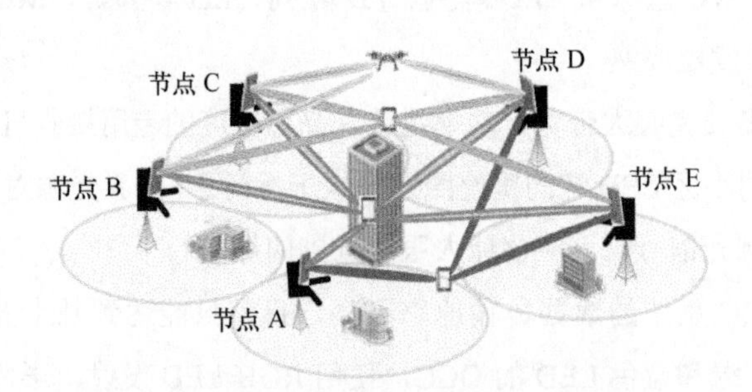

图7-22　分布式超大规模天线部署示意

目前，业界专家已在理论上证明了分布式超大规模天线在提升网络容量方面的优势和先进性。通过理论分析和仿真验证，在天线总数、覆盖范围、发射功率等基础数据相同的情况下，分布式超大规模天线比集中部署天线更接近用户的分布式节点，而且通过使用调度和赋形的智能协作，性能更加均匀，边缘用户的性能增益也更显著。

但是，分布式超大规模天线的天线和节点规模显著增加，对各节点间信息交互能力、赋形方案选择设计、智能联合节点的选择、干扰处理及算法复杂程度等各方面都提出了挑战。此外，联合发送对节点之间的收发通道一致性也有更高的要求，因此需要进一步研发、完善空口校准方案。

总体而言，超大规模天线技术的研究还未成熟，尚没有公认的定义。广义上，超大规模天线可包括大型智能表面技术、超奈奎斯特传输技术、精准定位技术、太赫兹频段的波束管理技术等。

7.3.2 智能超表面技术

1. 技术简介

智能超表面（RIS）技术是一种基于超材料发展起来的新技术，也可以将其看作超材料在移动通信领域的跨学科应用。智能超表面在超材料的基础上增加控制电路，以对结构单元的参数、位置进行调整，实现对电磁波反射 / 透射幅度和相位分布的调制。智能超表面材料由大量智能超表面单元组成，智能超表面单元的尺寸大小、几何结构和排列方式决定了基础电磁特性，通过基于 FPGA 的可编程控制电路来影响超材料的电磁特性（例如，施加在光敏元件上的光强或施加在变容二极管上的电压），能动态控制智能超材料单元的电磁特性（例如，单元的反射系数和透射系数），进而改变反射信号或透射信号的幅度、相位、频率甚至极化特性。智能超表面单元结构示意如图 7-23 所示。

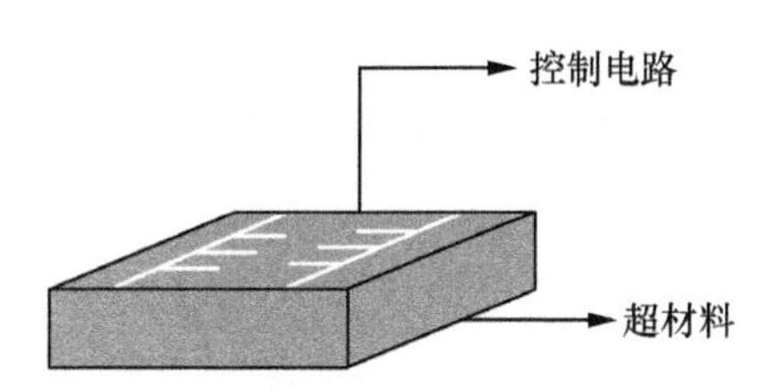

图7-23 智能超表面单元结构示意

此类波束成形超表面主要分为反射式和透射式两种。

反射式智能超表面一般有多层基于介质基片隔离的金属层，其位于底部的金属层为一个连续的金属地板，以达到反射所有能量的目的。在地板上方的金属层由亚波长单元构成，单元与单元之间可以没有任何电连接，也可以有细导体相连，从而获得容性或感性的单元间耦合。反射式智能超表面结构示意如图 7-24 所示。

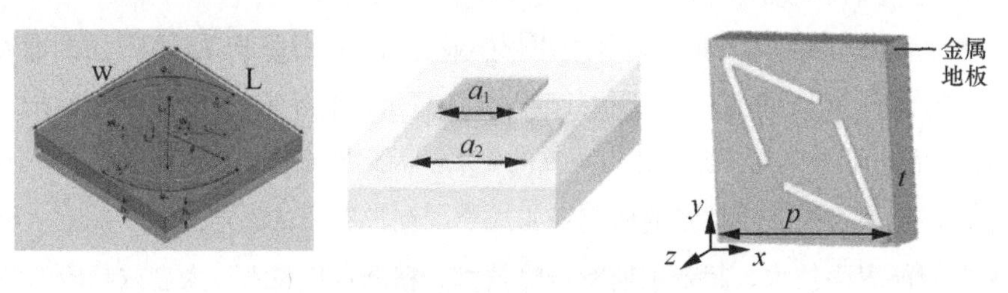

图7–24　反射式智能超表面结构示意

透射式智能超表面单元则不存在上述金属地板，且为同时实现高效率的电磁波透射和相移，金属层的层数必须多于一层。无论是反射式还是透射式的超表面单元，其每个单元金属层的结构均可以由细长的偶极子、金属缝隙槽、长方形贴片、环形线圈或其他几何形状的金属结构组成，以提供所需的分布式电容和电感。为实现双极化响应，透射式智能超表面可采用各向同性的单元结构，例如十字形缝隙、十字形偶极子、圆形贴片等。此外，为了拓展工作带宽，可以使用多谐振结构或多层结构。透射式智能超表面结构示意如图 7–25 所示。

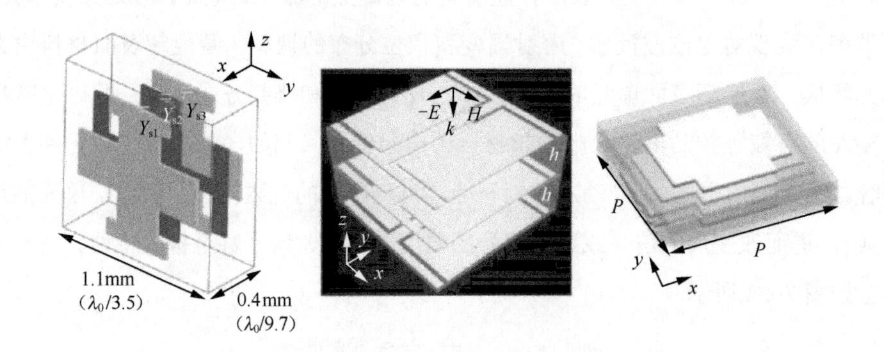

图7–25　透射式智能超表面结构示意

2. 技术特点和组网架构

智能超表面技术能实现对无线信号的可编程式无源反射、透射、吸收和散射，搭建物理电磁世界和数字信息世界之间的映射桥梁，实现对无线传播信道的主动智能调控，打破传统无线信道不可控的限制，构建 6G 无线环境智能可编程新范式，在解决非视距传输、减少覆盖空洞等传统无线难点方面具有重要意义。

目前，智能超表面材料主要以半导体器件、液晶等材料为主，相关产业链规模化量产技术相对成熟，预计基站、中继等设备的智能超表面材料商用成本相对较低，可缓解 5G/6G 网络建设部署成本大幅增加的问题。智能超表面工作模式主要以无源发射、透射或吸收模式为主，不需要传统发射机和中继设备中的功率放大器、滤波器、混频器等器件，因此，智能超表面材料在绿色节能、硬件设计复杂度等方面具有一定的优势，可减少网络运营和维护的成本。与传统中继通信相比，智能超表面可工作在全双工模式下，获得更高的频谱效率。

智能超表面的技术原理是在无线信道空间通过增加反射信道、增强介质透射能力或增大介质吸收信号的能力，提升有用信号的强度，降低干扰信号的强度。在智能超表面技术的辅助下，基站对智能超表面进行控制，而智能超表面基于控制对自身结构单元的幅度和相位进行调整，从而实现对基站发射信号有控制的反射和透射。基于智能超表面辅助的通信系统架构示意如图7-26所示。

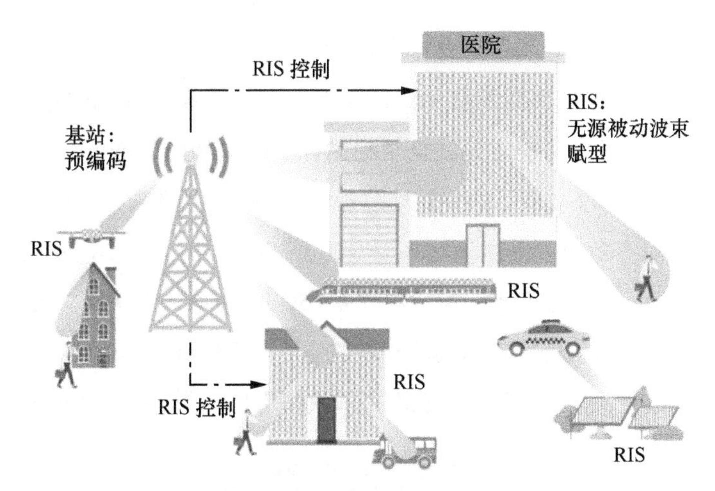

图7-26　基于智能超表面辅助的通信系统架构示意

智能超表面在无线通信系统中的实际应用效果，依赖于超材料的研究成熟度及数字控制超材料的精度和效率。此外，无源特性导致超表面信道估计困难、基站和智能超表面可实用的联合预编码方案及智能超表面网络架构和控制方案等问题都需要进一步研究解决。

3. 应用前景

智能超表面技术应用场景十分丰富，既可以用于室内覆盖增强，也可以用于室外覆盖增强；既可以用于简化发射端设计，也可以用于主动改善信道传播环境，增强有用信号，消除非接收方向信号，减少干扰和电磁污染；既可以用于提升多波束赋形能力，提升波束方向性精度和定位精度，也可以用于阻断天线辐射方向性泄漏引入的旁路窃听。另外，基于智能超表面的无线中继能够在不引入自干扰的情况下实现全双工模式的传输。

7.3.3 变换域波形技术

波形技术是无线通信系统空口接口技术中的关键技术，例如，3G 采用 CDMA 波形，4G 和 5G 采用 OFDM 波形。OFDM 波形的性能比较依赖于子载波的正交性，若子载波间的正交性受到外界多普勒频偏等因素的破坏，则信号的性能会明显下降，影响用户的感知。

业内认为变换域波形或能克服 OFDM 波形的上述缺点。不同于传统波形方案的发送符号于时频域，变换域波形发送符号于其他对偶域（例如，时变—多普勒、时延—频率等）。经过对偶域间的相关变换，变换域的符号可以达到类似多维分集的效果，可将 OFDM 波形中多普勒频偏等不利因素作为分集自由度有效利用来提升传输性能。

在移动环境为 500km/h 的理想信道估计假设下，变换域波形和 OFDM 波形误码率性能对比如图 7-27 所示。仿真考虑集群时延线信道模型，子载波间隔为 60kHz，信道编码为 1/3 码率的卷积码，子载波个数为 128 个，变换域波形考虑连续 6 个时域 OFDM 符号的联合处理，结果表明变换域波形可有效应对高速移动环境中的多普勒频偏，能取得更优的误块率性能。

尽管相关研究表明，变换域波形方案相较于 4G/5G 的 OFDM 方案在高速移动等场景下取得了明显的增强，但如何以较低的代价精确恢复发送信号是变换域波形研究中的重要课题。此外，如何设计高效的参考信号，以低开销精确获取多天线信道也需要进行深入研究。

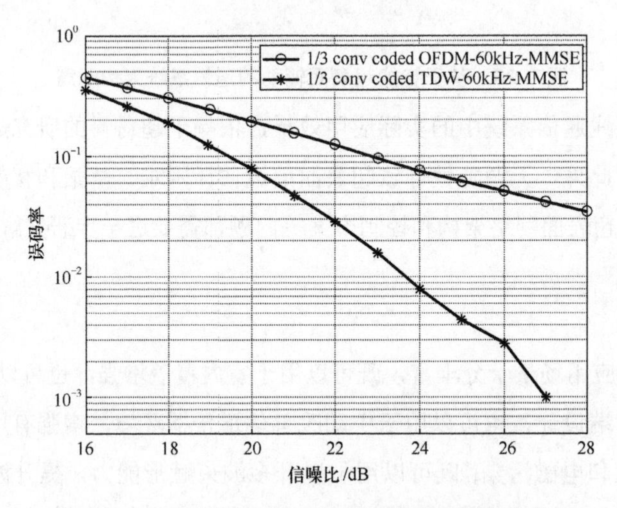

图7-27　变换域波形和OFDM波形误码率性能对比

7.3.4 超奈奎斯特传输技术

在传统通信网络中，为避免 ISI，通常采用奈奎斯特准则，这限制了系统发送的码元速率。超奈奎斯特传输则可采用更快的速率发送码元，在传输时人为引入 ISI，再通过接收端过采样，利用更高级的接收机消除 ISI，能够提升链路传输速率和频谱利用率。超奈奎斯特传输系统收发示意如图 7-28 所示。

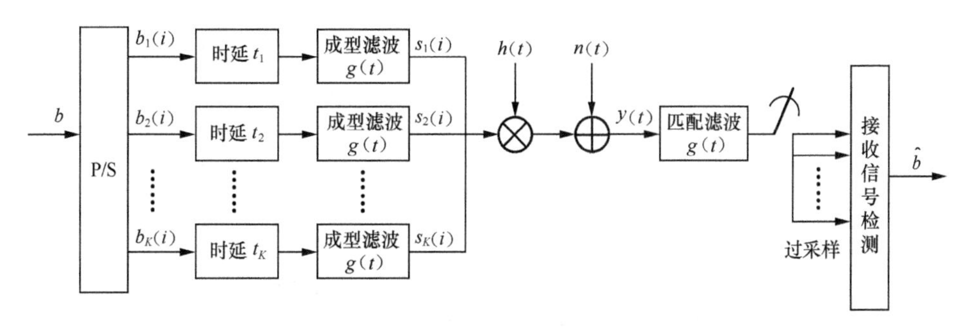

图7-28 超奈奎斯特传输系统收发示意

超奈奎斯特传输信号的功率谱密度只与发射滤波器的频率响应特性有关，不会扩展带宽。超奈奎斯特传输系统与传统奈奎斯特传输系统频谱形状和带宽对比如图 7-29 所示，其中，基带时域波形为矩形波，超奈奎斯特传输系统的重叠层数为 4。从结果可知，超奈奎斯特传输系统不会改变频谱分布的形状，也不会扩展带宽。

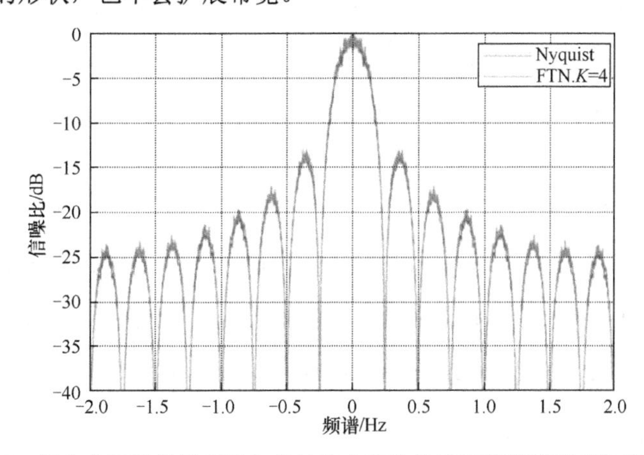

图7-29 超奈奎斯特传输系统与传统奈奎斯特传输系统频谱形状和带宽对比

在多天线系统中，利用超奈奎斯特传输系统，在发射天线之间产生时延，并利用过采样来创建虚拟的接收天线，能在用户侧天线规模受限时有效提升空间复用和分集增益，因此，就算是单天线用户也可以实现空间复用增益。超奈奎斯特传输系统与传统奈奎斯特传输系统容量对比如图 7-30 所示。从图 7-30 中可以看出，在高信噪比时，基于超奈奎斯特传输系统的虚拟天线系统比传统多输入单输出（Multi Input Single Output，MISO）增益明显，当信噪比为 12dB 时，能获得约 40% 的容量增益。

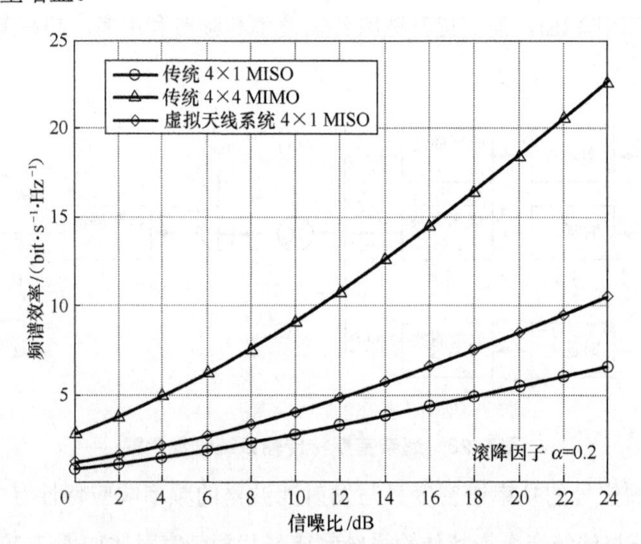

图7-30　超奈奎斯特传输系统与传统奈奎斯特传输系统容量对比

超奈奎斯特传输系统的最优译码算法是基于最大似然序列估计的 Viterbi 译码算法，其复杂度随重叠程度的增加而呈指数增长，因此，降低接收机复杂度的设计对超奈奎斯特传输系统的商用化发展进程影响重大。同时，在未来，多载波、超大规模天线是主流技术，如何与 OFDM/MIMO 等技术融合需要进一步研究，也需要深入分析探讨多径衰落信道对系统的影响。

7.3.5　AI 使能技术

近年来，AI 技术发展日新月异，相信在 6G 商用时，AI 技术会进一步成熟，功能也会更加强大，可以提供更强大的推理 / 计算能力，实现准确 / 实时的网络信息提取 / 处理，大幅提高信号并行度和网络容量，是实现超大规模天线性能提升和商用落地的关键技术。

1. AI 使能超大规模无线的关注点

在 6G 网络中，天线阵列规模大幅扩大、尺寸 / 重量大幅提高、网络场景的日益多样化 / 精细化、高复杂 / 性能的信道推理、大规模预编码 / 波束赋形和检测设计等都将成为 6G 商用落地的主要挑战，而完善的AI使能技术是应对以上挑战的关键利器。超大规模天线的性能取决于信道状态信息（Channel State Information，CSI）获取、MIMO检测和预编码的精确程度，这些都会急剧增加计算量，因此，AI使能超大规模天线要关注数据的采集/使用、场景化设计创新、学习理论演进等。

① 数据的采集/使用。成熟可靠的数据采集/使用方案对于及时准确处理6G感知获取的海量数据是非常重要的。通过及时处理/反馈感知数据，AI可以推断和预测网络的相关信息，以用于计算/处理CSI获取、移动性、缓存、波束管理、多普勒频偏估计、相关角度估计等过程。

② 场景化设计创新。由于6G场景细分和无线环境的复杂多变，现有基于模型的MIMO方案和实时数据有所不同。能进行实时感知/处理的物理层端到端AI设计能帮助我们实现无线信道的联合优化，可以有效取代传统的复杂链路。

③ 学习理论演进。AI学习理论的进一步演进/优化，可以实现更准确/高效的超大规模天线设计方案，例如，通过更好地获取感知信息并进行模块化推导，能增强AI使能大规模天线的学习能力，同时，这些受模型和数据完善提升的学习能力可以提升超大规模天线在预测精度、学习开销等方面的综合性能。

2. AI使能有望提升6G的综合性能

通过获取/处理海量数据和不断提升的学习理论/模型，AI使能有望成为6G的标志技术，也许会在以下4个方面提升6G网络的综合性能。

① 感知辅助。6G将实现通感一体化的能力，这使6G网络能实时进行情景感知。在该模式下，6G网络会根据传播环境、天气情况、用户移动行为/业务模型等进行决策。通过海量数据获取网络环境中与电磁波交互的主簇的位置、方向、结构和大小等信息，6G网络可以更准确地判断出信道的状况，例如，波束方向、干扰水平、信道和阴影衰落、衰减和传播损耗等，以大幅提升网络容量和鲁棒性。利用射频地图进行CSI获取和实时波束管理，其消耗的资源比无规律的全方位波束扫描要少得多。

② 提高准确性和通用性。5G系统中的CSI获取是基于规则的基映射和码本设计的，同时使用简单的映射模型，对稀疏域特征掌握相对不足。而AI通过数据驱动，能从获取的海量数据中精确提取更有效的CSI表征等网络特征，从而构建更合理有效的映射模型。在通用性方面，AI通过分析/处理多样性的感知数据，能有效地构建模型，可以保障极高的通用性。

③ 降低复杂度。AI的推理/计算能力可以有效地解决5G MIMO的检测、干扰管理、资源分配等问题，使6G网络更接近香农极限。例如，基于现有的检测器，最大似然检测能达到最佳

性能，但是随着处理变量的增加，计算量呈指数增长，即使现有网络已数次改进检测算法，但现有网络的鲁棒性、时延和资源消耗等仍不够完善。而通过 AI 可以从海量数据中学习检测规则，以更低的复杂度、更适合当地 / 当时环境的模型达到接近最优检测性能的效果。

④ 提高网络效率。通过 AI 使能，6G 超大规模天线将大幅降低 CSI 获取、信道测量、波束管理和数据解调等方面的开销。通过海量数据和强大的智能技术，AI 能精确解析多维信道的各方面信息，并进行实时、精确、高效的测量。同时，AI 强大的智能和推理能力，可以根据历史测量数据佐证 / 增强当下乃至未来的测量。例如，AI 通过信道数据的分析和建模，对于各种类型的天线都能够降低导频开销，也能开启智能波束预测和建模，使波束管理更高效、合理。

要想让超大规模天线能顺利商用落地且全网部署，AI 使能技术需要进一步提升，以达到更短时延、更高效率、更高可靠性、更容易落地实现等目标。为此，要提高 AI 智能，做到可解释、可学习、可自我提升完善，以提高学习效率，构建更及时、更准确、更完善的模型，可以考虑采用基于对偶学习等框架设计以支持高效可靠的端到端学习能力。同时，需要做到真正以用户为中心的设计，以获取更优秀、具有差异化的用户体验。

7.3.6 应用前景

超大规模天线技术可以说是未来 6G 较为明确使用的关键技术，只是尚未明确具体实现路径。

超大规模天线可以大幅提高网络容量，提供精准覆盖，但是也提升了网络能耗，有待改善小区干扰。超大规模天线的阵列规模变大，使系统内的同信道干扰和热噪声的影响变小，基站可以以更低的发射功率传输数据，从而降低系统能耗。此外，可以采用分布式部署及智能协作，一方面能消除干扰，增加信号质量，另一方面能拉近基站设备和终端之间的距离，降低能耗。

超大规模天线的规模显著提高、节点数量显著增多，对节点的信息交互能力、设备的处理能力、联合协作节点选择、赋形方案设计、收发一致性、信道测量和建模、智能处理等方面提出了严峻的挑战。需要研究 AI 的智能技术、波束管理技术、机器学习技术等以推进商用。

此外，精准定位技术能大幅提高网络定位，在无人驾驶、工业制造、医疗等面向企业的业务中具有重要意义；大型智能表面能通过调整表面结构单元的幅度和相位等，实现对基站信号有控制的反射，不需要 RF 链路和大规模供电，便能解决非视距传输、减少覆盖盲区等 6G 覆盖的痛点；超奈奎斯特传输技术可突破奈奎斯特准则，采用更快的速率发送码元，其利用更高级的接收机消除 ISI，且不会扩展带宽，同时，能通过创建虚拟接收天线提升单 / 少天线用户的空间复用和分集增益；变换域波形技术能克服传统OFDM波形依赖子载波间正交性的问题，其发送符号位于其他对偶域（例如，时变—多普勒、时延—频率等），可达到多维分集的效果，将OFDM波形中多普勒频偏等不利因素作为一种分集自由度来提升传输性能。这些技术的研究推进对于超大规模天线成熟商用具有重要的意义。

7.4 智能化技术

7.4.1 技术概述

在4G/5G时代，网络智能化是一个重要课题，旨在实现对网络资源更加高效的分配和利用。目前，5G网络已实现网络功能模块化、无状态设计和集中单元（Centralized Unit，CU）/分布单元（Distributed Unit，DU）分离等功能，无线也引入CU/DU分离的架构以支持不同行业用户和业务的快速交付，但5G无线的技术架构底层虚拟化程度不高，无法支持极低时延的部署，业务融合程度较低，这些都约束了无线提供情境化业务的能力。接入网的智能化和服务化将是未来6G网络比较有应用价值的技术之一，6G无线网络需要赋能各行各业，对网络的灵活性提出了很高的要求，同时，也是6G网络对信任、智能、通感及编排的内生设计要求。

6G网络是万智互联的一体化大网，应用场景更复杂，终端对网络性能的要求也更高。高频段和多天线等新技术提升了网络性能，但网络复杂度也因此大幅提升，这些都提高了网络优化的难度。AI技术依托于大数据技术和机器学习算法，能够有效地解决无线网络中场景复杂多变的问题。在6G网络中，AI将以多层级内生、分布式协作、以服务为驱动的方式融合到无线技术中，实现无线网络自治、自调节及自演进，以适应未来更复杂多变的应用场景，实现网随业变。6G网络无线AI示意如图7-31所示。

6G网络采用多层级内嵌式AI，通过与无线网络协议栈多层级内嵌式深度融合，增强了协议的灵活性，提高网络的可靠性，提升数据分析、保障智能决策的实时性。分布式协同AI打破了集中式计算方式，实现了分布式资源协同，以及网间智能操作协同，从而提升了网络效能。以服务为驱动的AI打破了传统的以网络为中心进行服务的架构，转换为以服务为中心的架构，使网络能够自主感知服务需求和网络环境，为用户提供精准的服务。

智能化是一个极为广泛的定义，可能应用于6G无线网络中的智能化技术主要包括物理层AI、数据链路层AI和网络层AI。

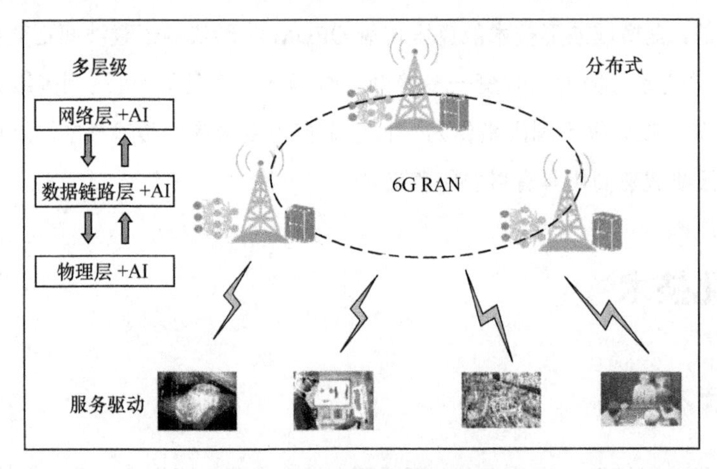

图7-31　6G网络无线AI示意

1. 物理层 AI

AI 技术是智能化的主要技术之一，已渗入无线接入网、网管及核心网的物理层和高层协议栈等各个层面。物理层 AI 是指利用人工智能 / 机器学习方法增强无线网络物理层功能的技术方案，对于 6G 网络超密集组网和超大规模天线部署具有重要意义。

AI 在物理层主要应用于 CSI 处理、接收机设计、端到端链路设计等方面，以提升传输性能。利用神经网络深度学习无线通信中高维 CSI 的压缩表示，可以降低 CSI 开销；利用人工神经网络学习从接收的干扰信号到原始信号的逆映射，可以大幅简化信道估计与均衡；在特定的信道环境下联合优化发射机和接收机，人工神经网络可以学习信道中的非理想效应，提升传输性能。

同时，相较于难以超越传统设计的 AI 模块完全代替传统物理层方案，将人工智能与专家知识结合是可以兼顾双方优势的更佳选择。此外，要充分发挥 AI 在降低信令开销、网络复杂性方面的作用，需要对参考信号、多链路模块间联合协作和空口资源分配等进行专门设计，但可能对现有空口框架与信令设计产生影响。

2. 数据链路层 AI

数据链路层 AI 针对 6G 网络需要具备的覆盖自动扩展能力，当海量新设备加入网络时能快速握手、即插即用，自动实现网络互联、优化，推进 6G 立体全场景覆盖。数据链路层 AI 网络结构示意如图 7-32 所示。

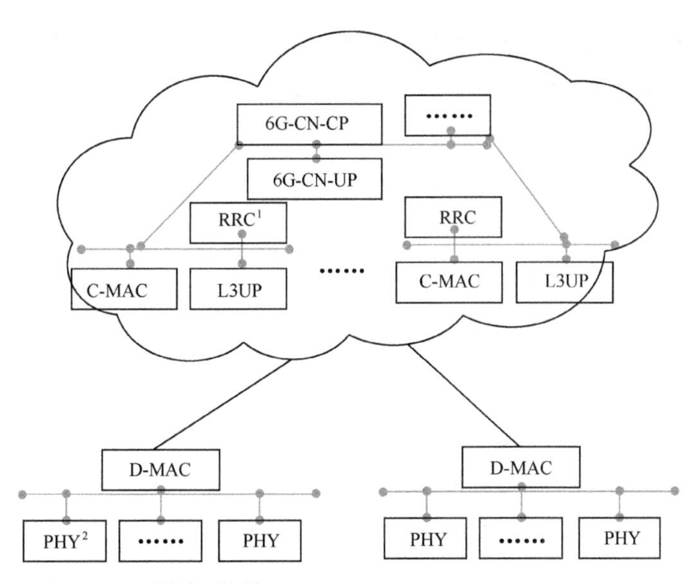

1. RRC：Radio Resource Control，无线资源控制。

2. PHY：Physical Layer，物理层。

图7-32　数据链路层AI网络结构示意

数据链路层AI主要包括以下3个方面。

① 流程感知：感知各种类型接入请求，启动合适的握手及控制信令流程。对于不同类型的接入情况，需要准确识别，完成快速接入，实现覆盖的灵活与扩展。

② 接入点的自生成、自优化：利用数字孪生/AI等技术对各种接入点进行全自动、全生命周期的管理和监控。当接入点新加入网络时能够自动完成配置实现自生成；当接入点运行时，根据实时场景进行参数调整、自优化，按需改进服务。

③ 云对边的控制协调：云端对边缘接入点的灵活精准管控，包括接入控制、自动分配带宽资源、链路间协调、云端的处理可引入AI能力支持相关功能。此外，云和边之间需要高速、高效的传输通道和大带宽、低时延传输带宽来确保接口间的信息实时交互，同时还需要强大的数字孪生和AI算法支撑，以完成对远端接入点的自动控制。

3. 网络层AI

6G时代是高度数据化、智能化的时代，全息影像、XR业务、虚拟空间感知和交互等新业务都对6G网络的业务质量保障提出了更多、更高的要求。

网络层 AI 基于端到端 QoS 约束，根据实时空口传输特征、空口资源、发射—反馈时间约束等条件，实现空口 QoS 保障，是按需空口服务的关键技术。

网络层 AI 主要包括以下 4 个方面。

① 灵活的 QoS 探测机制：结合 AI / 大数据技术，实现对承载业务的 QoS 探测、建模和自适应调制等。

② 业务 QoS 和空口能力的深度融合：探索业务 QoS 和空口服务能力结合的全新 QoS 机制。无线接入网基于业务的精准需求，通过调度和无线资源管理将业务需求与实时的空口状态相匹配。

③ 接入层（Access Stratum，AS）端到端 QoS 机制：终端结合接入网提供的 QoS 信息进行更精细的 QoS 管理，实现上下行数据在空口的精准高效传输。

④ 网络各层协调：未来，在 6G 网络中，要研究开发核心网、传输网和接入网统一协调的 QoS 机制。

7.4.2 应用前景

网络智能化是 6G 网络的主要特征之一，必然应用于 6G 网络。但 6G 网络的具体智能化程度和应用广度将随着各项技术的成熟而不断演进，是没有极限的过程。无线 AI 应用前景显著，不仅能提高网络性能，应对越来越复杂的场景需求，为各类业务提供定制化的网络质量体验，还能实现 6G 网络自治、自演进的关键技术。它将应用于 6G 网络的全程全网和绝大部分的业务。

但是，无线 AI 技术应用落地仍面临着诸多挑战，例如，数据的采集和存储缺乏统一标准；为了提高用户的隐私安全，用户数据使用的规定越来越严；物理层数据分析实时性要求较高等。因此，无线 AI 依然需深入研究，以突破技术难点，在 6G 系统中得以充分应用。

7.5 新型双工技术

7.5.1 技术概述

新型双工技术区别于现有的时分双工（Time-Division Duplex，TDD）技术和频分双工

（Frequency-Division Duplex，FDD）技术，TDD和FDD的共同特点是一个通信设备的收发不能同时同频进行。新型双工技术的目标就是打破这种空口收发自由度的约束，使一个通信设备可以在时频域上灵活地收发配置，其理想情况是同时同频全双工收发。

明确提出同时同频全双工通信的专利和论文最早出现在20世纪90年代中期。2011年前后，随着5G标准化工作的启动，同时同频全双工通信迎来了研究开发的高峰时期，至今仍然是一个十分活跃的研究方向。

现在，点对点室内全双工技术已经突破。组网、室外、多天线全双工技术的研究工作已密集开展，已有部分测试数据。全双工需要的核心器件（例如，射频域自干扰抑制芯片等）已有样品，部分厂商正在推进测试。Sub 6G和毫米波回传场景的全双工产品已经出现，美国的创新公司（例如kumu、GenXcomm等）也在业界推广。

7.5.2 应用前景

同时同频全双工技术主要包括：信号层面的强自干扰抑制技术；组网层面的互干扰抑制方法、资源调度分配、网络架构；器件层面的可调时延器、高线性移相器、高隔离度天线、射频域自干扰抑制芯片等。信号层面和组网层面既互相制约又互相促进，例如，信号层面的互干扰抑制受限可通过组网策略解决。在组网层面，不同场景对新型双工的技术要求不同，小功率场景的技术相对成熟，大功率多天线组网场景仍有待完善，新型双工技术无论是独立组网还是混合组网都需要各层面技术互相有效支撑。器件的成熟和实用化，既可以提高干扰抑制性能，又可以促进新型双工网络的实用化。

新型双工技术的主要应用场景包括室内小功率场景，回传和中继场景也已经开始初步应用，此外，其收发低时延特性可应用到时延敏感的场景。

新型双工技术尚未成熟，存在以下3个方面的难点。

① 设备配置：大功率多天线的全双工难度较高，目前典型的射频域干扰抑制电路和算法无法支撑大规模MIMO应用，复杂度很高。

② 组网架构：全双工基站间及全双工用户间存在互干扰问题，目前暂无良好的解决策略。

③ 器件成熟：在大功率、大带宽情况下，射频域干扰抑制需要的高线性度时延器和调相器等关键器件还不够完善，且成本较高。

虽然新型双工技术暂时不够成熟，但若未来有射频域干扰抑制和非线性干扰信号校正补偿等方面的新型优秀算法提出，专用芯片能够成熟商业应用，则可就相关特定场景进行试点。

7.6 调制编码和多址接入

7.6.1 技术概述

5G 在业务信道上使用了低密度奇偶校验码（Low Density Parity Check Code，LDPC），在控制信道上使用了 Polar 码，调制除了采用 16QAM、64QAM 和 256QAM 等高阶调制技术，也引入了 pi/2-BPSK 低阶调制技术用于提升上行链路的可靠性；多址接入采用了 F-OFDM[1]。基于传统的 Shannon 信息论，目前，国内外的调制编码技术已经和 Shannon 极限非常接近；传统的正交多址接入提升空间也是非常有限的。

1. 新型调制编码

我国的新型调制编码技术研究在全球处于先进水平，华为的 Polar 码在 5G 中被正式列为信道编码方案。对于 6G 新型调制编码，目前业界有两种观点：第一种是在 5G 现有调制编码技术的基础上做进一步的优化，强调继承和演进；第二种是采用新型调制编码，强调的是创新和革命。两种观点目前未有定论。由于业务的多样性，用统一的调制编码技术应对所有业务的难度较大，但易实现产业化。5G 对 eMBB 和 uRLLC 这两类不同的应用场景采用了相同的调制编码方案，6G 也许会尝试不同场景采用不同的方案，用提升复杂度来换取更好的性能。

2. 新型多址接入

在多址接入技术方面，目前业界已提出多种非正交多址接入技术，例如，华为的稀疏码分多址接入（Sparse Code Multiple Access，SCMA）技术是基于多维调制和稀疏码扩频的，信道水平可以提升 300%，成倍提升频谱效率；大唐的图样分割非正交多址接入（Pattern Division Multiple Access，PDMA）技术降低了复杂度；中兴的多用户共享接入（Multi-User Shared Access，MUSA）技术是基于复数多元码及增强叠加编码的，实现了免调度传输等。目前，非

1 F-OFDM：Filtered-Orthogonal Frequency Division Multiplexing，是一种可变子载波带宽的自适应空口波形调制技术，是基于 OFDM 的改进方案。

正交多址接入在干扰消除、接收机复杂度等方面都不够成熟，5G阶段尚未规模商用。

7.6.2 应用前景

调制编码和多址接入是通信中最基础的技术，追求的目标一直都是在满足可靠性要求的基础上尽可能提高频谱效率。面向未来，6G是更加泛在的网络，具有多样化的应用场景，如何在带宽资源受限的前提下提升用户的体验速率，如何在超低时延的情况下满足用户的可靠性要求，如何提升小数据包业务传输的有效性等，都对调制编码和多址接入技术提出了新的挑战。

调制方式包括二元LDPC、Polar码和Turbo码的改进，多元和多用户LDPC、网格码、喷泉码、重叠复用等非正交调制编码，基于AI的信道编解码等。主要难点在于实现复杂度和编解码的实时性等方面。6G新型调制编码需要在理论上有所突破，特别是在非正交调制编码方面的突破。此外，AI作为一种优化方法，用于编解码已经取得了不少成果，基于AI的调制编码技术也是一种突破。

目前，公认的新型多址接入的发展方向是非正交多址接入技术，已有多个厂商提出相关方案，但是尚未形成统一的意见，产业链不够成熟。6G网络将赋能新型多址接入系统的设计和优化，对非正交多址接入总体架构和关键技术进行深入研究，构建基于人、物等多用户的编码原则，优化相应算法。未来，6G若有成熟方案，可倍数提升传输容量，推进6G商用落地。

调制编码和多址接入是物理层技术，一旦被标准采用，6G所有的业务都将用到这些技术。

7.7 轨道角动量

7.7.1 技术概述

OAM是区别于电场强度的电磁波固有物理量，也是电磁波用于无线传输的新维度，分为量子态和统计态波束两种应用形式。该新维度可以用来传输数据或作为新自由度调控波束，增加传输容量和提高传输性能。具有轨道角动量的电磁波又称为涡旋电磁波。

根据经典电动力学理论，角动量分为自旋角动量（Spin Angular Momentum，SAM）和描述螺旋相位结构的OAM。OAM是区别于电场强度的电磁波固有物理量，OAM传感器检测电磁波轨道角动量，传统天线检测电磁波的电场强度，两者之间是相互独立的。

OAM 复用技术新增了一个多址维度，不同 OAM 模式在空间上相互正交，构成一个理论上具有无限维度的态空间。将不同的 OAM 模式作为独立的信道传输，将大幅提升通信系统的传输容量，能有效提升网络的频谱效率，极大地缓解未来 6G 网络日益增长的业务需求与紧缺的频谱资源的矛盾。OAM 模态示意如图 7-33 所示。

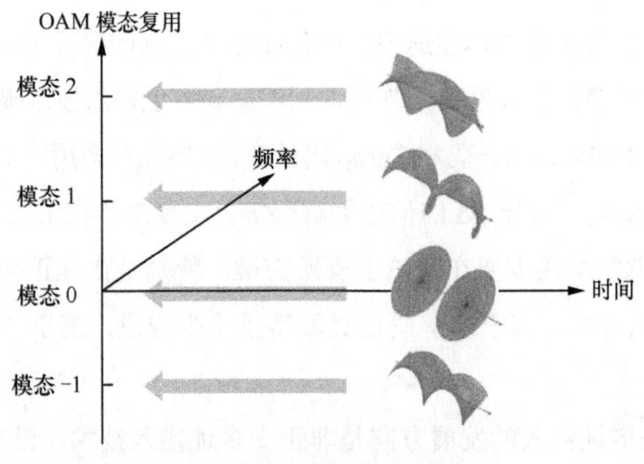

图7-33　OAM模态示意

目前，国际上 OAM 量子态的研究主要围绕 OAM 传感器展开，已经完成部分关键性实验，国内优势单位紧跟国际前沿，也正在完成相应的实验工作；对于 OAM 统计态波束，日本 NTT 已经做到 28GHz、100Gbit/s、100m 传输。在国内，清华大学已完成 10GHz、172km 机载链路实验，浙江大学和华中科技大学等均完成过短距离（10m 以内）大容量传输实验。我国电磁波轨道角动量研究不仅在国际上处于领先水平，而且独具特色。

7.7.2　应用前景

利用角动量的通信技术与利用线性动量的通信技术存在明显区别。6G 对传输容量的巨大需求会使实际的通信系统陷入带宽瓶颈，利用 OAM 进行通信被视为应对可预见的容量紧缩的关键解决方案。OAM 已经在光通信中被成功应用，在无线通信中也具有非常好的应用前景。

OAM 传感器检测电磁波轨道角动量，传统天线检测电磁波的电场强度，两者之间是相互独立的。因此，理论上可构建只用轨道角动量传输的“零带宽”传输系统。对于无线传输来说，OAM 的最大优势就是新维度作用，既可以增加传输容量，又可以在调控波束时降低复杂度。

现在大多数实验是 OAM 统计态波束传输实验，OAM 波束呈现倒锥状，需要共轴传输和全相位面接收，只能支持点对点高速传输，因此，OAM 统计态波束主要应用于基站到自回传接入点之间的回传链路，以及手机终端之间的点对点高速传输；OAM 量子态传输实验则没有这么多限制，可应用于用户接入和用户之间数据传输。

因为 OAM 统计态波束可以采用传统天线收发，所以比 OAM 量子态成熟许多。预计 6G 也会采取先开发 OAM 统计态，再开发 OAM 量子态的顺序。目前，OAM 统计态波束主要面临波束发散问题，需要采用升高频段到 E 波段或 D 波段，或者采用某种波束汇聚方法等，解决波束发散造成传输距离短的问题；OAM 量子态则需要突破 OAM 传感器技术，在理论上已有定论，但产品设计还需要推进和成熟。

7.8 小结

6G 无线传输技术不仅要提供更高的频谱效率，获得更高的传输速率，还要能够满足全息通信、数字孪生、空天智联网等业务对数据速率、时延、连接数甚至感知灵敏度和 AI 等更高更新的需求，同时也要能够与现有的无线技术友好共存。目前，6G 的各项关键技术还尚在研发完善中，有的还处于理论研究阶段，因此着力研发完善各项技术是推动 6G 产业链成熟商用的关键。

第 8 章

6G 频谱

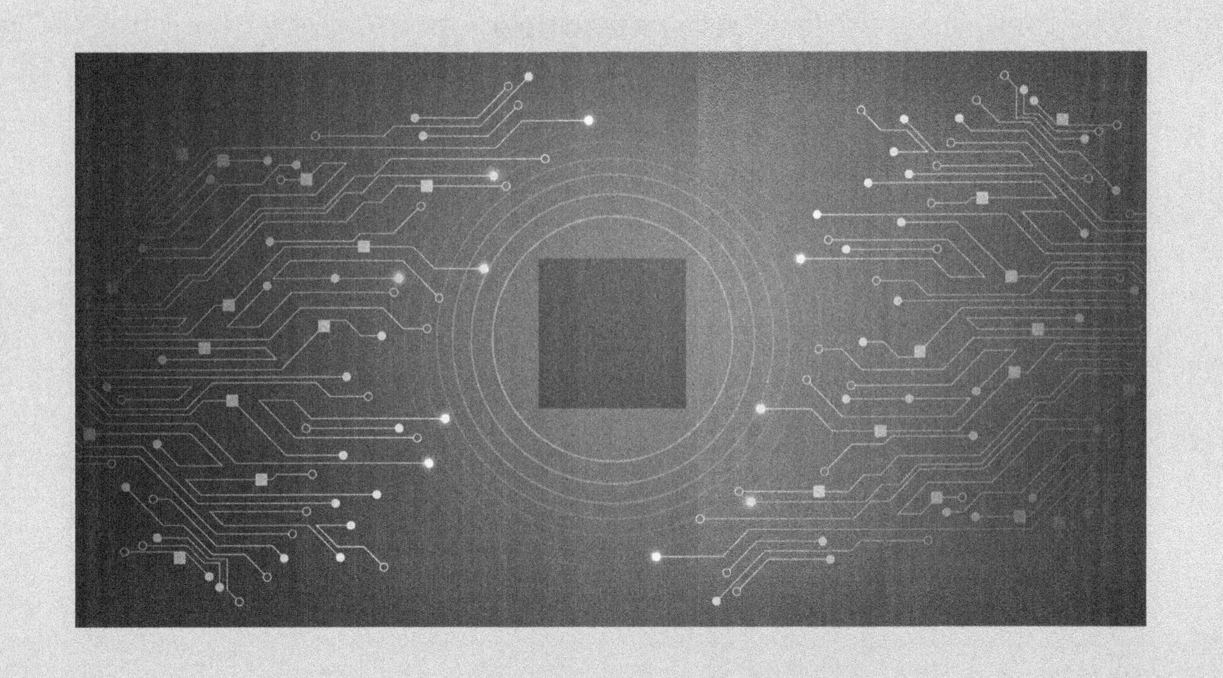

8.1 概述

在空间传播的交变电磁场即为电磁波，它在真空中的传播速度约为每秒 30 万千米。依照波长的长短、频率及波源的不同，电磁波可大致分为无线电波、微波、红外线、可见光、紫外线、X 射线和 γ 射线。其中，可见光波的频率比无线电波的频率要高很多，可见光波的波长比无线电波的波长短很多；X 射线和 γ 射线的频率更高，波长更短。为了全面地了解各种电磁波，人们将这些电磁波按照它们的波长或频率、波数、能量的大小进行排列，这就是电磁波谱。电磁波谱如图 8-1 所示。

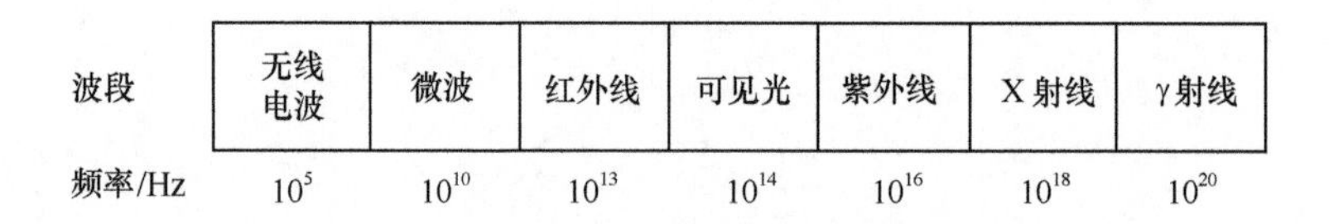

图8-1　电磁波谱

现在一般所说的无线电是电磁波的一个有限频带。按照国际电信联盟的规定，无线电的频率范围为 3kHz ～ 300GHz。随着无线电应用的不断拓展，300GHz ～ 3000GHz 也被列入无线电的范畴。由于无线电频谱范围非常宽，为了研究方便，我们将其划分为 9 个频段。无线电频谱划分见表 8-1。

表8-1　无线电频谱划分

序号	波段（频段）	频率范围	波长范围	英文名称	简称符号
1	超长波（甚低频）	3kHz ～ 30kHz	100000m ～ 10000m	Very Low Frequency	VLF
2	长波（低频）	30kHz ～ 300kHz	10000m ～ 1000m	Low Frequency	LF
3	中波（中频）	300kHz ～ 3000kHz	1000m ～ 100m	Medium Frequency	MF
4	短波（高频）	3MHz ～ 30MHz	100m ～ 10m	High Frequency	HF
5	超短波（甚高频）	30MHz ～ 300MHz	10m ～ 1m	Very High Frequency	VHF
6	分米波（特高频）	300MHz ～ 3000MHz	1m ～ 0.1m	Ultra High Frequency	UHF
7	厘米波（超高频）	3GHz ～ 30GHz	10cm ～ 1cm	Super High Frequency	SHF
8	毫米波（极高频）	30GHz ～ 300GHz	10mm ～ 1mm	Extremely High Frequency	EHF
9	亚毫米波（至高频）	300GHz ～ 3000GHz	1mm ～ 0. 1mm	Tremendously High Frequency	THF

一方面，随着移动通信网络和业务的高速发展，无线电频段的低频部分已接近饱和；另一

方面，技术的发展也加剧了不同业务、不同部门之间在无线电频谱使用上的冲突。近几十年来，公众移动通信技术取得了高速发展，国际移动通信系统的频谱资源不断拓展，对无线电业务共存格局产生了深远影响，特别是对广播业务、定位业务、卫星业务的使用频率形成了冲击。

目前，对于移动通信而言，使用的频段主要在 6GHz 以下，尤其是 5G 商用后，移动通信系统对无线电频谱日益增长的需求与有限的可用频谱之间的矛盾日益突出。国内各电信运营商的 5G 频率分配如图 8-2 所示。

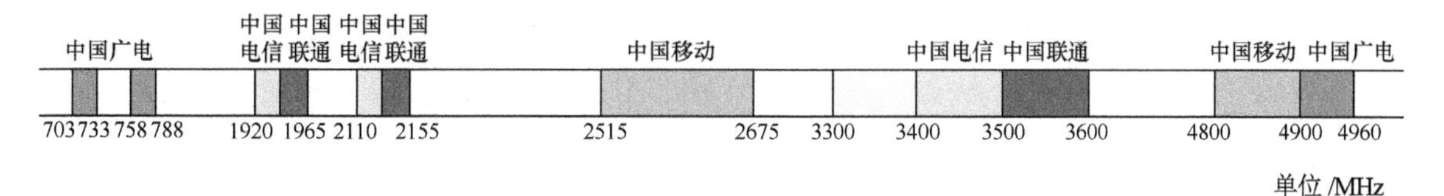

图8-2 国内各电信运营商的5G频率分配

8.2 频谱资源

选用合适的频谱是每一代无线通信系统均需要考虑的一个主要问题。首先，通信系统希望有更多的频谱来提升传输速率和网络容量；其次，全球统一的频谱将在基础设施和终端方面带来更佳的规模经济效益，为此，在全球范围内进行频谱的协调和统一标识是至关重要的；再次，随着无线技术的不断演进，多频段无线通信技术将使我们能够更好地利用已有频谱和新增频谱；最后，全球漫游和技术标准化对于在全球范围内实现业务和应用也是至关重要的。

频谱是无线通信系统的一个核心要素，其使用通常需要经历两代系统的发展才能走向成熟，并且伴随每一代新技术的出现，更多、更高频率范围的频谱得到了使用。6G 时代将持续开发优质可利用的频谱，在对现有频谱资源高效利用的基础上，进一步向毫米波、太赫兹、可见光等更高频段扩展，通过对不同频段频谱资源的综合高效利用来满足 6G 不同层次的发展需求。6GHz 及以下频段的新频谱仍然是 6G 发展的重要资源，通过重耕、聚合、共享等手段，进一步提升频谱的使用效率，为 6G 提供基本的地面连续覆盖，支持 6G 实现快速、低成本的网络部署。

高频段将满足 6G 对超高速率、超大容量的频谱需求。随着产业的不断发展和成熟，毫米波频段在 6G 时代将发挥更大的作用，将大幅提升 6G 的性能和使用效率。太赫兹、可见光等更高频段受传播特性的限制，将主要满足特定场景的短距离、大容量需求。这些高频段也将在感知通信一体化、人体域连接等场景发挥重要作用。

8.2.1 现网已用频谱

1. 低频谱

目前，对低频谱的广泛定义是小于 1GHz 的频段。频率越低，电磁波在传输过程中的衰减越小，因此，低频段的电磁波可以提供更好的网络覆盖性能。但是，低频段也有缺陷，低频段的可用频谱资源少，对高速业务的支持能力有限。低频段的这些特点使这部分频谱在对移动宽带和大规模物联网这两个业务的支持能力方面有着得天独厚的优势，这是因为这两种业务场景对覆盖有着比较高的要求，但对速率的要求则相对宽松。目前，美国联邦通信委员会把 600MHz 的频谱划分给 5G 系统使用。欧盟已经批准对 700MHz 的频谱进行释放，以促进 5G 通信系统的发展。我国与其他国家和地区相比，情况更复杂一些，我国 700MHz 以下的民用频谱主要被中国广电占用，目前已经批准用于 5G 网络建设。800MHz/900MHz 频谱主要被电信运营商用于部署 2G、4G 网络等，现阶段，随着 2G 退网进程加快，该频谱后期有望用于 5G 建设。

2. 中频谱

中频谱指的是电磁波频率在 1GHz ～ 6GHz 的频段，这部分的频谱与低频段频谱相比，可用的频谱资源明显增多，同时，其在传输过程中的衰减和路径损耗也有所增大。这部分频谱资源的各项指标在整个频谱范围内比较均衡。目前，这一频段中 2GHz 以下的频段是我国电信运营商 4G 网络的主要承载频段，而 2GHz 以上的频段，尤其是 2.6GHz、3.5GHz、4.9GHz 频段，主要用于 5G 网络建设。美国将 3.5GHz 频段宽度为 150MHz 的频谱资源分配给 5G 系统使用。欧盟将 3.4GHz ～ 3.8GHz 频段共 400MHz 的频谱资源分配给 5G 系统使用，这一部分频段也被作为欧盟的 5G 系统主要部署频段。

与低频段相比，中频段可以进行分配的带宽有了明显的增加，同时又不像高频段那样因覆盖范围过小出现基站部署需求量大的问题。因此，中频段目前是 5G 通信系统的重点部署频段。

3. 高频谱

高频谱主要指电磁波频率为 6GHz ～ 100GHz 的频段，不过在实际使用和讨论中，高频谱一般指的是大于 24GHz、小于 100GHz 的毫米波频段。这一部分频段目前被开发利用得较少，可用频谱资源充足，能够有效满足大带宽、高速率的业务需求。但是这部分频谱资源传输损耗太大，容易受到墙壁、建筑甚至雨滴的阻挡，覆盖范围小。如果想覆盖一定范围的区域，需要部署大量的基站。因此，目前对毫米波应用场景的讨论主要集中于室内高速率场景。不过，因为毫米波的波长小，在单位空间内可以放置更多的天线，所以如果合理地使用 MIMO 技术，再加上对毫米波信道的精确测量，将来有可能把毫米波引入更多的应用场景。目前，各个国家和地区都为 5G 系统分配了一定数量的毫米波频谱资源。

随着技术的不断发展进步和有关标准的不断完善，高频段频谱资源的使用会成为 5G 通信系统在一些场景和应用下不可或缺的一部分。

4. 毫米波

毫米波（mmWave）是指波长在 10mm ～ 1mm 或频率在 30GHz ～ 300GHz 的电磁波。根据无线电频谱划分，毫米波位于极高频频段。但是对于毫米波频段，目前没有精确的定义，通常频率在 30GHz ～ 300GHz 的电磁波都被认为是毫米波。利用毫米波进行通信的方式被称为毫米波通信。

毫米波具有频段高、带宽大、方向性好等特点，在雷达、遥感和天文等领域应用较多，但在民用通信中的应用相对滞后。随着 5G 技术的快速发展和网络规模部署，5G 将是毫米波在民用通信中广泛应用的重要突破口。根据 ITU-R 发布的《IMT 愿景：2020 年及之后 IMT 未来发展的框架和总体目标》，5G 需要满足不同场景下的应用需求，提供大带宽、大连接、低时延等能力。低频段有较强的穿透能力和广域的覆盖能力。在 5G 网络整体部署中，低频段将是 5G 实现广覆盖、高移动性场景下的用户体验和大连接的必然选择。但低频段频率存在资源非常有限、共存系统多、共存条件苛刻等问题，因此，毫米波未来可以作为低频段 5G 网络的补充，利用毫米波丰富的频谱资源优势，满足 5G 在热点区域极高的系统容量需求。

（1）频谱分配

3GPP 在 R15 TS 38.104 中定义了 5G 支持的频段列表（5G 支持的频谱范围可达 100GHz），指定了两大频率范围——FR1 和 FR2，其中，FR2 是 24.25GHz ～ 52.6GHz，主要定义了 n257、n258、n259、n260 和 n261，位于毫米波频段范围内。

3GPP 定义的 FR2 频段见表 8-2。

表8-2　3GPP定义的FR2频段

频段号	下行 / 上行 /（MHz）	双工模式
n257	26500 ～ 29500	TDD
n258	24250 ～ 27500	TDD
n259	39500 ～ 43500	TDD
n260	37000 ～ 40000	TDD
n261	27500 ～ 28350	TDD

2019 年 11 月举行的世界无线电通信大会确定了 IMT 和 IMT-2020（5G）的几个新的频率范围（包括几个既有的 3GPP 频率和一些新增的频率，具体有 24.25GHz ～ 27.5GHz、37GHz ～ 43.5GHz、45.5GHz ～ 47GHz、47.2 GHz ～ 48.2GHz 及 66GHz ～ 71GHz）。另外，一些国际机构也在考虑其他频段，例如，71GHz ～ 86GHz 频段。

（2）国外 5G 毫米波部署情况

根据 GSA 最新统计数据，24.25GHz ～ 29.5GHz 是目前使用最多的 5G 毫米波频段，包括上述 FR2 频段中的 n257、n258、n261，其中，39 个国家的 113 家电信运营商正在部署或运营该频段的 5G 网络，66 家电信运营商已被批准部署该频段的 5G 网络，12 家电信运营商正计划在该频段部署 5G 网络。

37GHz ～ 40GHz 的 n260 频段已投入使用，美国有 3 家公司正在积极部署该频段的网络。此外，其他国家也在评估、测试、试验和部署位于 15GHz、18GHz、66GHz ～ 76GHz、81GHz ～ 87GHz 的网络。

（3）中国 5G 毫米波研究进展

我国对毫米波的研究起步较晚，技术研发能力相对薄弱，但正在加大追赶的步伐。2017 年 6 月 8 日，工业和信息化部发布《关于公开征集在毫米波频段规划第五代国际移动通信系统（5G）使用频率的意见》，并于 2017 年 7 月批复将 4.8GHz ～ 5.0GHz、24.75GHz ～ 27.5GHz 和 37GHz ～ 42.5GHz 频段用于我国 5G 技术研发试验，试验地点为中国信息通信研究院 MTNet 试验室及位于北京怀柔、顺义的 5G 技术试验外场。

IMT-2020（5G）推进组目前正在验证 5G 毫米波关键技术和系统特性。未来两年内，IMT-2020（5G）推进组计划分阶段验证毫米波基站和终端的功能、性能和互操作，开展高低频协同组网和典型场景验证。

（4）毫米波的传输性能

相对于目前电信运营商使用的低频段，毫米波频段的传输性能比较差，其特点主要体现在两个方面：一方面，毫米波频段高，自由空间损耗大，毫米波的传输受限于诸多环境因素，例如，大气吸收、雨衰、树叶遮挡等，这些因素决定了毫米波无法适用于低频段宏蜂窝广域覆盖部署方式，只能采用小基站实现热点区域的覆盖；另一方面，毫米波绕射能力差，容易被楼宇阻挡和被建筑物反射，这就决定了毫米波一般只适用于视距传输，非视距传输的应用场景具有很大的局限性。

8.2.2 6G 潜在频谱

1. 毫米波

虽然目前全球还没有统一的 6G 定义，但采用毫米波及更高的频段已经成为各国的普遍共识。毫米波频段的使用，可以将移动通信的传输速率提升到 5G 的 100 倍，达到 1Tbit/s，从而实现全息图像、自动驾驶等新型应用。

毫米波频段的优势是具备更宽的带宽，能为移动通信建设提供更丰富的频谱资源；而毫米波频段的缺点也是显而易见的，即频率升高使无线电波的传播距离变短，而且频率越高，传播距离越短，按照传统的观念，毫米波或者更高的频段是难以形成大规模商用的。

2. 太赫兹

太赫兹是指频率在 0.1THz ～ 10THz 的电磁辐射。从频率上看，太赫兹在无线电波和光波、毫米波和红外线之间；从能量上看，太赫兹在电子和光子之间；在电磁频谱上，太赫兹波段两侧的红外和微波技术已经非常成熟，但是太赫兹技术基本上还处于空白状态，因为在此频段上进行研究时，既不能完全使用光学理论，也不能完全使用微波理论。太赫兹系统在半导体材料、高温超导材料的性质研究、断层成像技术、无标记的基因检测、细胞水平的成像、化学和生物的检查，以及宽带通信、微波定向等领域有广泛的应用。

随着太赫兹技术的发展，它在物理、化学、电子信息、生命科学、材料科学、天文学、大气和环境监测、通信雷达、国家安全与反恐等多个重要领域具有的独特优越性和巨大的应用前景逐渐显露，因此，太赫兹技术被认为是 21 世纪重大的新兴科学技术领域。

太赫兹具有连续可用的大带宽的优势，将有助于构建 6G 短距离、高速率的传输系统，支持超高速率的数据传输，满足超密集设备的连接需求，增强网络连接的可靠性，并支撑高效能的终端网络。

2020年，ITU启动6G研究工作，其中太赫兹技术发展及其在6G中的应用与挑战成为一个研究热点。此外，美国联邦通信委员会将对95GHz～3THz进行为期10年的开放性测试；欧盟制定了Horizon技术并已启动多项针对太赫兹频段的研究项目；日本、韩国等国家也相继开展了对太赫兹器件和无线通信技术的研究。

太赫兹处于毫米波和红外波之间，属于电子和光子的过渡区域，与毫米波相比，太赫兹具有频率更高、带宽更大、路径损耗大、分子吸收严重、漫散射丰富和波束极窄的特点。与毫米波存在宽带波束偏移现象不同，太赫兹存在波束宽带分束的现象。

探索新的可用频段是6G研究的重点方向，随着新场景的引入和垂直行业的发展，探索太赫兹频段的高效利用方式显得愈加重要，太赫兹特殊频段特性、太赫兹基带处理算法、太赫兹与其他技术的结合等都是未来研究的方向和重点。

为了推动太赫兹通信技术的快速发展，需要在太赫兹设备研发方面取得突破性进展，例如，电子、光子、混合收发机设计、大规模天线阵列、片上或膜上阵列、新材料阵列技术等；同时需要对大功率高频设备的设计、新型天线和射频晶体管材料、收发机架构、信道建模、阵列信号处理和能效问题展开进一步研究。

3. 可见光

可见光通信指利用400THz～800THz的超宽频谱、无须授权的高速率通信方式，是常规无线局域网的替代品。在室内环境中，可见光通信有着独特的优势，可以实现高保密、人体无害、无电磁辐射的高速通信，能够覆盖人们近80%的活动范围，可见光通信在室外地面通信中也有很好的应用场景，车间通信很可能成为首个实现可见光通信的场景。

在6G空–天–地–海一体化通信场景下，可见光可以用于实现大气内外、水面、水下等场景中的同环境设备之间及不同环境设备之间的通信。

相较于传统的无线通信，传输速率高是可见光通信的一大优势，也是面向6G的可见光通信的一大特点，目前研究的重点是提升可见光通信系统的速率。高速可见光通信系统可以分为离线系统和实时系统：离线系统使用示波器或其他数据采集设备记录接收到的信号，之后使用离线程序对数据进行处理；而在实时系统中，接收到的信号会被实时地处理、解算为实际传输的数据。

在过去的十几年中，可见光通信经历了一个飞速发展时期。除了适用于室内短距离高速通信，可见光通信技术还适用于从低速、高速到超高速的各种距离，例如，低速的室内定位、车联网、船联网，高速的医疗通信、高安全性通信、专网通信及深空通信，超高速的室内超高速接入网等。可见光通信与其他通信手段相结合将是未来 6G 蓝图中十分重要的组成部分，因此有关可见光通信的研究还会深入发展。目前，6G 可见光通信想要实现集成化商用，还存在 LED 器件带宽有限、硅基光探测器在可见光波段灵敏度远低于红外波段、缺少针对可见光通信基带信号处理的专用集成电路、收发光学天线体积过大等问题。此外，可见光通信系统的整体建模还亟待进一步深入研究。

可见光通信作为一种高速可靠的无线通信方法，将与 6G 中的其他技术融合形成异构网络，共同提供大容量、高速率、稳定可靠的传输。在这样的一个网络中，上行链路速率可以超过 10Gbit/s，点对点的下行数据链路可以达到 100Gbit/s ～ 200Gbit/s。可见光通信为了能够适应未来 6G 系统中的复杂数据场景，应引入机器学习与人工智能算法，并成为下一阶段研究的重点。

8.3 频谱需求

频谱资源是国际共用、国际支配的稀缺性战略资源，被广泛应用于国民经济和国防建设的各个方面。移动通信行业是依托频谱资源的重要行业之一。近年来，随着无线新技术的发展和人们对数据多媒体业务的需求，多家机构研究显示，未来移动通信业务量将呈现爆炸式增长。这给新技术发展和频谱资源管理带来了严峻的挑战。

为了满足庞大的业务需求，无线通信技术体系在加速演进。由国际电信联盟无线通信部门（ITU-R）定义的 IMT 已经发展到了第 5 代（5G）。在 IMT 系统进行技术革新的同时，海量移动数据业务对频谱的需求力度也在不断增加。目前，ITU-R 正在开展未来 IMT 系统频谱总量预测的相关研究。

一般来说，频谱分配与使用场景、应用场景、网络 KPI 等密切相关，5G 的很多方面将持续向 6G 演进。此外，由于频谱分配后有几十年的生命周期，其更加关注政策和法规的连续性，这意味着 5G 中采用的多层频段架构同样适用于 6G 网络。

随着我国工业化和信息化融合的加深，频谱供需矛盾日益凸显。为了实现频谱资源的科学管理，一方面要为新的频谱需求及时规划分配资源，以促进相关行业和产业的发展；另一方面，也要对频谱需求做出合理估计，避免超前分配导致资源浪费。IMT 合理预测频谱资源，既可以解决当下的重点问题，也可以为其他行业的频谱需求预测提供参考。

随着全息影像通信等新的大带宽应用及高分辨率感知等新业务和功能不断涌现，预计 6G 会使用比毫米波更宽的带宽，向上扩展到太赫兹频段，甚至扩展到可见光频段。6G 频谱需求预计在 2023 年年底的世界无线电通信大会上正式被讨论，2027 年年底的世界无线电通信大会上完成 6G 频谱分配。目前，潜在的候选频段包括太赫兹频段、毫米波频段及 6GHz 频段。太赫兹通信技术可能是未来 6G 通信技术发展的一个重要方向。2019 年召开的世界无线电通信大会正式批准了 275GHz ～ 296GHz、306GHz ～ 313GHz、318GHz ～ 333GHz 和 356GHz ～ 450GHz 共 137GHz 的带宽资源可无限制条件地用于固定和陆地移动业务应用，这些频谱未来可能用于 6G 通信业务。

8.4 频谱共享技术

频谱资源是电信运营商重要的资产之一。近年来，移动数据业务呈现高速增长趋势，而频谱资源有限，因此频率资源的供需矛盾将非常突出。

电信运营商往往要同时运营多个制式的网络，部署 5G 网络后，会存在 2G、3G、4G、5G 同时运营的场景。随着移动宽带网络业务流量需求的不断增加，电信运营商从 2G/3G 重耕到 4G，从 4G 重耕到 5G。如何从电信运营商的现有频谱资源挖掘出更多潜力已成为业界普遍关注的议题。在传统电信运营商的多制式网络中，每个制式都需要固定地占用一定的频谱资源，每个制式所需的频谱资源与其最大的业务容量相关，虽然不同制式业务负荷的潮汐特性不同，但由于每个制式都独占频谱，不同制式间的频谱不能错峰共享使用，严重浪费了频谱资源。频谱共享技术能够实现在同一频段内按需、动态地分配频谱资源，因此成为电信运营商的良好选择。

8.4.1 动态频谱共享技术

为了让频谱重耕后每个制式的网络还能保障其峰值业务容量对频谱资源的要求，不同制式间的频谱共享技术是关键。随着业界对频率共享技术研究的逐步深入，频谱共享技术已经成为业界解决频谱供需矛盾的重要手段，并在电信运营商频谱重耕阶段发挥关键作用。

频谱共享技术分为静态频谱共享技术和动态频谱共享技术。静态频谱共享技术的频谱利用效率提升是有限的，因此为了进一步提升频谱利用效率，动态频谱共享技术逐渐成为业界研究的热点。

动态频谱共享技术实现了不同制式网络根据自身业务状况，动态申请和释放频谱资源，大幅提升整体频谱的利用率。以4G、5G动态频谱共享技术为例，5G初期，如果从4G原有频谱分割部分频谱用于部署5G，一方面会直接造成4G可用频谱减少，另一方面可能面临商用终端较少、5G业务较少的问题，分配的频谱极有可能被浪费。此时，可以采用4G、5G动态频谱共享技术。业务信道中，在保证一定的5G业务体验的前提下，5G可以直接使用4G剩余频谱；非业务信道中，5G摒弃了4G“alway on”小区公共信号和信道设计，其控制信道、广播信道、主辅同步信道均可灵活地配置于时域和频域，因此，5G小区可以在不影响4G小区的前提下，避开LTE相关信道，避免制式之间的相互干扰。

在未来，将区块链技术应用于动态频谱共享中，可实现由传统集中式资源管理向分布式管理的转变，大大提高资源管理效率，降低管理成本。基于区块链技术的动态频谱共享，可将6G网络节点（例如基站、智能终端等）加入区块链网络，当每个节点产生频谱请求或频谱授权交易时，广播该请求/交易信息至网络中，网络中其他“矿工”节点验证其合法性，并通过共识机制产生新区块触发智能合约，执行相应的频谱授权交易。

8.4.2 频谱共享技术存在的挑战

尽管频谱共享方案对电信运营商来说是非常有吸引力的，但其在技术上仍面临挑战，主要是信道间的干扰问题。以4G、5G动态频谱共享技术为例，4G为宽带系统，信道配置相对粗放，控制信道、导频等均为全频带映射，而5G也为宽带系统，同样存在各类物理信道，如何既能完美解决两种制式之间的各种物理信道的干扰，又能提升业务信道在共享频谱上的整体频谱利用率，这就需要统筹合理的算法支撑。此外，4G采用固定的15kHz的子载波间隔，而5G则支持不同参数集的混合使用，即允许配置不同的子载波间隔。不同的子载波间隔破坏了子载波间的正交性，NR通过OFDM信号的windowing/filtering技术降低了符号间的干扰，但LTE没有windowing/filtering技术，导致4G与5G进行频谱共享时，如果5G配置了不同于15kHz的子载波间隔，就会对LTE产生干扰，引起LTE的系统性能损失。

8.4.3 非授权频谱上的频谱共享

随着移动通信技术的不断演进和多载波聚合技术的发展，网络对频谱资源的诉求会越来越多，3GPP也在频谱共享方面做了很多的探索和研究。例如，LTE-A中的授权频谱辅助接入（Licensed-Assisted Access，LAA）技术本质上就是一种频谱共享技术。

LAA 技术是指通过授权频谱和非授权频谱之间进行载波聚合来提升 LTE 的下行速率。非授权频谱是指 5.8GHz 频段上不需要牌照的频谱，通常是 Wi-Fi 等设备在使用，LTE 使用此频谱的前提是必须能和 Wi-Fi 一样公平地使用该段频谱，不能抢占或独占频谱资源。为此，3GPP 定义了先听后说（Listen Before Talk，LBT）技术，LTE 在占用 5.8GHz 频谱之前先对信道进行侦听，当无其他用户使用时才允许使用该频谱，确保频谱合理和公平使用。使用非授权频谱大大扩展了 LTE 的可用频谱资源，并在电信运营商的网络规划中越来越重要，例如，利用 5GHz 非授权频谱来运营 LTE 专网业务。另外，终端芯片产业链也逐步增强了支持 LAA 的能力，目前 T-Mobile 和 AT&T 都在对 LAA 进行测试，而 T-Mobile US 有望将 LAA 与新的小型基站相结合。

8.5 小结

频谱资源作为无线通信系统的一个核心要素，对于提升网络性能有着重要的作用，但从移动通信的发展来看，由于用户数的激增和移动通信系统的组网带宽不断加大，现有的频谱资源已严重不足，这成为制约移动通信发展的重要因素。因此在 6G 时代，可见光、太赫兹等频谱资源将走进我们的视野，成为 6G 频谱资源研究的重要方向。

第9章

6G应用场景

9.1 6G + 智享生活

1. 通感互联网

通感互联网是一种联动多维感官实现感觉互通的体验传输网络。通过互联基础设施，人们可以充分调动视觉、听觉、触觉、嗅觉、味觉乃至情感，并实现这些重要感觉的远程传输与交互。人们无论身处何处，都可以像在真实环境中一样沉浸式地体验运动等项目，可以感受到真实却不消耗实物的美食，可以进行护肤试用体验，可以获得精准操控平台硬件设施的云端协同办公体验。

2. 孪生体域网

在体域网应用方面，5G 主要实现人体的健康监测及疾病的初级预防等功能。随着分子通信理论、纳米材料、传感器等关键技术的突破性进展，面向 2030 年及以后的体域网将进一步实现人体的数字化和医疗的智能化。

通过对现实世界人体的数字重构，孪生体域网将构造出虚拟世界个性化的“数字人”。通过对“数字人”进行健康监测和管理，可实现人体生命体征全方位精准监测、靶向治疗、病理研究和重疾风险预测等，为人类的健康生活提供保障。

3. 智能交互

智能交互是智能体（包括人与物）之间产生的智慧交互。现有的智能体交互大多是被动的，依赖于需求的输入，例如，人与智慧家居的语音和视觉交互。

随着 AI 在各领域的全面渗透与深度融合，面向 2030 年及以后的智能体将被赋予更加智能的情境感知、自主认知能力，实现情感判断及智能反馈，可产生主动的智慧交互行为，在学习能力共享、生活技能复制、儿童心智成长、老龄群体陪护等方面大有作为。

9.2 6G + 智赋生产

1. 智赋农业

智赋生产将极大地解放农业劳作，提高全要素生产率。融合陆基、空基、天基和海基的“泛在覆盖”网络将进一步解放生产场地，未来信息化的生产场地将不限于地面等常见区域，可以进一步扩展到水下、太空等场地；数字孪生技术可预先进行农业生产过程模拟推演，提前应对负面因素，进一步提高农业生产能力与利用效率。同时，运用信息化手段紧密连接城市消费需求与农产品供给，为农业产品流注入极大的活力，推进智慧农业生态圈建设；大数据、物联网、云计算等技术将支撑更大规模的无人机、机器人、环境监测传感器等智能设备，实现人与物、物与物的全连接，在种植业、林业、畜牧业、渔业等领域大显身手。

2. 智赋工业

对于工业生产而言，智赋生产意味着工业化与信息化深度融合。数字孪生技术与工业生产结合，不仅能起到预测工业生产发展因素的作用，还可以使实验室中的生产研究借助数字域进行，进一步提高生产创新力。越来越多的智慧工厂将采用人、机、物协同的智慧制造模式，智慧机器人将代替人类和现有的机器人成为敏捷制造的主力军，工业制造更趋于自驱化、智能化。纳米技术的发展将为工业生产各环节的监测和检测过程提供全新的方式，纳米机器人等可以成为产品的一部分，对产品进行全生命周期的监控。工业生产、储存和销售方案将基于市场数据进行实时动态分析，有效保障工业生产利益最大化。

9.3 6G + 智慧社会

1. 超能交通

在2030年及以后的网络的助力下，人们无论身处何地，都将体验到优质的网络性能及其带来的智慧服务。例如，超能交通将在交通体验、交通出行、交通环境等方面大放异彩，全自动无人驾驶将大行其道，进一步模糊移动办公、家庭互联、娱乐生活之间的界限，开启人类的互联美好生活。通过有序运作“海–陆–空–太空”多模态交通工具，人们将真正享受到按需定制的立体交通服务。新型特制基站同时覆盖各个空间维度的用户、城市上空无人机等，使无人机路况巡检、超高精度定位等多维合作护航成为可能，为人类打造可信安全的交通环境。

2. 精准医疗、普智教育、虚拟畅游

在基于“泛在覆盖”的6G网络中，精准医疗将进一步延伸其应用区域，帮助更多的人构建起与之对应的个性化“数字人”，并在人类的重大疾病风险预测、早期筛查、靶向治疗等方面发挥重要作用，实现医疗健康服务由“以治疗为主”转向“以预防为主”。利用全息通信技术与网络中泛在的AI算力，6G时代的普智教育不仅能够实现多人远距离实时交互授课，还可以实现一对一智能化因材施教；数字孪生技术将实现教育方式的个性化和教育手段的智慧化，它可以结合每个个体的特点和差异，实现教育的定制化。“泛在覆盖”通信网络还将结合文化旅游产业发力增效，通过全方位覆盖的全息信息交互，人们可以随时随地沉浸于虚拟世界。

3. 新型智慧城市群

随着数字时代的不断演进，通信网络成为智慧城市群中不可或缺的公共基础设施。对城市管理部门而言，城市公共基础设施的建设和维护是其重要职责。目前，由于不同的基础设施由不同的部门分别建设和管理，绝大部分城市公共基础设施的信息感知、传输、分析、控制仍处于各自为政的现状，缺乏统一的平台。作为城市群的基础设施之一，6G 将采用统一网络架构，引入新业务场景，构建更高效、更完备的网络。未来 6G 网络可由多家运营商投资共建，采用网络虚拟化、软件定义网络和网络切片等技术将物理网络和逻辑网络分离。人工智能深度融入 6G 系统，将在高效传输、无缝组网、内生安全、大规模部署、自动维护等多个层面得到实际应用。

4. 即时抢险、“无人区”探测

5G 与 IoT 技术的结合，可以支持诸如热点区域安全监控和智慧城市管理等社会治理服务。2030 年及以后，“泛在覆盖”将成为网络的主要形式，完成在深山、深海、沙漠等“无人区”的网络部署，实现空－天－地－海全域覆盖，推动社会治理便捷化、精细化与智能化。依托覆盖范围广、部署灵活、超低功耗、超高精度和不易受地面灾害影响等特点，“泛在覆盖”通信网络在即时抢险、“无人区”探测等社会治理领域应用前景广阔。例如，通过“泛在覆盖”和“数字孪生”技术实现“虚拟数字大楼”的构建，可迅速制定出火灾等灾害发生时的最佳救灾和人员逃生方案；通过“无人区”的实时探测，可以实现诸如台风预警、洪水预警和沙尘暴预警等功能，为灾害防范预留时间。

9.4 6G+ 数据服务

数据的价值已被市场广泛认知，未来 6G 的生态系统本身将会产生、处理、消费海量的数据，从运营到管理、从网络到用户、从环境感知到终端等，并可能处理第三方的行业数据，这些数据将使能更加完善的智能服务，为电信运营商增值，但同时给高效地组织和管理数据带来了新的挑战。另外，随着 ICT 的广泛和深度应用，以及数据安全和隐私泄露事件的不断发生，人们越来越意识到隐私和数据所有权的重要性。各主要国家和组织也纷纷出台相关法律法规来规范数据的使用，明确用户对个人数据的控制权，数据主体应能够自主决定是否将个人数据变现、共享或提供给 AI 模型进行训练。

现有网络作为数据传输的“管道”，通过单点技术实现数据处理、服务及安全隐私保护，而在 6G 时代，需要引入独立的数据面，构建架构级的统一可信的数据服务框架，在满足数据法规监管要求的同时，提供可信的数据服务，提高电信运营商的运营效率。

6G 网络数据服务框架需要适配终端的多样性，支持异构多源的数据接入，收集、处理及存储巨量数据。数据的高价值备受企业关注，通过人工智能等手段创新性地挖掘数据之间的关联，从多样化和内在关联的数据中发现新机会、创造新价值，将数据转化为知识，以实现基于认知的智能，使能应用的智能化及多样性，以满足整个网络中“数据采集—机器学习—智能服务—应用赋能”的全域网络智能需求。

可信的数据服务框架如图 9-1 所示，融合已有的数据服务单点技术，基于“去中心化”的可信机制，以及数据和知识双驱动的智能分析，从系统架构层面实现数据服务和可信服务。6G 网络的数据源自移动通信网络、车联网或物联网等基础网络，数据服务框架获取数据并处理后，对数据进行分类存储。数据通过隐私保护处理及授权后，可由机器学习结合知识图谱等 AI 工具实现知识化，使能多样化的应用，提供数据即服务（Data as a Service，DaaS）的功能。区别于传统移动网络中集中式的认证授权和粗粒度的访问控制方法，6G 网络数据服务框架依据数据天然具有的分布式特点，以及与之适配的分布式部署的算力和智能，通过数据和应用程序的解耦，基于区块链及分布式存储等“去中心化”的技术构建可信数据服务，实现对任何数据的访问进行认证授权，并在链上保存相关操作记录，提供 TaaS。

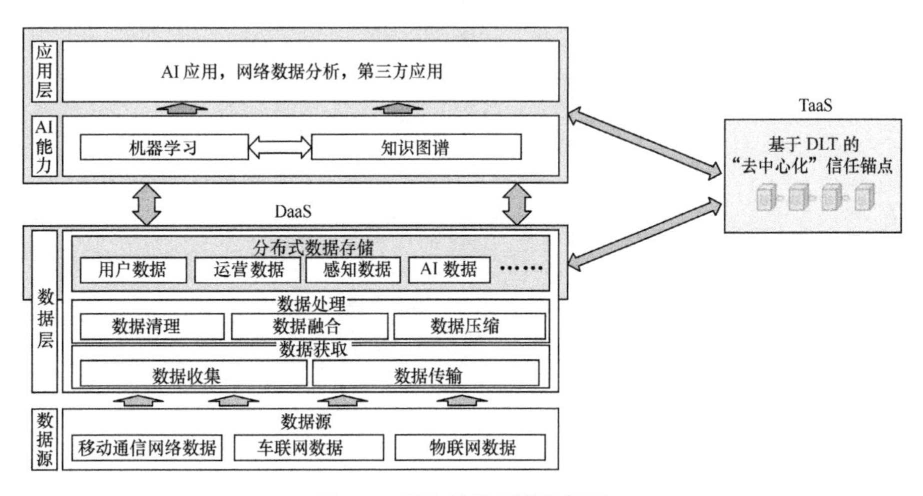

图9-1　可信的数据服务框架

9.5 6G + 沉浸式云 XR

扩展现实（XR）是虚拟现实（VR）、增强现实（AR）、混合现实（MR）等的统称。云化 XR 技术中的内容上云、渲染上云、空间计算上云等将显著降低 XR 终端设备的计算负荷和能耗，摆脱线缆的束缚，XR 终端设备将变得更轻便、更沉浸、更智能。

2030 年以后，网络及 XR 终端能力的提升将推动 XR 技术进入全面沉浸化时代。云化 XR 系统将与新一代网络、云计算、大数据、人工智能等技术相结合，赋能商贸创意、工业生产、文化娱乐、教育培训、医疗健康等领域，助力各行业的数字化转型。

未来云化 XR 系统将实现用户和环境的语音交互、手势交互、头部交互、眼球交互等复杂业务，需要在相对确定的系统环境下满足超低时延与超大带宽，才能为用户带来极致体验。现有的云 VR 系统对 MTP1 时延的要求是不高于 20ms，而现有端到端时延则达到了 70ms。2030 年以后，基于云化 XR 的总时延将低于 10ms。

沉浸多感网络技术可实现沉浸式云 XR、全息通信、感官互联、智慧交互等业务应用的实时控制。沉浸多感网络逻辑架构如图 9-2 所示，根据应用层需求，感知层完成视觉、听觉、触觉等多维度媒体信息的感知和编解码，网络层由分布式业务控制引擎完成媒体智能分发处理、多并发流协同、QoS 智能感知和调度、沉浸多感网络路由等功能。

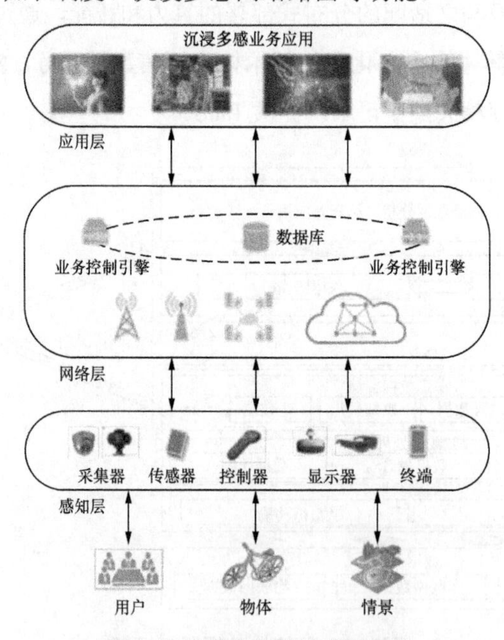

图9-2 沉浸多感网络逻辑架构

全息和触觉媒体是新型媒体的两种主要形式。全息媒体流通常以点云的数据格式进行编码和传输，当前主要有 V-PCC[1] 和 G-PCC[2] 两种编码标准。V-PCC 用于稠密点云，例如强调纹理和细节的全息数字人体；G-PCC 用于稀疏点云，例如在较大空间的全息现场演出。在触觉编码方面，现有研究认为触觉数据由动觉和触觉信息两种子模态组成。动觉模态数据目前有两种压缩方法：一种是基于韦伯定律的动觉模态数据压缩，另一种是韦伯定律数据压缩与稳定性保证机制的结合。触觉模态数据目前也有两种压缩方法：一种是基于波形的触觉信号表示和压缩，另一种是基于参数表示和分类的特征提取。

媒体智能分发处理根据媒体流的编码、压缩、渲染等算力需求，结合云、网、端等多种算力资源的状态和能力，将海量多媒体数据智能分发到合适的算力节点进行处理。例如，将涉及大量计算的渲染放在计算能力强大的云中心进行处理，将媒体流的编解码分发到网络边缘的多个算力节点共同处理完成。此外，媒体智能分发处理技术能根据用户对象类型、属性和业务需要选择合适的媒体服务器。

多并发流协同控制技术根据具体场景和业务逻辑，协同控制沉浸多感媒体并发数据流的建立、交互、同步和整合。沉浸多感媒体数据需要上千个并发数据流进行传递，例如，全息数据及其格式清单、全息数据传输优先级、音频流、视频流、文本数据、触觉反馈数据、触觉控制数据等。

QoS 智能感知和调度不仅可以及时感知并实时上报 QoS 参数和业务状态，根据策略对 QoS 进行控制，还可以智能预测未来一段时间内的 QoS 参数变化，及时对 QoS 策略做出优化调整。

沉浸多感网络路由主要包括全分布模式和集中 + 分布的混合模式。全分布模式无须配置中央服务器，通信节点根据保存的路由数据直接建立业务连接。在混合模式中，接入服务器接收发起方的业务请求，执行相应的业务逻辑后，通过查询统一数据库获取接收方所在的接入服务器地址，完成业务路由。混合模式由统一数据库存储路由数据，可靠性更高，更适合应用于沉浸多感网络。

随着无线网络能力、高分辨率渲染及终端显示设备的不断发展，未来的全息信息传递将通过自然逼真的视觉还原，实现人、物及其周边环境的三维动态交互，极大地满足人与人、人与物、人与环境之间的沟通需求。云化 XR 与全息的全面结合，将广泛应用于文化娱乐、医疗健康、教育、社会生产等领域，使人们不受时间、空间的限制，打破虚拟场景与真实场景的界限，

1 V-PCC：Video Point Cloud Compression，基于视频的点云压缩。

2 G-PCC：Geometry Point Cloud Compression，基于几何的点云压缩。

实现沉浸化的业务体验。上述业务需要在相对确定的网络环境下进行，并通过对 AI 资源的调度，满足超低时延与超大带宽及智能化的需求，为用户带来极致体验。

9.6 6G + 全息通信

近年来，随着全息技术的发展应用，全息通信正在逐步走向现实。全息显示技术利用干涉法记录物体表面散射光波的相位和振幅等信息，再利用衍射原理重建物体的三维图像。全息通信是利用全息显示技术，捕获处于远程位置的人和周围物体的图像，通过网络传输全息数据，在终端处使用激光束投射，以全息图的方式投影出实时的动态立体影像，并能够与之交互的新型通信方式。未来 6G 技术的发展，将会提供更强的通信网络，逐步让全息通信业务的发展应用成为可能。

6G 技术将支持人类对物理世界进行更深刻的理解与感知，帮助人类构建虚拟世界与虚实融合世界，从而扩展人类的活动空间，同时支持大量智能体互联，延伸人类的体能和智能水平。结合 6G 技术、全息通信愿景与未来通信技术的发展趋势，以扩展活动空间与延伸体能智能为基线，进行扩展与挖掘可获得包括数字孪生、高质量全息、沉浸 XR、新型智慧城市、全域应急通信抢险、智能工厂、网联机器人、自治系统等相关的 6G 全息通信场景与业务形态，贴合 6G 的愿景，体现“人—机—物—境”的完美协作。

6G 时代，全息通信的应用场景将有七大类，分别为多维度交互体验、沉浸式全息影像、超智能信息网络、高质量人像互动、新态势模型展示、大带宽远程管理、低时延精密辅助。6G 全息通信应用场景如图 9-3 所示。

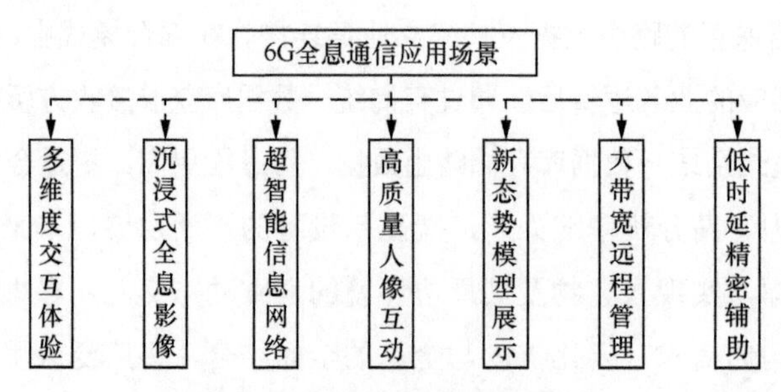

图9-3　6G 全息通信应用场景

1. 多维度交互体验

一直以来，人们都在追求实现真实度与参与感更强的显示技术与体验效果。6G 时代，通信网络传输性能的极大提高可让全息技术及多模态交互技术落地，在这些技术的赋能下，用户可以体验到更丰富的交互通道，交互效果更为真实。在多维度交互体验场景下，未来的网络可以采集来自物体和环境的全真数据，应用全息技术构建可供用户深度参与交互的体验场景，丰富沉浸式的多通道交互手段，提供丰富新颖的交互体验。

多维度交互体验场景多用于体验增强型业务，要求技术能够将采集到的环境与物品数据高性能传输以构建沉浸化场景，因此对通信网络带宽及支持流量密度能力提出更高的要求。

在多维度交互体验场景下，显示端可以生成沉浸性更强、互动程度更高的成像效果，为用户带来更丰富的感官体验。因此，多维度交互体验场景可以广泛应用于泛娱乐、文化教育等领域，通过构建丰富多维的可交互显示效果，为用户提供全息娱乐、全息文化教育等服务。在6G多维度交互体验场景中，家庭XR娱乐借助虚拟现实、通道交互等技术，建立高显示品质、高交互程度的显示场景，让用户高沉浸性地进行家庭游戏、虚拟运动等娱乐项目。此外，6G通信网络还让全息观影成为可能，用户可以观看立体感和全真程度极高的全息画面，并通过多个通道与设备进行交互，可收获更好的观影体验。

多维交互体验的一个重要领域是全息游戏。虽然全息游戏使用场景最为广泛、发展时间最久，但尚未运用全息技术并实现交互。目前，市场上并没有真正意义上的全息游戏。游戏与全息技术结合必将使游戏环境的逼真度及玩家游戏体验变得更好。全息游戏应用布局如图9-4所示。

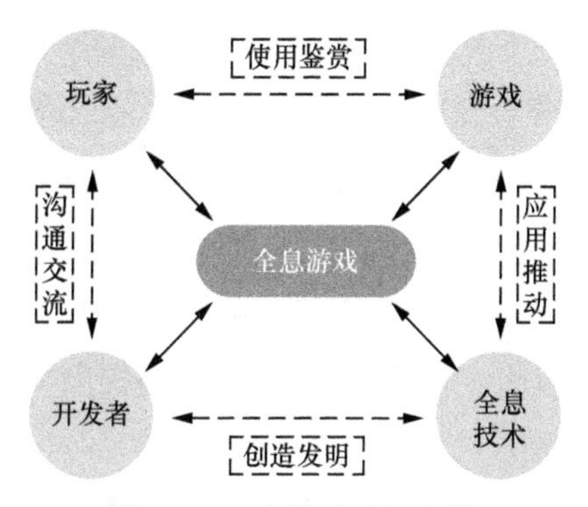

图9-4　全息游戏应用布局

2. 沉浸式全息影像

现阶段，沉浸式体验方式有虚拟现实、增强现实及两种的组合版，由于显示精度及场景数据下载速率等问题，增强现实体验还未达到商用的标准。在6G时代，用户可以通过裸眼全息的方式营造全场景效果，体验完全沉浸式场景。

沉浸式全息影像场景要在相对固定的系统环境下，利用超低时延与超大带宽的通信才能为用户带来极致体验，因此对传输的要求较高，同时为了加强体验的沉浸感，其对交互的要求也更为苛刻。另外，在裸眼的情况下实现沉浸式全息影像，对展示的载体及媒介将是前所未有的挑战，只有做到极致才能做到沉浸式体验。

通过 6G 技术和裸眼 3D 显示技术，沉浸式全息影像将大大提升用户的体验感，广泛应用于生活娱乐场景，其中典型场景包括全息服务与销售、全息新闻与舞美、全息影院、全息体育、楼盘样板间展示及沉浸式主题餐厅。沉浸式全息影像场景如图 9-5 所示。

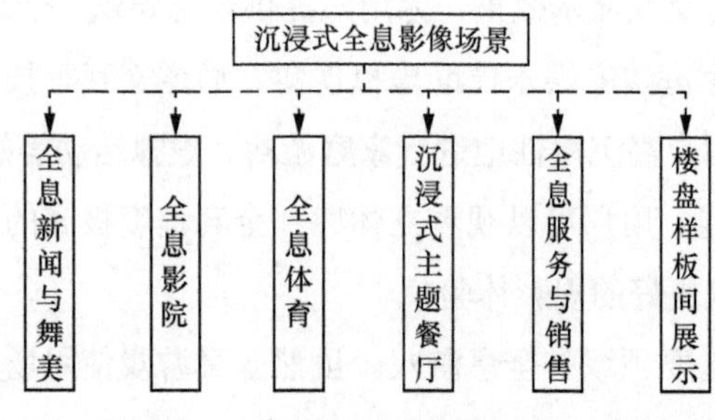

图9-5　沉浸式全息影像场景

3. 超智能信息网络

随着人工智能技术的研究与应用推进，智能化早已成为各个领域追求的目标。在超智能网络场景下，6G 通信网络的大带宽、低时延与广连接特性，让系统结合大数据、人工智能等技术对采集到的大规模数据进行综合处理分析，让 6G 为全域智能化赋能，实现 AI 、数字孪生与 6G 网络的紧密结合。

超智能信息网络场景普遍需要采集环境与场景数据，且具备高网络适应性与情景感知能力，甚至深度应用人工智能技术，因此，此类场景对通信网络提出了高传输带宽、强网络态势感知与调节能力、高 AI 融智程度的要求。

随着 6G 与人工智能技术的融合落地，采集端产生的巨量数据和高性能数据传输将为人工智能处理与分析求解提供坚实的数据层基础，人工智能将能够感知更多维、更全面的数据并提升数据传输的处理速度与远程数据交互能力，因此，超智能信息网络可以运用于自动驾驶、智能机器人等与人工智能紧密结合的领域，让人工智能“思维敏捷”的同时也能“手眼通天”。超智能信息网络场景可以提供自然环境和城市环境的数字化管理。通过采集城市内的交通、治安等多源多维数据，智能体将实现基于城市全面数据的智能化实时监测与分析，调配城市资源，进行异常状况告警，也可以通过采集车辆周边信息与其他车辆信息等获取海量数据，经过智能体分析决策后，提供自动驾驶服务。

4. 大带宽远程管理

随着生产、生活信息化进程的不断推进，越来越多的现实物体将会映射进数字世界，实现多方位监控与感知。在大带宽远程管理场景下，诸如传感器等采集与监控设备将会产生海量的数据，提供给远端业务方使用。届时 6G 将提供超大带宽的远距离数据传输业务，帮助用户获取远端实时数据，得到全息态势信息，从而进行大规模数据远程传输、处理及呈现。

大带宽远程管理场景的突出特点是数据传输体量大，需要远距离数据传输。因此，大带宽远程管理场景的大规模数据传输特性，要求通信网络具备大传输带宽、高吞吐量的能力，并且能够在超远距离传输下仍保持较好的稳定性。

将 6G 通信网络应用于道路监控等态势采集作业后，6G 网络的大带宽、低时延等特性将会大幅提升态势监控的效率，让工作人员通过全息呈现等技术足不出户便能远程查看某物或某场景的全方位信息，提升工作体验。因此，大带宽远程管理类场景在工农业作业监控、特殊环境探查等领域有着较广泛的分布。例如在采矿业，矿洞内的采集端通过传感器多方位采集矿洞内的多维环境信息后，能将海量全真数据传输至远端中控室内呈现，辅助现场工作人员掌握矿下的环境信息、判断矿下环境异常状况，并对事故点进行全方位的细节检查。此外，在农作物种植业中，通过传感器采集农作物的生长状态、周边环境等多源信息并进行远程传输，在中控室中呈现，让农业专家能全方位掌控农作物的态势信息，并针对作物问题给予远程指导。

5. 低时延精密辅助

传统通信网络存在的固有数据通信时延问题，将会在 6G 网络中得到大幅度减少。6G 网络的极低时延将会让端到端之间的数据传输质量更高，连接更加紧密，因此，在需要高实时性传输数据的低时延精密辅助场景下，6G 网络能实现远程数据高质量同步，促进沟通效率、资源分配效率的提升，真正实现万物互联。

低时延精密辅助场景的突出特点是场景需求高，传输数据质量高，部分子场景应用了高分辨率显示技术，要求端到端数据传输的即时性更高且传输可靠性更强。因此，低时延精密辅助场景对 6G 网络提出了高数据传输上下行速率、低空口时延、强网络稳定性的要求。

通过发挥6G网络的低时延优势，通信网络的安全性与稳定性将会大大提高，因此，低时延精密辅助场景将能够在医疗、制造业等领域广泛应用，其中，6G网络让远程医疗的实现成为可能，医生在高性能通信网络的赋能下，能在触觉、视觉等多维数据中与病人交互，对病人实施远程问诊。此外，工作人员通过6G通信网络，在安全场所传输移动数据，指挥实验室内机器人进行高危化学实验操作，提高了特殊场所下作业的安全性。

6. 高质量人像互动

高质量人像互动将带来新的沟通方式和体验。通过自然逼真的视觉还原，满足人、物及其周边环境的三维动态交互，满足用户对于人与人、人与物、人与环境的沟通需求。

高质量人像互动场景对信息通信系统提出更高的要求，需要做到人、物和环境的高质量数据采集传输及三维下的多模态交互，因此，数据采集传输需要高精度的采集设备、较高的全息图像传输能力和强大的空间三维显示能力。未来全息通信的广泛应用会使人与人之间的互相交流和会议呈现多种丰富的形态，全息通信还可用于远程培训和教育应用程序，为学生提供参与和交互能力。

7. 新态势模型展示

当前，全息投影的场景相对固定且设备比较笨重，而且对环境灯光有一定的要求，所以场景相对有限。6G技术可以实现小场景的光场全息，光场3D模型的展示能丰富我们的日常生活和提高我们的工作效率，从而降低操作成本的同时丰富交互体验。

新态势模型展示场景规模均较小，因此数据传输体量小，数据质量不需要很精密，但此场景着重用户与场景模型的交互操作，因为三维的数据信息承载比二维更加丰富且有层次，用户在获取信息时能更加直观且精准。

新态势模型展示场景可以让现实与全息完美结合，互动性更加真实，且场景不需要宏大。用户可借助物理传感器，通过手势交互或体感交互对模型进行交互操作。

9.7 6G + 感官互联

情感交互和脑机交互（脑机接口）等全新的研究方向已取得突破性进展并得以应用，覆盖各行各业的各种传感器的大量应用，加速了通信感知的融合，这将使6G网络支持目标的检测、定位、识别、成像等感知功能。此外，越来越多的个人和家用设备、无人驾驶车辆、智能机器人等都将成为新型智能终端。在情感思维的互通和互动中，智能体产生主动 / 被动的智慧交互行为，大量传感器的存在及其所探测的信息，6G 网络的自学习、自运行、自维护，以及大量智能终端的广泛使用，都需要大量的数据完成自练习、自学习，要求 6G 网络支持对超大数据量的智能处理。此外，智能驾驶等业务还对时延有严格的要求。

视觉和听觉一直是人与人之间传递信息的两种基本手段，除了视觉和听觉，触觉、嗅觉和味觉等其他感官也在日常生活中发挥着重要作用。2030 年以后，更多感官信息的有效传输将成为通信手段的一部分，感官互联将成为未来主流的通信方式，广泛应用于医疗健康、技能学习、娱乐生活、道路交通、办公生产和情感交互等领域。畅想未来，远隔重洋的家庭成员或许不再为见面而跨越大半个地球，感官互联设备将会让他们感受到一个拥抱、一次握手；人们坐在家中便可漫步马尔代夫海滩，体验沙子滑落指间和海风沁人心脾的感觉。

为了支撑感官互联的实现，需要保证触觉、听觉、视觉等不同感官信息传输的一致性与协调性，毫秒级的时延将为用户提供较好的连接体验。触觉的反馈信息与身体的姿态和相对位置息息相关，这对定位精度提出较高的要求。在多维感官信息协同传输的要求下，网络传送的最大吞吐量将成倍提升。在安全方面，由于感官互联是多种感官相互合作的通信形式，为了保护用户的隐私，通信的安全性必须得到更有力的保障，以防止侵权事件的发生。在感官数字化表征方面，各种感觉都具有独特的描述维度和描述方式，需要研究并统一其单独和联合的编译码方式，使各种感觉都能够被有效地表示。

9.8 6G + 智慧交互

依托未来 6G 移动通信网络，情感交互和脑机交互（脑机接口）等全新研究有望取得突破性进展。具有感知能力、认知能力甚至会思考的智能体将彻底取代传统的交互设备，人与智能体之间的支配和被支配关系将开始向有情感、有温度、更加平等的类人交互转化。具有情感交互能力的智能系统可以通过语音对话或面部表情识别等监测到用户的心理、情感状态，及时调节用户情绪以避免健康隐患。

在智慧交互场景中，智能体将产生主动的智慧交互行为，同时可以实现情感判断与反馈智能，因此，数据处理量将会大幅增加。为了实现智能体与人类的实时交互，其传输时延要小于 1ms，用户体验速率将大于 10Gbit/s；6G 智慧交互应用场景将融合语音、人脸、手势、生理信号等多种信息，人类思维理解、情境理解能力也将更加完善，可靠性指标需要进一步提高到 99.99%。

9.9 6G + 通信感知

未来，6G 网络将可以利用通信信号实现对目标的检测、定位、识别、成像等感知功能，无线通信系统将可以利用感知功能获取周边环境信息，智能精确地分配通信资源，挖掘潜在通信能力，增强用户体验。毫米波或太赫兹等更高频段的使用将加强对环境和周围信息的获取，进一步提升未来无线系统的性能，并助力完成环境中的实体数字虚拟化，催生更多的应用场景。

6G 将利用无线通信信号提供实时感知功能，获取环境的实际信息，并利用先进的算法、边缘计算和 AI 能力生成超高分辨率的图像，在完成环境重构的同时，实现厘米级的定位精度，从而实现构筑虚拟城市、智慧城市的愿景。基于无线信号构建的传感网络可以代替易受光和云层影响的激光雷达和摄像机，获得全天候的高传感分辨率和检测概率，实现通过感知来细分行人、自行车和婴儿车等。为实现机器人之间的协作、无接触手势操控、人体动作识别等应用，需要达到毫米级的方位感知精度，精确感知用户的运动状态，达到为用户提供高精度实时感知服务的目的。此外，环境污染源、空气含量监测和颗粒物（例如 PM2.5）成分分析等也可以通过更高频段的感知来实现。

9.10 6G + 普惠智能

到 2030 年，越来越多的个人和家用设备、各种城市传感器、无人驾驶车辆、智能机器人等都将成为新型智能终端。这些新型终端不仅可以支持高速数据传输，还可以实现不同类型智能设备间的协作与学习。可以想象，未来整个社会通过 6G 网络连接起来的设备数量将到达万亿级，这些智能体设备通过不断的学习、交流、合作和竞争，可以实现对物理世界运行及发展的超高效率模拟和预测，并给出最优决策。

在网络运维方面，AI 智能体将把数据转化为信息，从实战中积累知识和经验，提供数据分析和决策建议，支撑海量数据处理和零时延智能控制，并根据感知到的环境变化对网络中心和边缘进行负载调整和协调，处理接入和突发传输请求。在未来的智能工厂中，大量用于生产的协作机器人可以通过智能体实现信息的交互与学习，不断更新自身模型，优化制造流程。6G 的智能设计还可以为无人机集群、智能机器人等无人系统提供实时动作策略，让无人终端高效、精准地利用资源，实现高效控制与高精度定位。图像、语音、温度等数据也可以用于智能学习与协作，AI 将把局部数据连接起来，在特定环境下实现不同智能终端之间可靠、低时延的通信和协作，并且通过大数据不断学习，持续提升工作效率和准确性。

AI 应用的本质就是通过不断增强的算力对大数据中蕴含的价值进行充分挖掘与持续学习。从 6G 时代开始，网络自学习、自运行、自维护都将构建在 AI 和机器学习能力之上。6G 网络将通过不断的自主学习和设备间的协作，持续为整个社会赋能赋智，真正做到学习无处不在，永远学习和永远更新，把 AI 的服务和应用推到每个终端用户面前，让实时、可靠的 AI 智能成为每个人、每个家庭、每个行业的忠实伙伴，实现真正的普惠智能。

9.11 6G + 数字孪生

随着感知、通信和人工智能技术的不断发展，物理世界中的实体或过程将在数字世界中得到数字化镜像复制，人与人、人与物、物与物之间可以凭借数字世界中的映射实现智能交互。通过在数字世界中挖掘丰富的历史和实时数据，借助先进的算法模型产生感知和认知智能，数字世界能够对物理实体或者过程实现模拟、验证、预测、控制，从而获得物理世界的最优状态。

未来，6G 时代将进入虚拟化的孪生数字世界。在医疗领域，医疗系统可以利用数字孪生人体的信息，做出疾病诊断并预判最佳治疗方案；在工业领域，通过数字域优化产品设计，可降低成本并提高效率；在农业领域，利用数字孪生进行农业生产过程的模拟和推演，可以预知不利因素，提高农业生产的能力与土地利用效率；在网络运维领域，通过数字域和物理域的闭环交互、认知智能及自动化运维等操作，网络可快速适应复杂多变的动态环境，实现规划、建设、监控、优化和自愈等运维全生命周期的“自治”。

数字孪生对 6G 网络的架构和能力提出了诸多挑战，需要 6G 网络拥有万亿级的设备连接能力并满足亚毫秒级的时延要求，以便能够精确实时地捕捉物理世界的细微变化。通过网络数据模型和标准接口，并辅以自纠错和自生成的能力，使数据质量得到保障。考虑到数据隐私和安全需求，6G 网络应能够在集中式和分布式架构下均可进行数据采集、存储、处理、训练和模型生成。此外，6G 网络还需要达到 Tbit/s 的传输速率，以保证精准的建模和仿真验证的数据量要求，通过快速迭代寻优和决策，按需采取集中式或分布式的智能生成模式。

9.12 6G + 全域覆盖

当前的通信以地面为主，但是地面环境复杂，例如高山、海洋甚至偏远无人区等，这些区域的建网成本高昂。从抗灾救援、科学考察、远洋货轮的宽带接入等角度出发，以及随着无人机、飞机等空中设备的增多，人们对通信的全域化诉求越来越强烈，6G 时代这一通信愿景需要得到网络的充分支持。

目前，全球仍有超过 30 亿人使用到基本的互联网，其中大多数人分布在农村和偏远地区，地面通信网络高昂的建网成本使电信运营企业难以负担。无人区、远洋海域的通信需求，例如南极科学考察的高速通信、远洋货轮的宽带接入等，也无法通过部署地面网络来满足。除了地球表面，无人机、飞机等空中设备也存在越来越多的连接需求。随着业务的逐渐融合和部署场景的不断扩展，地面蜂窝网与包括高轨卫星网络、中低轨卫星网络、高空平台、无人机在内的空间网络相互融合，将构建起全球广域覆盖的空－天－海－地一体化三维立体网络，为用户提供无盲区的宽带移动通信服务。

全域覆盖将实现全时、全地域的宽带接入能力，为偏远地区、飞机、无人机、汽车、轮船等提供宽带接入服务；为全球没有地面网络覆盖的地区提供广域物联网接入，为应急通信、农作物监控、珍稀动物无人区监控、海上浮标信息收集、远洋集装箱信息收集等提供保障；提供精度为厘米级的高精度定位。此外，利用高精度地球表面成像可提供应急救援、交通调度等服务。

9.13 6G + 语义通信

6G 网络将为用户提供沉浸式、个性化和全场景的服务，最终实现服务随心所想、网络随需而变、资源随愿共享的目的。随着脑机交互、类脑计算、语义感知与识别、通信感知一体化和智慧内生等新兴技术和架构的出现和发展，6G 网络将具备语义感知、识别、分析、理解和推理能力，从而实现网络架构从数据驱动向语义驱动的范式转变。

6G 网络将实现多模态语义感知及通信的深入融合，充分利用不同用户、设备、背景、场景和环境等条件下的共性语义信息和普适性知识域，自动对传输信息中所包含的语义和知识进行感知、识别、提取、推理和迁移，从根本上解决基于传统数据驱动通信协议中存在的跨系统、跨协议、跨网络、跨人机交互与通信不兼容和难互通等问题，大幅度提高通信效率，减少语义传输和理解时延，降低语义失真度并显著提高用户体验质量，给人机共生网络、触觉互联网、情感识别与计算网络等新兴应用提供有力支撑，面向万物智联的语义通信网络架构示意如图 9-6 所示。

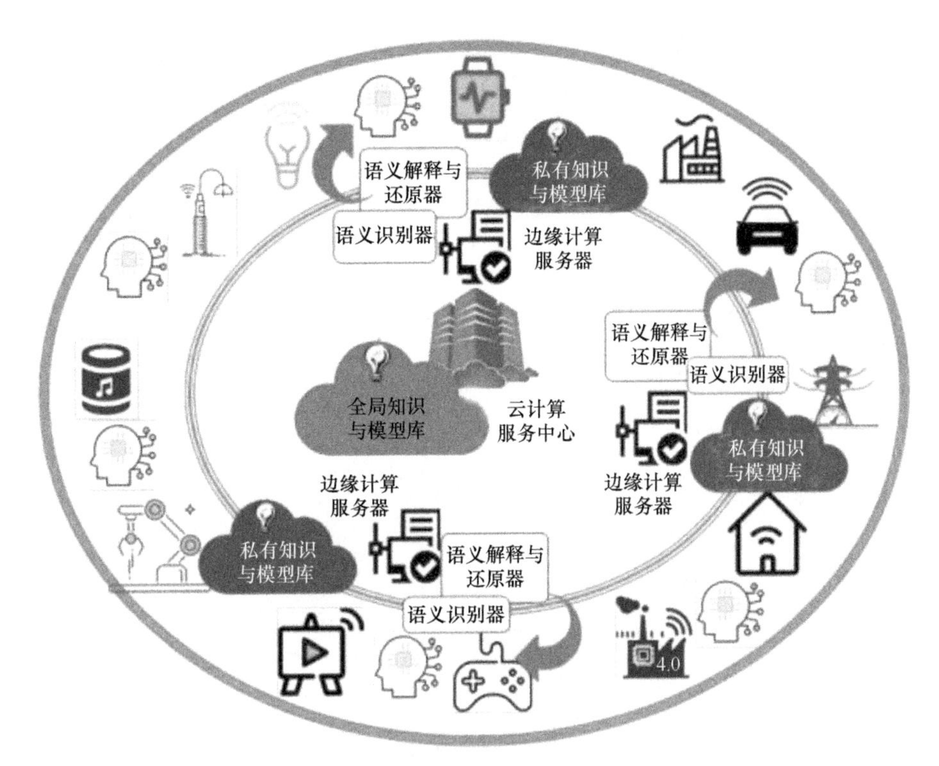

图9-6　面向万物智联的语义通信网络架构示意

作为一种全新通信范式，语义通信技术有望将通信网络从传统的基于数据协议和格式的单一固化通信架构中解放出来，通过采用更具有普适性的信息含义，即语义，作为衡量信息通信性能的主要指标，打通机—机智联、人—机智联与人—人智联模式之间的壁垒，实现真正的万物无缝智联。具体来说，语义通信主要依赖于建立在海量人类用户和机器之间都具备普适性和可理解性的语义知识库，因此，其有望解决目前机—机智联中信息模态不一致导致的不兼容性问题，为建立能够满足不同类型设备之间互联互通的统一通信协议架构奠定基础。由于语义通信以人类的普适性知识和语义体系作为基础，可从根本上保证人—机智联与人—人智联交互及通信时的用户服务体验，并进一步减少语义和物理信号之间的转换次数，从而降低可能产生的语义失真。

近年来，语义通信网络在知识共享和语义理解方面的独特优势逐渐得到学术界的认可，并在包括触觉互联网、全息通信、XR和人机共生网络（例如，无人驾驶和有人驾驶车辆共存的交通网络、远程医疗、网络虚假和恶意信息识别系统等）在内的诸多场景中得到应用。

第10章

总结与展望

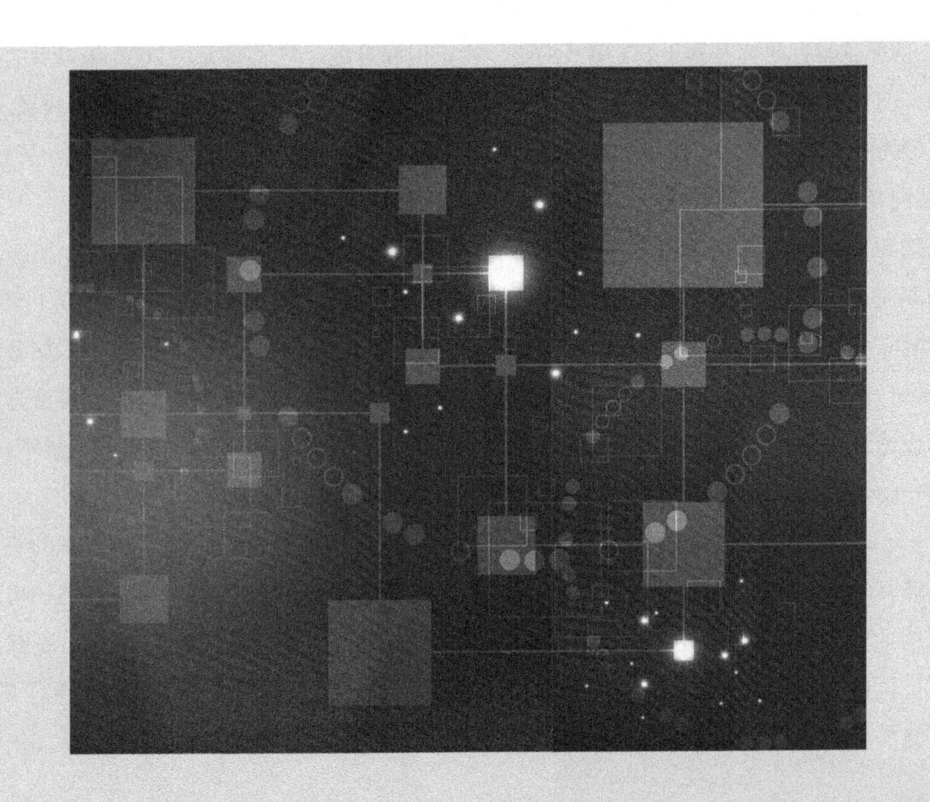

互联网流量的爆炸式增长，海量终端的接入需求，以及工业控制、远程医疗时延和可靠性的高要求，催生了 5G 通信技术，也让通信能力从移动性、时延、用户感知速率、峰值速率、连接数密度、流量密度、能源效率等各方面产生了质的飞跃。全球在大规模开展 5G 建设的同时，6G 已悄然来临。6G 发展驱动力除了政策因素，还包括商业和社会需求，涉及人口、收入、经济、环境等多个方面，促使 6G 能在更复杂多样的应用场景中，提供极致的性能体验。

在社会变革方面，人口老龄化已经成为社会关注的焦点问题。联合国统计数据预测，到 2030 年，全球人口数量将达到 85 亿，其中 65 岁及以上的老年人将达到 10 亿，届时人类社会将进入老龄化时代，老龄化现象将直接导致劳动力供给不足。因此人们希望借助 6G 网络技术解决社会、经济、环境发展中遇到的问题，为经济和社会发展注入新的动力，使 6G 成为推动经济增长的新引擎。

按照移动通信"使用一代，建设一代，研发一代"的发展节奏，6G 研究的序幕在全球已经展开，全球范围内关于 6G 的研究还处于起步阶段，整体技术路线尚不明确，目前主要在 6G 愿景目标、应用场景、关键指标、候选关键技术等方面开展研究，相关国际、国家标准化组织及运营商、设备商都制订了 6G 研究计划，并发布了相关白皮书。

6G 的愿景目标研究是基于 5G 愿景的进一步扩展和升级，它需要满足 2030 年以后的信息社会需求，但目前国际标准化组织还未公布 6G 愿景，部分研究机构基于自己的研究成果，将 6G 愿景概括为 4 个关键词——智慧连接、深度连接、全息连接、泛在连接。要实现这一愿景目标，6G 需要向具有太比特的传输速率、更高能效、更多连接数的能力方向演进。

未来 6G 移动通信系统的特点是在 5G 万物互联的基础上演变为万物智联。6G 网络将突破地表的限制，向空-天-地-海多维度扩展，真正实现全球全域的"泛在连接"。2021 年 12 月，国务院发布的《"十四五"数字经济发展规划》中明确提出要前瞻布局 6G 网络技术储备，加大 6G 技术研发支持力度，积极参与推动 6G 国际标准化工作；同时还提出，积极稳妥推进空间信息基础设施演进升级，加快布局卫星通信网络等，推动卫星互联网建设。在这一背景下，6G 网络天地一体化建设已经成为我国未来信息网络基础设施建设的重要方向。

空-天-地-海一体化网络具有明显的覆盖优势，可以帮助电信运营商提供低成本的普遍服务及扩展现有的通信服务，实现收入增长。除了能增强服务，空-天-地-海一体化网络还可以带来很多新的业务、新的应用，包括无处不在的连接、遥感、被动感知和定位、导航、跟踪、自主配送等。同时，我们也要看到，地面移动通信网络和非地面卫星网络各自已经发展了数十年，各个网络的应用环境和业务承载不同，技术体制存在较大差异。因此建设空-天-地-海一体化网络，还存在许多待解决的关键技术和硬件通信设施部署等问题。

当前，业界虽然还没有制定统一的6G标准，但已经就6G商用化进程达成初步共识，6G通信的愿景、场景、指标、关键技术等研究均有了新的进展。相关研究成果中初步明确了6G将会在2030年左右实现规模化商用，未来3～5年是其技术研发的关键窗口期，为抢占竞争制高点，全球6G竞赛已拉开序幕。各个国家和地区都在积极开展6G的相关研究。我国应积极应对6G国际新形式，牢牢把握关键窗口期，前瞻布局6G网络技术储备，科学有序地推进关键技术研发、未来网络实验设施和规模化商用工作。

IMT-2030（6G）推进组于2021年6月发布《6G总体愿景与潜在关键技术白皮书》，提出沉浸式云XR、全息通信、感官互联、智慧交互、通信感知、普惠智能、数字孪生、全域覆盖八大应用场景，展望了内生智能的新型网络、增强型无线空口技术、新物理维度无线传输技术、太赫兹与可见光通信技术、通信感知一体化、分布式自治网络架构、确定性网络、算力感知网络、星地一体融合组网、支持多模信任的网络内生安全十大关键技术方向。

未来，我们将进入人、物、智全连接时代，物理世界经过实时感知变成互联的数字信号，从而实现大规模智能应用。下一代无线通信将提供更强的通信服务和原生AI能力，助力社会当前面临的挑战。

构建6G愿景，识别6G使能技术，需要产业界、学术界和生态圈的伙伴像4G、5G时代一样，继续深入合作，全球6G的标准化是未来网络成功的必由之路。

参考文献

[1] 三星电子 . 下一代超连接体验 [R].2020.

[2] IMT-2030（6G）推进组 . 6G 总体愿景与潜在关键技术白皮书 [R]. 2021.

[3] IMT-2030（6G）推进组 . 6G 网络架构愿景与关键技术展望白皮书 [R]. 2021.

[4] 中国信息通信研究院 . 6G 总体愿景与潜在关键技术白皮书 [R]. 2021.

[5] 中国移动 . 6G 愿景与需求白皮书 [R]. 2019.

[6] 中国移动 . 2030+ 愿景与需求白皮书（第二版）[R].2020.

[7] 中国移动 . 2030+ 网络架构展望白皮书 [R]. 2020.

[8] 中国移动 . 2030+ 技术趋势白皮书 [R]. 2020.

[9] 中国联通 . 中国联通空天地一体化通信网络白皮书 [R]. 2020.

[10] 赛迪智库无线电管理研究所 . 6G 概念及愿景白皮书 [R]. 2020.

[11] 张平，牛凯，田辉，等 . 6G 移动通信技术展望 [J]. 通信学报，2019，40（1）：141-148.

[12] 李新，王强 . 6G 网络愿景及组网方式探讨 [J]. 通信与信息技术，2020（5）：46-47.

[13] 李新，王强 . 6G 研究进展及关键候选技术应用前景探讨 [J]. 电信快报，2020（11）：6-9.

[14] 聂凯君，曹傧，彭木根 .6G 内生安全：区块链技术 [J]. 电信科学，2020，36（1）：21-27.

[15] 刘杨，彭木根 . 6G 内生安全：体系结构与关键技术 [J]. 电信科学，2020，36（1）：11-20.

[16] 杨坤，姜大洁，秦飞 . 面向 6G 的智能表面技术综述 [J]. 移动通信，2020，44（6）：70-74+81.

[17] 张贤，曹雪妍，刘炳宏，等 . 6G 智慧雾无线接入网：架构与关键技术 [J]. 电信科学，2020，36（1）：3-10.

[18] 王佳佳，陈琪美，江昊，等 . 太赫兹空间接入技术 [J]. 无线电通信技术，2019，45（6）：653-657.

[19] 刘超，陆璐，王硕，等 . 面向空天地一体多接入的融合 6G 网络架构展望 [J]. 移动通信，2020，44（6）：116-120.

[20] 张平 . 卷首语 [J]. 移动通信，2020，44（6）：2.

[21] 刘光毅，金婧，王启星，等 . 6G 愿景与需求：数字孪生、智能泛在 [J]. 移动通信，2020，44（6）：3-9.

[22] 毕奇 . 移动通信的主要挑战及 6G 的研究方向 [J]. 移动通信，2020，44（6）：10-16.

[23] 谢莎，李浩然，李玲香，等 . 面向 6G 网络的太赫兹通信技术研究综述 [J]. 移动通信，2020，44（6）：36-43.

[24] 索士强，王映民 . 未来 6G 网络内生智能的探讨与分析 [J]. 移动通信，2020，44（6）：126-130.

[25] 田浩宇，唐盼，张建华 . 面向 6G 的太赫兹信道特性与建模研究的综述 [J]. 移动通信，2020，44（6）：29-35+43.

[26] 刘秋妍，张忠皓，李福昌，等 . 基于区块链的 6G 动态频谱共享技术 [J]. 移动通信，2020，44（6）：44-47.

[27] 魏克军 . 全球 6G 研究进展综述 [J]. 移动通信，2020，44（3）：34-36+42.

[28] 芬兰奥卢大学 . 无处不在的无线智能——6G 的关键驱动与研究挑战 [R]. 2019.

[29] 李少谦 .6G：继续体系结构的变革 [J]. 中兴通讯技术，2021，27（2）：43-44.

[30] 王坦，黄标，庞京 . 未来 IMT 系统频谱需求预测的现状与展望 [J]. 电信科学，2013，29（4）：125-130.

[31] 周宇，陈健，高月红 .5G 授权频谱分配及非授权频谱利用技术的研究 [J]. 电信工程技术与标准化，2018，31（3）：4-9.

[32] 李玲香，谢郁馨，陈智，等 . 面向 6G 的太赫兹通信感知一体化 [J]. 无线电通信技术，2021，47（6）：698-705.

[33] 杜朝海，徐刚毅 . 太赫兹与毫米波技术 [J]. 红外与毫米波学报，2021，40（4）：424.

[34] 梁兆楠，曹彦男 . 太赫兹技术及其通信领域的应用前景 [J]. 数字通信世界，2021（6）：20-22.

[35] 迟楠，贾俊连 . 面向 6G 的可见光通信 [J]. 中兴通讯技术，2020，26（2）：11-19.

[36] 迟楠 . 面向 6G 的可见光通信关键技术与展望 [C]//. 光纤材料产业技术创新战略联盟一届十次理事会暨技术交流会论文集，2021：2.

[37] 施剑阳，牛文清，徐增熠，等 . 面向 6G 的可见光通信关键技术 [J]. 无线电通信技术，2021，47（6）：692-697.

[38] 王瑜新，章秀银，徐汗青，等 .6G 需求、愿景与应用场景探讨 [J]. 电子技术应用，2021，47（3）：1-4+17.

[39] 林德平，彭涛，刘春平 .6G 愿景需求、网络架构和关键技术展望 [J]. 信息通信技术与政策，2021，47（1）：82-89.

[40] 黄宇红，金婧，王启星，等 . 6G 愿景与需求探讨 [C]//.2019 中国信息通信大会论文集

（CICC 2019），2019：11-14.
[41] 魏克军，胡泊 .6G 愿景需求及技术趋势展望 [J]. 电信科学，2020，36（2）：126-129.
[42] 刘光毅，邓娟，郑青碧，等 .6G 智慧内生：技术挑战、架构和关键特征 [J]. 移动通信，2021，45（4）：68-78.
[43] 唐雄燕，李福昌，张忠皓，等 .6G 网络需求、架构及技术趋势 [J]. 移动通信，2021，45（4）：37-44.
[44] 李新，王强 .6G 网络架构演进及挑战 [J]. 通信与信息技术，2021（4）：35-37+54.
[45] 吴晓文，焦侦丰，凌翔，等 . 面向 6G 的卫星通信网络架构展望 [J]. 电信科学，2021，37(7)：1-14.
[46] 陈亮，余少华 . 需求驱动的 6G 网络系统架构初探 [J]. 光通信研究，2021（8）：1-10.
[47] 柴蓉，邹飞，刘莎，等 .6G 移动通信：愿景、关键技术和系统架构 [J]. 重庆邮电大学学报（自然科学版），2021，33（3）：337-347.
[48] 彭雄根，彭艳，李新，等 .5G 毫米波无线网络架构及部署场景研究 [J]. 电信工程技术与标准化，2021，34（1）：70-76.
[49] 刘光毅，黄宇红，崔春风，等 . 6G 重塑世界 [M]. 北京：人民邮电出版社 .2021.
[50] 张平，李文璟，牛凯，等 . 6G 需求与愿景 [M]. 北京：人民邮电出版社 .2021.
[51] 童文，朱佩英 . 6G 无线通信新征程：跨越人联、物联，迈向万物智联 [M]. 华为翻译中心译 . 北京：机械工业出版社 .2021.
[52] 中国信息通信研究院 . 6G 网络架构愿景与关键技术展望白皮书 [R]. 2021.
[53] 贝斐峰，华昉 . 6G 时代太赫兹应用前景探讨 [J]. 通信企业管理 . 2021（3）：75-80.
[54] 赵亚军，郁光辉，徐汉青 . 6G 移动通信网络：愿景、挑战与关键技术 [J]. 中国科学：信息科学 2019，49（8）：963-987.
[55] 任小琴，马娟花，谭玲，等 . 6G 关键技术与研究进展 [J]. 通信与信息技术，2020(2)：62 - 65.
[56] 翟立君，王妮炜，潘沭铭，等 . 6G 无线接入关键技术 [J]. 无线电通信技术，2021，47(1)：1-11.
[57] 蒋之浩，李远 . 超表面多波束天线技术及其在无线能量传输中的应用 [J]. 空间电子技术，2020，17（2）：82-91.
[58] 孟凡，孙海港，安青青 . 可见光通信系统中关键技术研究 [J]. 电信技术，2018（1）：46-48.
[59] 朱振坤 . 可见光通信应用前景与发展挑战 [J]. 通信电源技术，2019，36（2）：217-218.
[60] 谢莎，李浩然，李玲香，等 . 面向 6G 网络的太赫兹通信技术研究综述 [J]. 移动通信，2020，44（6）：36-43.